내 몸의 질병을 치유하는 약초 新왕실비방!

약초건강사전

약초건강사전

2021년 4월 20일 **2쇄 발행**

편저자 · 정구영
펴낸이 · 남병덕
펴낸곳 · 전원문화사

주소 · 07689 서울시 강서구 화곡로 43가길 30. 2층
전화 · 02)6735-2100
팩스 · 02)6735-2103
등록일자 · 1999년 11월 16일
등록번호 · 제 1999-053호

ISBN 978-89-333-1144-8
© 2019, 정구영

내 몸의 질병을 치유하는 약초 新왕실비방!

약초건강사전

글 · 사진 약산 정구영
추천 서울시 한의사협회 명예회장 유승원 박사

전원문화사

"의(醫)는 하나, 의학(醫學)은 여럿, 약용 식물은 수천의 건강이 있다"

이 책의 저자인 약산 정구영 선생은 고향 후배이자 명지대 대학원의 제자이다. 약산은 인생의 태반을 자연과 교감하며 세속에서도 방외지사(方外之士)가 되어 유교(儒教)·불교(佛教)·도교(道教)·각 종교 경전에 관심을 가진 특이한 존재로 세간에서는 기인(奇人)으로 불린다.

세상에서 가장 귀한 몸을 지켜 주는 한의학, 한약학, 전통의서, 민간요법은 수천 년 동안 우리 민족의 건강을 지켜 준 의학의 보고(寶庫)다. 이 땅에 지금으로부터 100여 년에 들어온 서양의학에 의해 비(非)과학 의학으로 취급되기도 했지만 여전히 사람들은 민간의학이나 약초요법에 의존한다.

우리 선조는 조선 세종 때 〈향약집성방〉, 고려와 조선의 의학을 집대성한 〈의방유취〉, 조선 중기 〈의림촬요〉, 허준의 〈동의보감〉, 정조 때 〈제중신편〉, 동무 이제마의 〈동의수세보원〉과 옛 조상들의 구전으로 전수된 민초의학이 전수되고 있다.

한약의 기본은 초근목피(草根木皮)이다. 각종 약재 처방전인 〈방약합편〉, 중국에서 약물학(藥物學) 중에서 가장 오래된 〈신농본초경〉, 중의학의 근간을 이루는 〈본초강목〉과 〈황제내경〉, 조선 허준이 쓴 〈동의보감〉을 두루 섭렵하고 산야초의 모든 것을 중생을 위한 건강지침으로 제시한 것은 아무나 할 수 있는 게 아니다.

약산 선생은 그동안 한국일보 "정구영의 식물과 인간", 문화일보 "약초 이야기", 월간 조선 "나무 이야기", 사람과 산 "정구영의 나무 열전", 주간 산행 "약용식물 이야기", 전라매일신문 "정구영의 식물 이야기", 농민신문에서 발행하는 디지털 농업 "우리가 몰랐던 버섯 이야기", 산림 "효소 이야기" 등 약초와 나무에 관한 연재를 꾸준히

하였다. 현재는 사람과 산 "우리가 몰랐던 약용 식물 이야기"와 교육과 사색 〈식물과 인간〉을 연재하고 있으며, 전국 공무원 교육원과 지자체(광역시·시·구·군)과 농업기술 센터 등에서 "약초와 건강" 특강을 하고 있다. 그동안 『산야초대사전』·『약초대사전』· 『나물대사전』·『버섯대사전』·『효소동의보감』·『나무동의보감』·『산야초도감』·『산야 초민간요법』·『꾸지뽕건강법』·『약초에서 건강을 만나다』외 30권의 저서를 출간한 저 술가이다.

지금으로부터 100여 년 전에 우리 땅에 들어온 서양의학에 의해 전통적으로 조상대 대로 이어온 민간 의학, 자연 요법, 대체 요법이 비과학적인 것으로 매도되면서도 여 전히 건강한 사람들이나 환자들의 입장에서는 선호할 수 밖에 없다.

독자들의 최대 화두(話頭)는 건강 속에서 행복한 삶이다. 일평생을 살면서도 건강과 행복을 잃었을 때 돈으로 살 수 없는 것이 행복이고 건강이다. 예부터 "건강을 잃은 것 은 모든 것을 잃은 것이다"는 말처럼 세상을 보기 전에 몸을 챙기는 것은 현명한 사람 이다.

최근 건강과 관련된 의학 서적과 약초 서적들이 봇물을 이루고 있지만 산야초의 사 진과 형태를 설명하고 정작 실용적으로 활용할 수 있는 책을 만나기가 쉽지 않다.

삶의 현실에서 시련과 난관이 있어도 우리가 끝까지 지켜야 하는 것은 건강한 몸을 지키는 일이다. 약용 식물은 몸이 아플 때만 먹는 것으로 알고 있지만 그것은 식물에 대한 오만이다. 이번에 출간된 "약초건강사전"은 오늘을 살아가는 우리들에게 건강적 으로 큰 도움이 되리라 믿어 독자들의 일독을 권하는 바이다.

서울시 한의사회 명예 회장 이학박사 유승원

"사람이 고칠 수 없는 병은
약용 식물에 맡겨라!"

우리의 몸은 세상에서 귀한 존재다. 건강은 자연과 교감할 때 지킬 수 있다. 우리 속담에 "발등에 불을 꺼라"는 말은 몸이 먼저라는 깊은 뜻이 담겨 있다. 그래서 공자는 "몸의 훼손은 부모에게 첫 번째 불효다"라고 했고, 〈주역 계사전〉에 "근취제신(根取諸身) 원취제물(遠取諸物)"은 "세상을 보기 전에 몸을 먼저 돌보라"는 경종이고, 일찍이 괴테는 "질병에 걸려보지 않은 사람은 건강의 소중함을 알지 못한다"고 했고, 한자에 "강복(康復)"은 "건강할 때 편한 것이 돌아온다"는 뜻처럼 건강해야 살면서 인생관과 가치관을 확립하고 삶의 질을 높이고 행복산책을 할 수 있다.

이 책은 필자가 일평생을 통하여 깨달은 것을 약초 건강 실용적이다. 식물은 사람에게 생명이고 건강을 지켜 주는 비밀이 담겨 있다. 우리 산야에 자생하는 식물과 약초는 소중하지 않은 것이 없다고 해도 과언이 아니다.

그동안 이 땅의 보물인 약용 식물을 재조명하고 신문과 잡지에 연재했던 것을 집약해 건강적으로 활용할 수 있도록 보완했다. 우리 산야(山野)에는 건강을 지켜주는 약초들이 지천에 널려 있다. 지금 사람들은 생명의 땅에 농약과 제초제를 뿌릴 정도로 우리 땅이 오염되어 있다. 문제는 우리는 제철음식을 멀리하고 육식위주의 식습관, 가공식품, 인스턴츠식품, 식품첨가제 등을 먹기 때문에 질병으로부터 자유로울 수 없는 지경에 이르렀다. 현재 나의 건강은 지금까지 가졌던 식습관과 생활습관의 결과이기 때문에 지금부터라도 채식위주의 식습관과 생활습관을 바꿔야 건강을 지킬 수 있다.

예부터 '의식동원(醫食同源)'이라 했다. 즉, "의약과 음식의 근원은 같다"는 말이다. 또한 "신토불이(身土不二)"라는 뜻은 "몸에 좋은 음식은 산과 들에 있다." 고기를 한두 번 섭취한다고 해서 당장 성인병에 걸리지는 않지만, 우리가 먹는 육식(소·돼지·닭·양식 어류)은 자연산이 아닌 성장 촉진제와 항생제를 먹인 것들이 많다는 것을 알아야 한다.

우리 땅에서 자라는 산야초에는 인체에 꼭 필요한 영양소와 미네랄과 약성과 약효가 있다. 우리 산과 들에는 우리 몸을 지켜 주는 산야초가 널려 있는데 산야초야말로 생명을 유지하는 데 필수적이고 건강 동행의 최고 파트너이다.

사람은 자연에 순응하면 건강하고 어기면 질병에 노출될 수도 있다. 우리 땅 산과 들에서 자라는 제철에 나는 산야초를 먹을 때 건강을 지킬 수 있다. 내 몸을 살리는 산야초는 우리 주변에 있다. 예를 들면, 면역력에는 산삼 · 꾸지뽕 · 버섯 · 가시오갈피 · 마늘, 당뇨에는 뚱딴지 · 꾸지뽕나무 · 뽕나무 · 으름덩굴 · 여주, 암에는 하고초 · 꾸지뽕나무 · 개똥쑥 · 겨우살이 · 와송, 혈액에는 산나물 · 미나리 · 양파 · 솔잎 · 은행, 관절에는 홍화씨 · 골담초 · 접골목 · 호랑가시나무 · 마가목, 병의 원인인 염증과 종양에는 느릅나무 · 지치 · 양파 · 미나리 · 쇠비름, 뇌에는 강황 · 천마 · 하수오 · 구절초 · 호두, 간에는 민들레 · 엉겅퀴 · 개오동나무 · 헛개나무 · 황칠나무, 심장에는 솔잎 · 포도 · 달맞이꽃 · 은행 · 블루베리, 위장에는 삽주 · 산사 · 매실 · 무화과 · 키위, 폐에는 마가목 · 도라지 · 더덕 · 만삼 · 천문동, 신장에는 산수유열매 · 섬오갈피 · 수박씨 · 옥수수수염 · 택사, 통풍에는 다래열매 · 보리수나무 열매 · 우엉, 변비에는 함초 · 고구마 · 미역 · 무화과 · 마, 냉증에는 생강 · 쑥 · 인진쑥 · 익모초 · 황기 · 귤, 불면증에는 지치 · 하수오 · 양파 · 녹차 · 연꽃, 비만에는 함초 · 뚱단지 · 우엉 · 둥굴레 · 감잎차, 여성질환에는 칡, 쑥, 석류, 생강, 오갈피 등이 있다.

세계보건기구(WHO)에 의하면 미세먼지로 전 세계적으로 연간 70여만 명이 기대수명보다 일찍 사망한다고 발표했다. 미세먼지는 입자가 워낙 작아 코 정막에서 걸러지지 않고 폐 속 기도 끝에 달린 작은 공기주머니인 폐포까지 침투해 모세혈관을 통해 온몸 혈관으로 통해 신체 모든 장기(臟器)에 영향을 미친다. 미세먼지를 조심해야 할 사람은 호흡기 질환을 앓는 천식, 기관지염, 폐렴 환자다. 초미세먼지는 인체의 호흡기를 통해 기관지, 피부 모세혈관을 타고 침투하면 몸 밖으로 빠지지 않는다. 미세먼지는 온몸을 공격해 뇌(뇌졸증, 치매), 눈(점막 자극을 통한 알레르기성 결막염), 코(알레르기성 비염), 목(기침, 호흡기 질환), 피부(가려움증, 피부염), 폐(폐포 손상 및 만성 폐질환 질환, 폐암), 심장(부정맥, 심근경색), 몸(혈관을 타고 돌면서 염증 유발, 혈액순환 장애) 등 각종 질환을 유발한다.

미세먼지에는 폐에 좋은 도라지, 더덕, 마가목, 배, 무, 양파, 수세미외를 먹는다. 그리고 아파트 실내에 공기를 정화해 주는 잎이 넓은 식물을 기르면 미세먼지를 줄일 수 있다. 식물의 잎 표면에 미세먼지가 끈적끈적한 왁스층이나 잎 뒷면에 달라 붙고 잎 뒷면의 기공(공기 구멍) 속으로 흡수되어 뿌리로 이동한 후 오염물질을 분해한다. 6평 거실에는 작은 식물은 10개, 중간 식물은 7개, 큰 식물은 3개 놓으면 공기정화 효과를 얻을 수 있다.

　우주 만물에는 자연의 섭리와 법칙이 있다. 지난 100여 년 동안 의학의 발전으로 100세 시대를 살고 있지만, 우리는 여전히 건강에 위협을 받으며 살고 있다. 사람은 자연에 순응하면 병원이 멀고 어기면 가깝고 질병에 노출될 수밖에 없다. 생명이 있는 사람이든, 동물이든, 식물이든 활동하는 때가 있으면 쉬는 때가 있고 죽는 때가 있다. 우리 땅 산과 들에서 자라는 제철에 나는 식물과 산야초를 먹을 때 인체의 건강을 위협하는 미세먼지, 화학물질, 환경호르몬, 각종 유해물질로부터 건강을 지킬 수 있을 것이다.

십승지 휴휴산방에서 약산 정구영

· 우리나라에서 자생하는 초본식물 · 덩굴식물 · 목본식물 중에서 건강에 유용한 230종을 자연 분류 방식을 따르지 않고 편의에 따라 실었다.

· 학명의 표기는 산림청의 "국가표준식물 목록"을 기준으로 삼았다.

· 약용식물을 이해할 수 있도록 생육특성, 생약명, 약성, 효능, 약리 작용, 유래, 금기, 민간 요법을 명기하여 실용적으로 도움을 주었다.

· 민간요법은 통상 한의원이나 한약방에서 처방과는 다른 한약초에 대한 단방요법을 실었 다. 효능과 약리 작용은 국립문화연구소의 『민간의학』 · 권혁세의 『약초의 민간 요법』 · 안덕균의 『한국본초도감』 · 이영노의 『한국식물도감』 · 채수찬의 『산과 들에 있는 있는 약 초』 · 배기환의 『한국의 약용식물』과 필자의 저서인 『산야초대사전』 · 『한국의 산야초 민 간 요법』등 외 참고 문헌에서 인용했다.

· 이 책은 국민의 건강을 도모하는 목적이 있지만, 의학적 · 한의학 전문 서적이 아니므로 약초를 달여 먹는 것은 각 개인의 책임이며, 꼭 치료를 목작으로 복용하고자 할 때는 한 의사의 처방을 받아야 한다.

· 이 세상에 무병장수(無病長壽)나 만병통치(萬病通治)는 없다. 세상에서 단 한나뿐인 생명 은 소중하고 귀하기 때문에 내 몸의 건강을 유지하기 위해서는 스트레스에서 자유롭고 식습관과 생활습관을 바꾸지 않으면 아무리 좋은 약초를 먹어도 소용이 없다. 부록에 식 물 용어 · 한방 용어 · 효소 용어를 수록해 도움을 주었다.

CONTENS

 제1장 산야초 기초 상식

 제2장 내 몸을 살리는 약초

만삼 | 039	고삼 | 040	현삼 | 041	잔대 | 042	감초 | 043
지치 | 044	천문동 | 045	둥굴레 | 046	맥문동 | 047	백지 | 048
하눌타리 | 049	하수오 | 050	천마 | 051	마 | 052	독활 | 053
천궁 | 054	뚱딴지 | 055	당귀 | 056	우엉 | 057	황기 | 058
강황 | 059	삼지구엽초 | 060	비수리 | 061	꿀풀 | 062	잇꽃 | 063
복분자 | 064	삼백초 | 065	약모밀 | 066	결명자 | 067	곰취 | 068

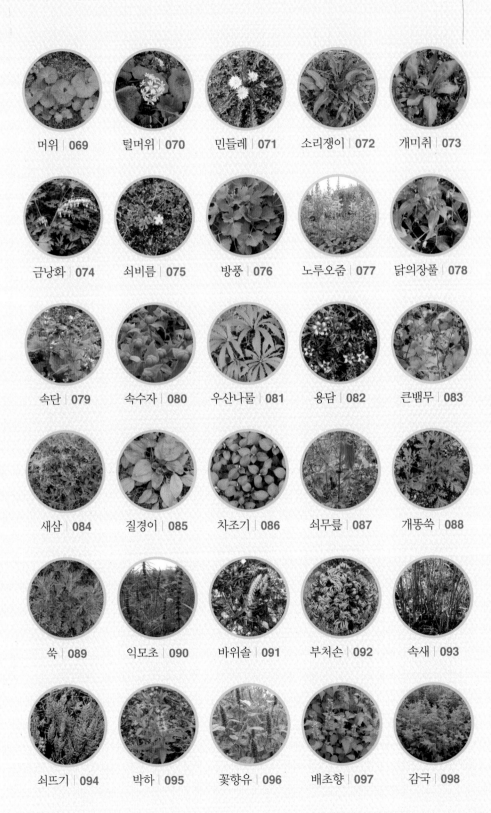

머위 | 069	털머위 | 070	민들레 | 071	소리쟁이 | 072	개미취 | 073
금낭화 | 074	쇠비름 | 075	방풍 | 076	노루오줌 | 077	닭의장풀 | 078
속단 | 079	속수자 | 080	우산나물 | 081	용담 | 082	큰뱀무 | 083
새삼 | 084	질경이 | 085	차조기 | 086	쇠무릎 | 087	개똥쑥 | 088
쑥 | 089	익모초 | 090	바위솔 | 091	부처손 | 092	속새 | 093
쇠뜨기 | 094	박하 | 095	꽃향유 | 096	배초향 | 097	감국 | 098

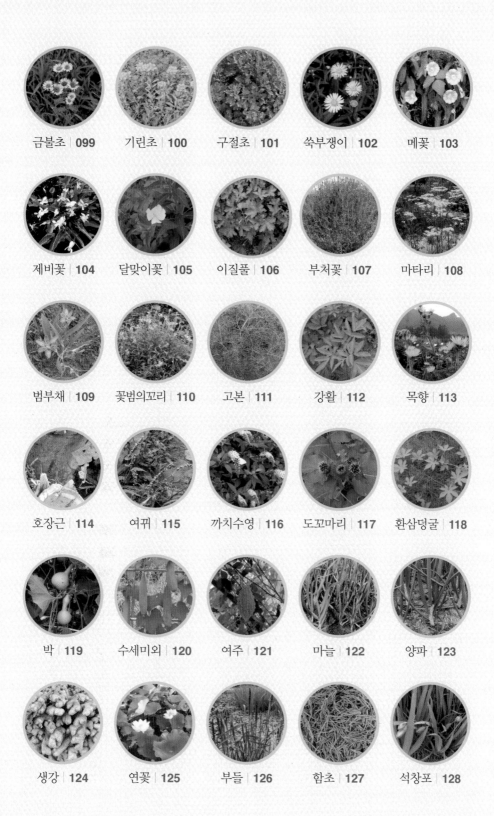

금불초 | 099 기린초 | 100 구절초 | 101 쑥부쟁이 | 102 메꽃 | 103

제비꽃 | 104 달맞이꽃 | 105 이질풀 | 106 부처꽃 | 107 마타리 | 108

범부채 | 109 꽃범의꼬리 | 110 고본 | 111 강활 | 112 목향 | 113

호장근 | 114 여뀌 | 115 까치수영 | 116 도꼬마리 | 117 환삼덩굴 | 118

박 | 119 수세미외 | 120 여주 | 121 마늘 | 122 양파 | 123

생강 | 124 연꽃 | 125 부들 | 126 함초 | 127 석창포 | 128

제3장 내 몸을 살리는 약용 나무

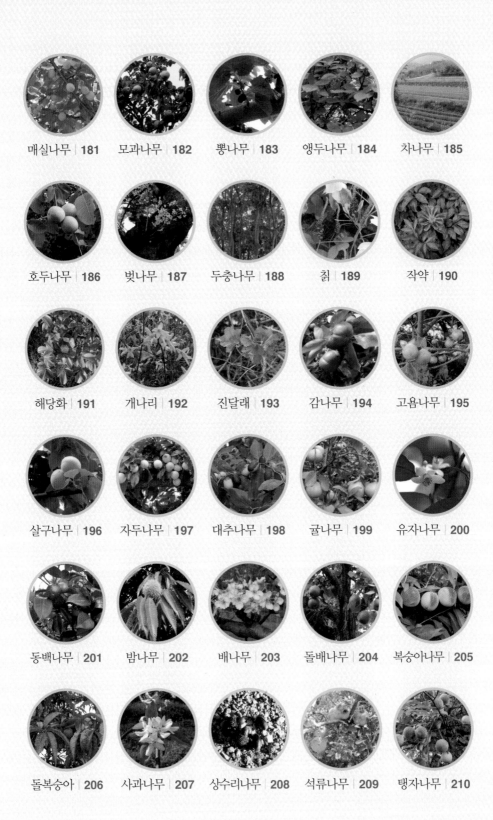

매실나무 | 181 모과나무 | 182 뽕나무 | 183 앵두나무 | 184 차나무 | 185

호두나무 | 186 벚나무 | 187 두충나무 | 188 칡 | 189 작약 | 190

해당화 | 191 개나리 | 192 진달래 | 193 감나무 | 194 고욤나무 | 195

살구나무 | 196 자두나무 | 197 대추나무 | 198 귤나무 | 199 유자나무 | 200

동백나무 | 201 밤나무 | 202 배나무 | 203 돌배나무 | 204 복숭아나무 | 205

돌복숭아 | 206 사과나무 | 207 상수리나무 | 208 석류나무 | 209 탱자나무 | 210

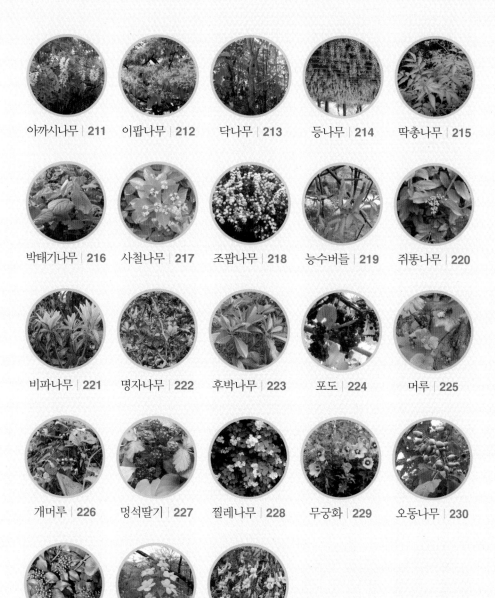

제4장 독이 있는 약용식물

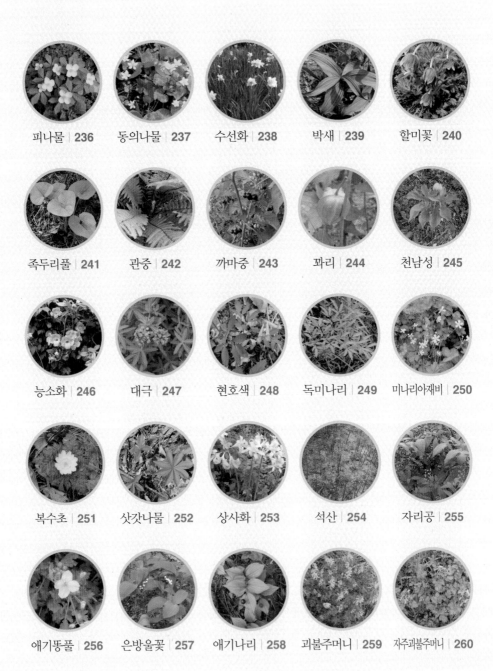

제5장 | 부록

제1장

산야초
기초 상식

🍃 채취

산야초에는 고유한 약성과 배당체와 건강에 유익한 성분과 유독(有毒)한 성분이 있다. 계절에 따라 채취 시기 · 미성숙과 익은 열매 · 색깔 · 냄새 · 효능 · 보존 상태 · 안전성 등 사용 목적에 적합한지 고려해야 한다. 산야초를 채취할 때는 계절과 적합한 지질(땅)에서 약효 성분이 가장 좋을 때 채취를 해야 한다.

산야초는 꽃 · 잎(어린순, 전초) · 열매(미성숙 열매, 익은 열매) · 줄기 · 뿌리는 각각 피는 시기와 성숙되는 시기에 따라 약효가 다르다. 예를 들면 꽃봉오리나 꽃가루, 어린순과 전초, 미성숙 열매와 익은 열매, 줄기와 나무의 껍질이나 속껍질, 뿌리와 뿌리 껍질을 쓰는 용도에 따라 다르다. 봄에는 꽃봉오리나 활짝 핀 꽃을, 어린순이나 잎(전초)은 신록이 무성하기 전에, 가지나 줄기는 여름철에, 열매가 익었을 때는 가을에, 통상 겨울에는 꽃과 잎 · 지상부가 다 시든 후 약성이 뿌리로 내려갔을 때 채취한다.

- **꽃봉오리**

  목련꽃(신이), 매괴화(玫瑰花 · 해당화), 연꽃, 금은화, 골담초 등

- **꽃**

  매화, 제비꽃, 도화(桃花 · 복사꽃), 배꽃 등

- **어린순**

  새싹이 나올 때 딴다. 음나무 새싹, 옻나무 새싹, 삼지구엽초, 어성초, 삼백초, 가시오가피 새싹, 꾸지뽕나무 새싹, 감나무 새싹, 곰취, 머위, 돌나물, 참취, 미역취, 민들레 등

- **전초**

  지상부의 꽃이 피기 전에 채취한다. 산나물, 쑥, 인진쑥, 개똥쑥, 익모초, 현초, 부평초 등

- **가지**

  연중 수시로 채취한다. 가시오가피, 뽕나무, 꾸지뽕나무, 음나무, 담황백, 진피, 코르크(화살나무) 등

- **껍질**

  껍질(두충, 황벽나무, 후박나무, 칡, 으름덩굴, 자귀나무, 두릅나무, 백출, 두충, 느릅나무(유근피)), 속껍질(담쟁이덩굴 · 송절), 겉껍질을 쓰는 약초(도라지, 감초, 석류, 칡, 물푸레나무, 자작나무, 가죽나무) 등

- **미 성숙 열매**

  복분자 등

- **익은 열매**

  산수유, 마가목, 오미자, 머루, 가시오가피, 벚나무 열매(버찌) 등

- **뿌리**

  꽃과 잎과 줄기가 다 떨어진 후에 뿌리를 캔다. 칡, 도라지, 더덕, 강황, 용담, 만삼, 작약, 황기, 지치, 하수오, 삽주 등

- **종자(씨)**

  새삼, 차전자, 결명자, 석결명, 산조인 등

② 약성의 작용

약용식물에는 각각 약성(藥性)이 다르다. 오미(五味) 중에 신감(辛甘)은 양(陽)이고, 산고함(酸苦鹹)은 음(陰)이다. 미(味)는 산고감신함(酸苦甘辛鹹)의 오미(五味)로 나뉜다. 즉 시고, 쓰고, 달고, 맵고, 짠맛으로 구분한다.

- 신미(辛味)

  매운맛으로 혈액 순환을 개선하고 혈압을 상승시켜 준다. 박하, 형대, 마황 등

- 감미(甘味)

  단맛으로 보익 작용과 해독을 돕는다. 대조(대추 열매), 감초, 건율 등

- 산미(酸味)

  신맛으로 수렴성이 강하여 발산한다. 오미자, 산수유, 석류 등

- 고미(苦味)

  쓴맛으로 해열 작용을 돕고 소염 작용이 있다. 고체, 고목, 황백 등

- 함미(鹹味)

  짠맛으로 단단한 덩어리를 풀어준다. 엉겅퀴, 함초, 붉나무, 망초, 현삼 등

3 용량

    산야초는 인체에 꼭 필요한 다양한 영양소와 맛을 함유하고 있다. 산야초는 소량으로도 생명에 치명적일 수 있기 때문에 1회 사용량을 준수해야 한다. 약용식물의 제조

방법에 따라 효과가 다르다. 보통 탕은 장복을 해야 효과를 볼 수 있고, 환은 속효를 기대할 수 없지만 양(보통 30알)을 식전·식간·식후에 복용을 준수하면 효과를 볼 수 있다. 모든 산야초는 용량 또는 1회 사용량을 무시한 채 속효를 내기 위하여 과량으로 복용을 하지 않아야 한다. 기준 용량을 초과할 때는 간(肝)과 신장(腎臟)에 손상을 주기 때문에 신체적인 조건, 나이, 임산부, 지병이 있는 경우, 복용 중 금기하는 산야초를 복용해서는 안 된다.

🍃 저장 및 보관

산야초는 공기 중에서 변질되고 약효가 분해되기 쉽기 때문에 손질과 건조와 저장이 매우 중요하다. 꽃·잎·열매에 정유(精油)가 함유된 약용식물은 신선한 상태에서 보관 기간이 짧을수록 좋고, 단단한 과실이나 뿌리, 유독 성분이 함유되어 있는 것은 1년 이상 경과된 것이 좋다.

대부분의 산야초는 2년이 경과 되면 약효 성분이 분해 합성되어 효능을 기대하기 어렵기 때문에 저온 상태에서 냉장보관을 한다. 특히 벌레가 먹거나, 곰팡이가 생기면 약효가 크게 감소되므로 주의해야 한다. 습기가 있는 곳에서는 쉽게 변질이 되기 때문에 항상 약용식물에 따라 저온이나 상온에서 보관해야 한다. 말린 약초를 보관할 용기나 망사를 청결히 해서 병충해를 방지해야 감량도 적어지고 효능도 감소되지 않는다.

⑤ 약용식물 건조 방법

산야초의 종(種)에 따라 저장 및 가공 방법이 각각 다르다. 약용식물이 양성(陽性 · 햇볕을 좋아하는 식물)이냐 음성(陰性 · 그늘을 좋아하는 식물)이냐에 따라 다르다. 예를 들면 양성인 도라지 뿌리는 햇볕에 말려야 좋고, 음성인 더덕은 그늘에 말려야 효과를 볼 수 있다. 기본적으로 산야초를 말릴 때 양성인지 음성인지를 구분할 수 있어야 한다.

● 일광(日光)법
  햇볕에 직접 건조시키는 방법으로 대부분 뿌리, 줄기, 종자, 단단한 과실 등
● 음건(陰乾)법
  바람이 잘 통하고 서늘한 방이나 그늘에서 건조시키는 방법으로 꽃, 어린순, 산나물 등
● 불에 말리는 법
  습기와 수분이 많은 약용식물은 일시에 빨리 건조시키기가 어려우므로 종이나 헝겊에 싸서 불 속에 넣어 건조시키는 방법으로 부자(附子), 초오(草烏) 등
● 증기에 쪄서 건조하는 법
  약물의 약성을 변화시키거나 병충해의 예방, 그리고 장기 보관을 위해 쪄서 건조시키는 방법으로 생지황, 숙지황, 황정, 현삼, 천마, 현호색, 천궁, 마 등

🌿 부작용을 줄이는 방법

약용식물을 채취하여 건조를 시켜 약
함(藥函·약초를 넣는 보관함)이나 망사(그물망)
에 보관하는 이유는 병충해를 방지함은
물론 균(菌)류 등의 침습을 예방할 수 있
으므로 대부분의 약재는 건조시켜서 주
로 구기자·산수유·인삼·육종용·금
은화 등 병충해가 심한 것을 저장 보관
한다. 백지·방풍·만삼 등은 방향성이

높고 단맛이 있어서 충해가 심하므로 각각 보관해야 한다. 방향성이 높은 익지인, 사
인 등은 성분의 부패 작용을 막기 위하여 각각 분리해서 저장한다.

산야초를 잘못된 방법으로 처리하여 복용하면 전혀 엉뚱한 방향으로 약물이 작용하
여 치료 효과를 기대할 수 없다. 예를 들면 산나물은 하룻밤 물에 담가 쓴맛을 제거하
는 경우가 많다. 또한 잿불에 묻어 굽거나 볶는 것과 소금물에 하룻밤 담그는 것은 모
두 소량의 독(毒)을 없애기 위함이다.

🌿 달이는 시간

일반적으로 가정에서는 약탕기를 이용하거나 각종 약재를 넣는 보자기에 넣어 묶은
후 용기에 넣고 3~4배의 물을 붓고 끓여 복용한다. 약한 불로 30분 이상 달인 후 한나

절 동안 우린 후 다시 끓인 후 약초의 건더기는 버리고 달인 액만을 용기에 넣고 적당량을 차(茶)처럼 복용한다. 요즘은 채취한 약초를 건강원이나 경동시장 한약방(처방에 따른 구입도 가능)에 맡기면 4시간 정도 달인 후 파우치로 포장되기 때문에 복용하기가 좋다.

- **잎**
  약한 불로 20분 내외
- **가지 · 뿌리 · 종자 · 껍질**
  30분~1시간 내외
- **진하게 달일 때**
  1~3일

⑧ 법제와 해독

산야초를 채취하여 이물질과 잡질을 제거한 후에 물로 씻고 물기를 뺀 다음 쓰는 것도 있고, 물로 씻지 않고 그대로 쓰는 약초도 있다. 산야초를 말려 두었다가 물에 필요에 따라 물에 넣어 끓이기도 하고, 증기로 쪄서 가공도 하고, 잘라서 가공도 하고, 밀폐된 용기 속에 약재를 넣은 뒤 약한 불로 가열하고, 약재를 볶아서 가공하기도 한다.

흐르는 물로 산야초를 90반복해서 씻어서 냄새나 독성을 감소시키기도 하고, 가루로 만들어 환을 만들고, 약한 불로 약재의 표면이 노릇해질 때까지 볶기도 하고, 황토 또는 복룡간과 함께 약재를 볶기도 하고, 패각을 갈아 이 가루를 가열한 뒤 약재를 넣

고 볶기도 하고, 강한 불로 재빨리 태우기도 한다.

약용식물을 복용할 때는 발열·설사·복통이 있을 때나 허약체질 등에는 따뜻하게 해서 복용한다. 질병이 있는 경우에는 반드시 한의사의 처방을 받고 복용해야 한다. 신장과 방광 질환에는 30분 전에 복용하고, 위장·간장·심장·폐 질환에는 식후 1시간 안에 복용한다. 피부 질환에는 식간에 복용하고, 정신 신경 질환에는 취침 전에 복용한다. 약용식물은 일반적으로 1일 2~3회 용량에 맞추어 복용하는 것을 지켜야 한다.

산야초에 종(種)에 따라 그대로 약초로 쓰는 것도 있고, 법제 과정, 독성 해독을 해야하는 경우도 있다. 법제는 사용되는 보조물과 엄격한 조제 규정에 따라 독성을 가지는 약물의 유지 성분을 정제시켜 독성을 완화시킨 후 써야 한다.

하룻밤 물에 담가두거나 소금물이나 쌀뜸물에 담가 놓는 것은 독성을 제거하기 위함이다. 도라지나 고사리는 하룻밤 물에 담가 끓는 물에 살짝 데친 후 찬물로 번갈아 씻는다. 독성이 강해 생명에 치명적인 초오, 천남성, 대황 등은 반드시 한의사의 처방을 받아야 한다.

🌿 금기

산야초를 복용할 때는 환자의 증상에 따라 다르다. 식전이나 식간 또는 식후에 식사 중에 복용을 준수해야 한다. 복용해서는 안 되는 사람, 임산부, 기(氣)가 허(虛)한 사람, 설사를 하는 사람, 위(胃)가 약한 사람, 알레르기가 있는 사람 등과 산야초와 함께 복용해서는 안 되는 약초와 식품과 돼지고기·무·식초·밀가루 음식 등과 먹지 않는다.

부자는 법제를 해야 한다. 부자를 남자 어린이 소변에 3일간 담근 후 냉수에 3일을 담그고 감초+검은콩으로 볶아야 이크니틴의 독성이 없어진다. 현호색은 식초에 담근 후 쓰고, 반하는 생강즙에 하룻밤을 담근 후 쓰고, 천남성은 뿌리는 독이 있어 법제를 해야 되고 잎은 나물로 먹을 수 있다.

⑩ 독초 구분법

식물(약초, 산야초, 산나물, 약용 나무)은 비슷하게 생긴 것이 많아서 잘 모르는 사람은 구별하기가 쉽지 않다. 독이 있는 약초를 잘못 알고 먹는 일이 생길 수 있기 때문에 알지 못하는 식물은 먹지 않는 것이 안전하다.

① 독초(새싹 · 잎 · 열매 · 뿌리)에 상처를 내면 불쾌한 냄새가 나고 걸쭉한 진이 나오는 것이 많다.
② 식물을 혀 끝에 대어 본 후 독이 있는 약초는 혀끝을 쏘거나 마비된 듯한 느낌이 있으면 즉시 내뱉고 물로 입 안을 헹군다.
③ 잎이나 줄기를 채취해 피부 즉, 겨드랑이, 목, 사타구니, 허벅지, 팔꿈치 안쪽에 대면 가렵고 따갑거나 물집의 반응이 나타난다.

곰취와 동의나물

우산나물과 삿갓나물

미나리와 독미나리

복수초와 당근

원추리와 여로

당귀와 지리강활

제2장

내 몸을 살리는 약초

면역·폐·원기 회복에 효능이 있는 산삼

생약명: 산양산삼(山養山蔘)—뿌리를 말린 것 **약성:** 따뜻하고 약간 쓰고 달다 **이용 부위:** 전초 · 줄기 · 뿌리
1회 사용량: 적당량 **독성:** 없다

생육 특성

산삼은 두릅나뭇과의 여러해살이풀로 높이는 50~60cm 정도이고, 잎은 돌려 나고 손바닥 모양의 겹잎이며 가장자리에 톱니가 있다. 꽃은 암수 한 그루이며 4월에 잎 가운데서 나온 긴 꽃줄기 끝에 작은 꽃이 모여 연한 녹색으로 피고, 열매는 선홍색 핵과로 여문다.

| 작용 | 항암 작용, 항염증 작용 **| 효능 |** 주로 면역계와 폐 질환에 효능이 있다. 암 · 면역력 강화 · 신체 허약 · 권태 무력 · 기혈 부족 · 스태미나 강화

옛부터 산삼(山蔘)은 신(神)의 가호를 받아 죽어 가는 사람도 살릴 수 있다는 약효가 있어 만병통치(萬病通治), 불로초(不老草), 불사약(不死藥), 신약영초(神藥靈草), 신초(神草)라 부른다. 하늘이 내린 천연 삼을 천종(天種), 새나 짐승이 산삼씨를 먹고 배설하여 자란 삼은 지종(地種), 사람이 산삼씨를 산에 뿌려 자란 삼을 장뇌(長腦)이다. 산삼을 계절에 따라 효능이 다르다. 춘절삼(春節蔘)은 봄에 지상부(열매 · 꽃대 · 삼잎 · 삼가지 · 삼대)와 지하부(뇌두 · 몸통 · 잔뿌리)까지 온전한 것을 말하고, 여름에 나는 하절삼(夏節蔘)은 열매가 빨갛게 되기 시작할 때의 삼이고, 황절삼(黃節蔘)은 늦가을에 잎이 다 떨어지고 모든 영양분이 뿌리로 돌아간 삼으로 약효가 가장 좋다. 겨울을 나는 삼을 동삼(冬蔘)이라 한다.

이용법

- 신체 허약—토종닭+7년 이상 된 산양산삼 10뿌리를 넣고 보양식으로 먹는다.
- 기혈 부족—산양산삼 3뿌리 이상+백출 8g+복령 8g+감초 2g를 배합하여 물에 달여 하루 3번 나누어 복용한다.

면역력 강화·저혈압·신체 허약 체질에 효능이 있는 # 인삼

생약명: 인삼(人蔘)-뿌리를 말린 것, 인삼수(人蔘鬚)-가는 뿌리, 인삼엽(人蔘葉)-잎을 말린 것 **약성:** 따뜻하고 달고 쓰다 **이용 부위:** 가공법에 따라 다르다. 주로 수삼이나 홍삼으로 쓴다 **1회 사용량:** 뿌리 10~20g **독성:** 없다 **금기 보완:** 열증 및 고혈압 환자는 금한다

생육 특성

인삼은 두릅나뭇과의 여러해살이풀로 높이는 50~60cm 정도이고, 뿌리에서 1개의 줄기가 나와 그 끝에 3~4개의 잎자루가 돌려 나고, 한 잎자루에 3~5의 작은 잎이 달린다. 잎은 뾰쪽하고 가장자리에 톱니가 있다. 꽃은 암수한그루이며 4월에 꽃대 끝에 작은 꽃이 모여 연한 녹색으로 피고, 열매는 9~10월에 둥글게 붉은 핵과로 여문다.

| **작용** | 항암 작용·혈당 강하 작용 | **효능** | 주로 면역력·신진대사·소화기질환에 효험이 있다, 기혈 부족·권태무력·식욕부진·당뇨병·건망증·빈뇨·갱년기 장애·다한증·신경통·암(식도암·유방암·자궁암)·저혈압·허약체질·피부윤택

인삼 뿌리의 모습이 사람의 모습과 비슷하여 '인삼(人蔘)'으로 부른다. 인삼의 어원은 'Pan(모든·凡)+acos(의약·ascos)'이며 즉, '만병통치(Panax)'라는 뜻이다. 인삼은 식용·약용으로 가치가 높다. 한방에서 기력을 보하는 보기약(補氣藥)으로 다른 약재와 처방한다. 민간에서는 3년 미만 된 것은 삼계탕으로, 4년 이상 된 인삼을 주로 수삼이나 건삼, 증기에 쪄서 홍삼(紅蔘)으로 먹는다.

이용법

- 신체 허약-말린 인삼 20g을 물에 달여 하루에 3번 나무어 복용한다.
- 기혈 부족-인삼+백출+백복령+감초+숙지황+작약+천궁+당귀+황기+육계를 동냥으로 하여 보약으로 복용한다.

내 몸을 살리는 약초

항암·관절통·종기에 효능이 있는 백선

생약명: 백선피(白鮮皮) · 백양피(白羊皮)─뿌리껍질을 말린 것 **약성**: 차고 쓰다 **이용 부위**: 뿌리 **1회 사용량**: 뿌리껍질 4~6g **독성**: 없다 **금기 보완**: 오한과 두통이 있을 때는 금한다

생육 특성

백선은 운향과의 여러해살이풀로 높이는 50~80cm 정도이고, 잎은 마주 나고 깃꼴겹잎이며, 작은잎은 타원형이고 가장자리에 톱니가 있다. 꽃은 5~6월에 줄기 끝에 여러 송이가 모여 총상화서 노란색으로 피고, 열매는 8월에 삭과로 여문다.

│작용│ 암세포 증식 억제 작용 **│효능│** 주로 피부과 · 신경계 질환에 효험이 있다. 류마티스성 관절통, 풍과 습기로 인한 배꼽 부근이 단단하여 누르면 아픈 증세, 대장염 · 화달 · 버짐 · 옴 · 습진 · 창독

백선은 늘어진 뿌리의 모습이 양날갯죽지를 활짝 편 봉황새와 닮아 '봉황삼(鳳凰蔘)'이라 부른다. 수백 년 이상 된 "봉황산삼의 가치는 '만금(萬金)'이라 하여 가격을 정할 수 없다", 중국의 황제는 봉황산삼을 캐서 진상하면 천민이라도 종9품인 능참봉 벼슬을 내렸다. 백선은 식용, 약용으로 가치가 높다. 뿌리에는 게르마늄 성분이 인삼이나 마늘보다 훨씬 많은 540ppm이 함유되어 있다. 약초 만들 때는 가을이나 이른 봄에 뿌리를 캐어 속의 딱딱한 심부를 제거하고 햇볕에 말려 쓴다.

이용법

- 종기─생뿌리를 짓찧어 환부에 붙인다.
- 습진─백선+너삼+황경피+방기를 각 8g 물에 달인 물로 습진에 자주 바른다.

내 몸을 살리는 약초

폐 질환·인후염·기관지염에 효능이 있는 # 도라지

생약명: 길경(桔梗)—뿌리를 말린 것 **약성**: 평온하고 쓰고 맵다 **이용 부위**: 뿌리 **1회 사용량**: 뿌리 8~20g **독성**: 미량의 독이 있다 **금기 보완**: 각혈 환자는 금한다

생육 특성

도라지는 초롱과의 여러해살이풀로 높이는 80~100cm 정도이고, 잎은 어긋나거나 3~4장씩 돌려나고 타원형으로 가장자리에 날카로운 톱니가 있다. 줄기를 자르면 흰색의 즙이 나온다. 꽃은 7~8월에 줄기와 가지 끝에 1 송이씩 종 모양으로 위를 행해 보라색 또는 흰색으로 피고, 열매는 9~10월에 둥근 달걀 모양으로 여문다.

| **작용** | 거담 작용 · 항염 작용 · 위액 분비 억제 작용 · 항궤양 작용 · 항알레르기 작용 · 용혈 작용 · 국소자극 작용 **효능** | 주로 이비인후과 · 호흡기 · 소화기 질환에 효험이 있다. 기침 · 해수 · 기관지염 · 인후염 · 인후종통 · 이질 복통

조선 시대 의학서인『향약집성방』에 "도라지는 맵고 온화한 맛에 독이 약간 있어, 7~8월에 캔 뿌리를 햇볕에 말려 달여서 인후통을 다스린다"고 기록돼 있다. 우리 조상들은 기제사에 도라지를 산나물로 먹거나 제물로 썼다. 도라지는 식용이나 약용으로 가치가 높다. 도라지를 찬물에 여러 번 헹군 후 쓴다. 뿌리의 겉껍질을 벗겨 낸 후 생으로, 초고추장에 찍어 먹는다. 도라지에는 사포닌, 당질, 식이섬유, 칼슘, 철, 단백질, 비타민, 회분, 인이 풍부하다. 한방에서 폐 질환에 다른 약재와 처방한다. 약초 만들 때는 가을 또는 봄에 뿌리를 캐서 물에 씻고 겉껍질을 벗겨 버리고 햇볕에 말려 쓴다.

이용법

- 기관지염—도라지 뿌리10g+감초 2g을 1회 용량으로 하여 하루 3번 공복에 나누어 복용한다.
- 감기기침—도라지 뿌리를 짓찧어 꿀에 재어 15일 후에 하루 3번, 1회에 한 스푼씩 장기 복용한다.

내 몸을 살리는 약초

기관지염·천식·거담에 효능이 있는 **더덕**

생약명: 산해라(山海螺)·양유근(洋乳根)·토당삼(土黨蔘)·통유초(通乳草)-뿌리를 말린 것 **약성:** 평온하고 달고 맵다 **이용 부위:** 뿌리 **1회 사용량:** 제한 없음 **독성:** 없다 **금기 보완:** 방풍·여로와 함께 쓰지 않는다

생육 특성

더덕은 초롱과의 여러해살이 덩굴풀로 길이는 1.5~2m 정도이고 잎 앞면은 녹색이고 뒷면은 흰색이고 잎은 어긋나고 가지 끝에서 4장이 모여 마주 나고 가장자리는 밋밋하고 잎이나 줄기 뿌리를 자르면 흰색즙이 나오고 독특한 향이 난다. 꽃은 8~9월에 종 모양의 연한 녹색의 꽃이 밑을 향해 피고 꽃잎 안쪽에 자주색 반점이 있다. 열매는 10~11월에 납작한 팽이를 거꾸로 세운 모양으로 여문다.

|작용| 거담 작용·강심 작용·적혈구 수 증가·항 피로 작용·혈압 강하 작용·혈당 강하 작용·진해 작용 **|효능|** 주로 비뇨기·순환계·신경계 질환에 효험이 있다. 주로 기침·기관지염·유선염·편도선염·백대하·종독·고혈압·당뇨병

더덕은 모래가 많은 땅에서 자란다고 하여 사삼(沙蔘), 모양이 '양의 뿔을 닮았다'고 해서 양각채(羊角菜), 더덕의 뿌리는 인삼과 비슷하고 잎이 4장씩 모여 달려 '사엽당삼(四葉黨蔘)'이라 부른다. 더덕은 식용·약용으로 가치가 높다. 수십 년 이상 된 더덕은 "동삼(童蔘)"이라 부르고, 수십년 된 더덕 속에 물이 차면 산삼보다 귀하다. 더덕주 만들 때는 가을에 뿌리를 캐서 흙을 제거한 후에 물로 씻고 물기를 뺀 후에 용기에 넣고 소주(19도)를 붓고 밀봉하여 3개월 후에 먹는다. 재탕, 삼탕까지 먹는다.

이용법

- 젖이 부족한 산모-더덕에서 자를 때 나오는 하얀 유액인 양유(羊乳)가 좋기 때문에 더덕의 껍질을 벗겨 생으로 먹는다.
- 거담·기침-뿌리 20g을 물에 달여 하루에 3번 나누어 복용한다.

내 몸을 살리는 약초

천식·거담·염증에 효능이 있는 만삼

생약명: 당삼(黨蔘)-뿌리를 말린 것 약성: 평온하고 달다 이용 부위: 뿌리 1회 사용량: 뿌리 10~15g 독성: 없다 금기 보완: 열증이 있는 사람은 금한다

생육 특성

만삼은 초롱꽃과의 덩굴성 여러해살이풀로 길이는 2m 정도이고 다른 물체를 감으며 자란다. 잎은 어긋나거나 마주 나고 달걀 모양이고 양면에 잔털이 있다. 꽃은 7~8월에 연한 녹색 바탕에 자주색이 섞인 종 모양으로 가지 끝과 잎 겨드랑이에서 1개씩 젖혀서 피고, 열매는 10월에 원추형의 삭과(蒴果)가 여문다.

| 작용 | 거담 작용 | 효능 | 주로 순환계 및 호흡기 질환에 효험이 있다. 주로 신체 허약 · 천식 · 편도선염 · 인후염 · 거담 · 빈혈 · 식욕 부진 · 구갈 · 저혈압

옛부터 만삼이 더덕과 같은 약효가 있다 하여 '참더덕'이라 부른다. 만삼(蔓蔘)은 북부 지방 · 중부 지방 · 지리산의 해발 700m 이상 깊은 산지의 숲 속그늘에서 자생한다. 만삼은 식용, 약용으로 가치가 높다. 한방에서 잎 · 줄기 · 뿌리를 자르면 우윳빛의 진액은 염증을 제거하고 거담 작용이 있어 폐 질환에 다른 약재와 처방한다. 약초 만들 때는 가을 또는 봄에 뿌리를 캐서 줄기를 잘라 버리고 물에 잘 씻어 햇볕에 말려 쓴다.

이용법

- 산모(産母)-말린 뿌리 5뿌리+감초 2g을 배합하여 물에 달여 보익제로 하루 3번 나누어 복용한다.
- 인후염-뿌리를 물에 달여 하루 3회 복용한다.

내 몸을 살리는 약초

간염·황달·피부 질환에 효능이 있는 고삼

생육 특성

고삼은 콩과의 여러해살이풀로 높이는 80~120cm 정도이고, 잎은 어긋나고 잎자루가 길고, 작은 잎이 14~40개 달리고, 줄기는 곧고 전체에 짧은 노란색 털이 있다. 꽃은 6~8월에 줄기 위아래 가지 끝에 나비 모양으로 한 쪽 방향으로 촘촘히 모여 노란색으로 피고, 열매는 9~10월에 긴꼬뚜리로 여문다.

| 작용 | 건위·혈당 강하 작용 **| 효능 |** 주로 피부과·안과·신경계 질환에 효험이 있다, 주로 이질·간염·황달·간기능 회복·장출혈·음부가려움증·음부소양증·나력·냉병·당뇨병·류머티즘·배뇨통·습진·시력 감퇴·식도염

고삼의 뿌리가 몹시 쓰다 하여 '고삼(苦蔘)', 뿌리의 모양이 흉측하게 구부러져 있어 '도둑놈의 지팡이'라 부른다. 고삼은 식용, 약용으로 가치가 높다. 봄이나 가을에 뿌리를 캐서 잔뿌리를 제거하고 물로 씻고 겉껍질을 벗긴 후에 햇볕에 말린 후 찻잔에 2~3 조각을 넣고 뜨거운 물을 부어 1~2분 후에 꿀을 타서 차로 마신다. 한방에서 고삼 뿌리를 간염에 다른 약재와 처방한다. 약초 만들 때는 봄이나 가을에 뿌리를 캐서 잔뿌리를 제거하고 겉껍질을 벗겨 햇볕에 말려 쓴다.

이용법

• 음부 가려움증-뿌리를 달인 물로 음부(陰部)를 씻는다.
• 버짐-생뿌리를 짓찧어 즙을 내어 환부에 바른다.

고혈압·혈핵 순환·편도선염에 효능이 있는 현삼

생약명: 현삼(玄蔘)—뿌리를 말린 것 **약성:** 서늘하고 쓰고 짜다 **이용 부위:** 뿌리 **1회 사용량:** 뿌리 6~10g **독성:** 없다 **금기 보완:** 설사를 하는 사람. 복용 중에 대추·생강·여로·황기를 금한다

생육 특성

현삼은 현삼과의 한해살이풀로 높이 60cm 정도이고, 잎은 마주나고 긴 달걀꼴 또는 세모진 긴 타원형으로 가장자리에 불규칙한 톱니가 있다. 꽃은 8~9월에 원줄기 끝에 취산화서 황록색으로 피고, 열매는 9~10월에 달걀모양의 삭과로 여문다.

| **작용** | 혈압 강하 작용 · 혈당 강하 작용 · 해열 작용 · 피부 진균 억제 | **효능** | 주로 호흡기 · 이비인후과 · 소화기 질환에 효험이 있다, 주로 고혈압 · 혈전 · 편도선염 · 결핵성 임파선염 · 도한 · 당뇨병

현삼은 뿌리 모양이 인삼과 비슷하다 하여 '흑삼' 또는 '원삼'으로 부른다. 현삼은 우리의 토종으로 오삼(五蔘) 중 하나로 "현(玄)"은 검다는 뜻이고 "삼(蔘)"은 뿌리가 굵다는 뜻이다. 현삼은 식용, 약용으로 가치가 높다. 봄에 어린순을 채취하여 끓는 물에 살짝 데쳐서 나물로 무쳐 먹는다. 한방에서 호흡기 질환에 다른 약재와 처방한다. 약초 만들 때는 가을에 뿌리를 캐어 햇볕에 말려 쓴다.

이용법

- 고혈압—말린 뿌리 15g을 물에 달여 하루에 3번 나누어 복용한다.
- 도한(盜汗 · 잠을 잘 때 땀을 흘리는 질환)—뿌리로 현삼주를 담근 후 취침 전에 소주잔으로 한두 잔 마신다.

천식·기관지염·인후염에 효능이 있는 잔대

생약명: 제니(薺苨)-뿌리를 말린 것 **약성:** 달고 차갑다 **이용 부위:** 뿌리 **1회 사용량:** 뿌리 6~2g **독성:** 없다

생육 특성

잔대는 초롱과의 여러해살이풀로 높이는 40~100cm 정도이고, 잎은 어긋나고 달걀 모양이며 가장자리에 뾰쪽한 톱니가 있다. 잎은 잎자루가 길고 거의 원형이며 꽃이 필 때쯤 말라 죽는다. 꽃은 8~9월에 원줄기 끝에 종 모양의 하늘빛에 물든 보라색으로 피고, 열매는 10월에 삭과로 여문다.

|작용| 해독 작용 **|효능|** 주로 호흡기 · 피부과 · 순환계 질환에 효험이 있다, 주로 기침 · 기관지염 · 인후염 · 인후통 · 폐결핵 · 당뇨병 · 종기 · 옹종 · 종독

잔대의 뿌리 모양이 도라지와 비슷하다 하여 '제니(薺苨)'라 부른다. 우리 토종으로 한자로 "제(薺)"는 어린 순은 냉이처럼 먹을 수 있고, "니(苨)"은 뿌리가 "도라지"처럼 굵고 희다는 뜻이다. 잔대는 식용, 약용으로 가치가 크다. 어린 순과 뿌리는 식용한다. 한방에서 뿌리를 염증 질환에 다른 약재와 처방한다. 약초 만들 때는 가을 또는 봄에 뿌리를 캐어 물로 씻고 햇볕에 말려 쓴다.

이용법

• 기관지염 · 인후염-말린 뿌리 약재를 1회 2~4g씩 달여 하루에 3번 나누어 복용한다.
• 종기-생뿌리를 짓찧어 즙을 환부에 붙인다.

간염·염증·중독에 효능이 있는 **감초**

생약명: 감초(甘草) · 국로(國老)—뿌리줄기를 말린 것 **약성:** 평하고 달다 **이용 부위:** 뿌리 **1회 사용량:** 뿌리 3~6g **독성:** 없다

생육 특성

감초는 콩과의 여러해살이풀로 높이는 1m 정도이고, 잎은 깃꼴겹잎이고 작은 잎은 달걀 모양이고 가장자리가 밋밋하다. 뿌리가 비대하다. 꽃은 7~8월에 총상화서 남자색으로 잎 겨드랑이에 피고, 열매는 9~10월에 납작한 협과로 여문다.

| 작용 | 독소 해독 · 혈압 강하 작용 **| 효능 |** 주로 소화기 · 순환계 · 이비인후과 질환에 효험이 있다. 말린 것(청열 해독 · 항진 · 소종독), 생 것(인후종통 · 위궤양 · 약물 중독 · 식물 중독), 주로 약물 중독 · 음식물 중독 · 위궤양 · 만성위염 · 기관지염 · 간염 · 인후염 · 습진 · 옹종 · 식중독 · 독버섯 중독

감초는 뿌리의 맛이 달다 하여 '감초'라 부른다. 감초는 약용으로 가치가 크다. 뿌리를 캐서 이물질을 제거하고 잘게 썰어 다른 약재에 배합하여 차로 마신다. 한방에서는 다른 약재와 배합이 잘 되어 중화제(조화제) 또는 해독제로 쓴다. 예전에 감초에 방향성이 있어 생선 냄새를 없애는 데 사용했다.

이용법

- 인후염 · 편도선염—감초 8g+질경 12g을 물에 달여 하루 3번 나누어 복용한다.
- 식중독 · 독버섯 중독—표고버섯+감초 20g을 물에 달여 복용한다

내 몸을 살리는 약초

관절염·불면증·염증에 효능이 있는 지치

생약명: 자초(紫草)·지초(芷草)·자단(紫丹)—뿌리를 말린 것 약성: 차고 달고 짜다 이용 부위: 뿌리 1회 사용량: 뿌리 4~8g 독성: 없다

생육 특성

지치는 지칫과의 여러해살이풀로 높이는 30~70cm 정도이고, 잎은 어긋나고 뾰쪽한 피침형이며 가장자리는 밋밋하다. 잎자루가 없고, 뿌리는 굵고 자주색이다. 꽃은 5~6월에 가지 끝의 잎 겨드랑이에서 흰색으로 피고, 열매는 8월에 소견과로 여문다.

| 작용 | 항염 작용·진통 작용 | 효능 | 주로 피부과·순환기계·소화기 질환에 효험이 있다. 주로 염증·부종·냉증·불면증·관절염·요통·황달·습진·수두·토혈·종양

옛부터 뿌리를 말린 것을 '자초(紫草)·지초(芷草)·자단(紫丹)'이라 부른다. 지치는 식용·약용·염료용으로 가치가 높다. 잎은 나물로 식용한다. 뿌리는 식용 색소로 쓴다. 농촌진흥청에서 국내 야생 지치의 뿌리에서 분리한 시코닌계의 붉은색소 성분이 관절염 치료에 효능을 밝혀냈다. 도교에서 수십 년 된 지치의 뿌리를 흔들었을 때 속에서 물소리가 나는 것을 "불사약"으로 꼽는다. 약초를 만들 때는 가을부터 이듬해 봄까지 뿌리를 캐서 소주를 분무하여 칫솔로 흙만을 제거한 뒤 햇볕에 말려 쓴다.

이용법

• 불면증—뿌리로 술을 담가 취침 전에 한두 잔을 마신다.
• 피부병·반진(좁쌀만한 발진)—뿌리로 담근 지치주를 마시거나, 뿌리로 환을 만들어 하루에 3번 식간에 30~50개씩 먹는다.

내 몸을 살리는 약초

당뇨병·인후통·자양 강장에 효능이 있는 **천문동**

생약명: 천문동(天門冬)—뿌리를 말린 것 약성: 차고 달고 쓰다 이용 부위: 뿌리 1회 사용량: 뿌리 4~10g 독성: 없다

생육 특성

천문동은 백합과의 여러해살이풀로 높이는 60~100cm 정도이고, 괴근은 방추형으로 모여나며, 줄기는 가늘고 길며 가지가 있다. 잎은 미세한 막질 또는 짧은 가시로서 줄기에서 흩어져 난다. 꽃은 5~6월에 잎 겨드랑이에서 1~3씩 노란색이 나는 갈색으로 피고, 열매는 7~8월에 흰색의 장과가 여문다.

┃ **작용** ┃ 혈당 강하 작용 · 항균 작용 ┃ **효능** ┃ 주로 순환계 및 소화기 질환에 효험이 있다. 당뇨병 · 신장병 · 해수 · 인후종통 · 이롱 · 객혈 · 골반염 · 골수염 · 근골무력증 · 근골위약 · 성욕 감퇴 · 소변 불통 · 음위 · 인후통 · 자양 강장 · 아편 중독 · 폐기종 · 폐렴

천문동은 하늘의 문을 열어 준다 하여 '천문동(天門冬)', 울릉도에서는 눈 속에서 돋아난다 하여 '부지깽이나물', 강장제로 알려진 탓으로 '호라지(비)좆'이라 부른다. 조선 시대 『향약집성방』과 『신선방』에 "천문동을 먹으면 신선처럼 된다"고 기록돼 있다. 천문동은 식용, 약용으로 가치가 높다. 뿌리를 설탕에 조려 우리 전통음식인 당속(糖屬)으로 먹는다. 한방에서 폐 질환에 뿌리를 다른 약재와 처방한다. 약초 만들 때는 가을~겨울까지 방추형의 뿌리줄기를 캐서 햇볕에 말려 쓴다.

이용법

• 당뇨병—뿌리줄기 6~12g을 물에 달인 후 건더기는 건져 내고 국물만 용기에 담아 냉장고에 보관하여 보리차처럼 수시로 마신다.
• 해수 · 객혈—뿌리 5g을 물에 달여서 복용한다.

내 몸을 살리는 약초

고혈압·당뇨병·비만에 효능이 있는 둥굴레

생약명: 옥죽(玉竹)-뿌리줄기를 말린 것 약성: 평온하고 달다 이용 부위: 뿌리 1회 사용량: 뿌리 6~10g 독성: 뿌리의 잔털에는 소량의 독이 있다 금기 보완: 설사를 하는 사람, 담습으로 배가 더부룩한 사람, 습담이 있는 사람은 금한다

생육 특성

둥굴레는 백합과의 여러해살이풀로 높이는 30~60cm 정도이고 잎은 한 쪽으로 치우쳐서 어긋나며 잎자루는 없고 뒷면에 흰빛이 있고 줄기는 처진다. 꽃은 6~7월 잎 겨드랑이에 1~2송이씩 녹색빛으로 피고, 열매는 9~10월에 둥근 장과로 여문다.

| 작용 | 혈압 강하 작용 · 혈당 강하 작용 | 효능 | 주로 신진대사 촉진에 효험이 있다. 비만 · 심장병 · 고혈압 · 당뇨병 · 빈뇨 · 갈증 · 운동 장애 · 기혈이 정체되었을 때

조선 시대에 둥굴레 막 올라오는 새싹을 임금이 즐겨 먹었다 하여 '옥죽(玉竹)', 신선(神仙)을 추구하는 도가(道家)의 선인(仙人)들이 밥 대신에 먹었다 하여 '선인반(仙人飯)', 중국의 명의(名醫) 화타가 즐겨 먹었다 하여 '신비의 풀', 잎맥이 잎끝 쪽으로 둥글게 모아지기 때문에 '둥굴레'라 부른다. 둥굴레는 식용, 약용, 관상용으로 가치가 높다. 어린 잎은 나물로 먹는다. 말린 뿌리 약재 10g을 물 700ml을 넣고 끓인 후 건더기는 견져내고 보리차 대용으로 마신다. 한방에서 대사 질환에 다른 약재와 처방한다. 약재로 쓸 때는 증기로 찐 다음 말려서 가루로 만들어 환 또는 산제로 사용한다.

이용법

- 안색이 좋지 않을 때-말린 약재 4~6g을 물에 달여 하루에 3번 복용한다. 장기간 복용하면 효과를 볼 수 있다.
- 자양 강장-뿌리 8g+오갈피 뿌리 8g+꾸지뽕 뿌리 8g을 물에 달여 하루 3번 공복에 복용한다.

거담·천식·기관지염에 효능이 있는 **맥문동**

생약명: 맥문동(麥門冬)-덩이뿌리를 말린 것 **약성**: 차고 달고 약간 쓰다 **이용 부위**: 뿌리 **1회 사용량**: 덩이뿌리 7~10g **독성**: 없다 **금기 보완**: 설사는 금한다. 복용 중에 무·파를 금한다

생육 특성

맥문동은 백합과의 여러해살이풀로 높이는 20~50cm 정도이고, 굵은 뿌리줄기에서 잎이 모여 나서 포기를 형성한다. 잎은 진녹색을 띠고 선형이다. 꽃은 5, 6월에 꽃줄기 1 마디에 3~5 송이씩 연분홍색으로 피고, 열매는 10~11월에 둥근 삭과로 여문다.

| 작용 | 혈당 강하 작용 · 항염증 작용 **| 효능 |** 주로 호흡기 · 순환기 질환에 효험이 있다. 주로 폐 건조로 인한 마른 기침 · 만성 기관지염 · 당뇨병 · 부종 · 소변불리 · 변비 · 비출혈 · 기침

맥문동(麥門冬)은 한 겨울에도 파랗게 살아 있다 하여 '겨우살이풀'이라 부른다. 맥문동은 식용, 약용, 관상용으로 가치가 높다. 조선 시대 허준이 저술한 『동의보감』에 '맥문동을 오래 복용하면 몸이 가벼워진다'고 기록돼 있다. 한방에서는 진해, 거담, 마른 기침, 만성 기관지염에 다른 약재와 함께 처방한다. 맥문동은 오장 육부(五臟六腑), 심장과 폐와 위장의 열(熱熱 · 번열)을 가시게 한다. 약초 만들 때는 가을 또는 봄에 덩이뿌리를 캐서 다듬어 물에 씻고 햇볕에 말려 쓴다.

이용법

- 당뇨병 · 기관지염-말린 약재를 2~5g씩 물에 달여 하루에 3번 나누어 복용한다.
- 숨이 차고 입 안이 마르고 맥이 약할 때-맥문동 10g+인삼 6g+오미자 6g을 배합하여 물에 달여 하루 3번 나누어 복용한다.

내 몸을 살리는 약초

항염·요통·치통에 효능이 있는 백지

생약명: 백지(白芷)–뿌리줄기를 말린 것 약성: 따뜻하고 맵다 이용 부위: 뿌리 1회 사용량: 뿌리줄기 3~6g
독성: 없다 금기 보완: 음기가 허약한 사람 · 복용 중에 금불초 · 선복화는 금한다

생육 특성

백지는 미니릿과의 여러해살이풀로 높이는 1~2m 정도이고, 잎은 2~3회 3줄 깃꼴겹잎이고 작은 잎은 긴 타원형이며 가장자리에 날카로운 톱니가 있다. 꽃은 6~8월에 줄기와 가지 끝에 산형화서 흰색으로 피고, 열매는 10월에 편평한 타원형의 분과로 여문다.

| 작용 | 해열 · 진통 · 항진균 · 지방분해 촉진 · 관상 동맥의 혈류 촉진 | 효능 | 주로 부인과 · 신경계 질환에 효험이 있다. 두통 · 감기 · 치통 · 요통 · 부스럼 · 옹종 · 장출혈 · 신경통 · 간질 · 고혈압 · 대하증 · 부인병 · 빈혈증 · 당뇨병 · 소염제 · 속쓰림

백지의 뿌리줄기가 살이 쪄 통통하고 수염뿌리를 많다 하여 "구릿대"라 부른다. 백지 뿌리줄기는 비교적 통통하며 수염뿌리를 많이 내리고 자홍색이다. 백지는 식용, 약용, 관상용으로 가치가 높다. 향기가 있는 방향성이다. 한방에서 뿌리를 말려 부인병에 다른 약재와 처방한다. 약초 만들 때는 가을에 줄기가 나오지 않은 뿌리를 캐서 잎자루와 잔뿌리를 다듬고 물로 씻어 햇볕에 말려 쓴다.

이용법

• 치통–잎을 짓찧어 즙을 내어 입 안에 넣고 가글을 하거나 양치질을 한다.
• 대하증–백지 뿌리 10g+금은화 10g+천화분 +감초 2g을 물에 달여 하루에 3번 나누어 복용한다.

내 몸을 살리는 약초

부종·야뇨증·당뇨병에 효능이 있는 # 하눌타리

생약명: 천화분(天花粉)—말린 뿌리를 말린 것, 과루(瓜蔞)—익은 씨를 말린 것, 과루근(瓜蔞根)—생뿌리 **약성:** 서늘하고 달고 쓰고 시다 **이용 부위:** 뿌리·열매 **1회 사용량:** 뿌리 6～10g·열매 10～15g **독성:** 없다 **금기 보완:** 장기간 복용을 금하고 복용 중에 잉어를 먹지 않는다

생육 특성

하눌타리는 박과의 여러해살이 덩굴풀로 길이는 2～5m 정도이고, 잎은 어긋나고 둥글며 손바닥처럼 5～7개로 갈라지고 거친 톱니가 있고, 밑은 심장형으로 양면에 털이 있고 고구마 같은 덩이뿌리가 있다. 마주 난 덩굴손으로 다른 물체를 휘감아 올라간다. 꽃은 암수 딴 그루로 7～8월에 꽃자루에 1송이씩 흰색으로 피고, 열매는 10월에 장과 여로문다.

| **작용** | 혈당 강하 작용·진통 작용 | **효능** | 주로 소화기 및 호흡기 질환에 효험이 있다. 열매(조갈증 해소·해수·기관지염·부스럼·악창·종기·수은 중독), 뿌리(당뇨병·옹종·종기·폐렴조해·열사로 인한 상진), 주로 간 기능 회복·거담·부종·야뇨증·어혈·요도염·월경불순·천식·치질·치루·타박상·진통·화상·피부 윤택·피부염

하눌타리는 하늘의 화분이라 하여 '천화분(天花粉)', 열매가 높은 가지에 올라탄 덩굴에 매달린 것이 하늘에 떠 있는 것처럼 보인다 하여 '하늘수박'이라 부른다. 조선 시대 허준이 쓴 『동의보감』에 "천화분은 소갈병(消渴病·당뇨병)을 치료한다"고 기록돼 있다. 하눌타리는 식용, 약용, 관상용으로 가치가 높다. 하눌타리 배당체에는 사포닌, 아미노산 등을 함유되어 있다. 한방에서 당뇨병에 다른 약재와 처방한다. 약초 만들 때는 가을에 뿌리를 채취하여 겉껍질을 벗겨 버리고 적당한 크기로 잘라 햇볕에 말려 쓴다.

이용법

· 당뇨·황달—하눌타리 뿌리+인삼+맥문동 각 10g을 배합하여 물에 달여 하루 3번 나누어 복용한다.
· 기관지 천식—하눌타리 뿌리 10g+참대 껍질 2g을 물에 달여 하루에 3번 나누어 복용한다.

내 몸을 살리는 약초

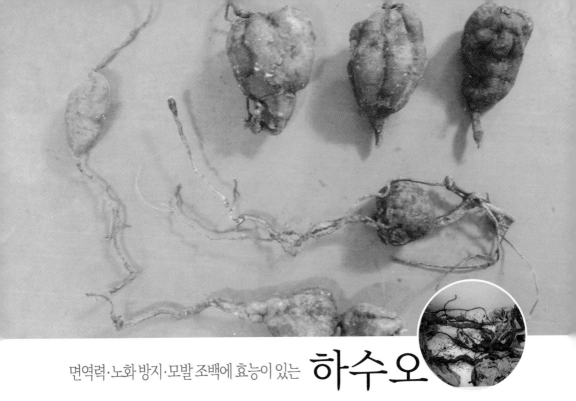

면역력·노화 방지·모발 조백에 효능이 있는 하수오

생약명: 적하수오(赤何首烏)·백하수오(白何首烏)−덩이뿌리를 말린 것 약성: 평온하고 따뜻하고 쓰고 달다
이용 부위: 뿌리 1회 사용량: 뿌리 4~6g 독성: 미량의 독이 있다 금기 보완: 복용 중에는 무·파·비늘 없는
바닷고기·쇠고기·겨우살이를 먹지 않는다

생육 특성

하수오는 마디풀과의 여러해살이풀로 덩굴은 1~3m 정도이고, 잎은 어긋나고 하트 모양으로 가장자리가 밋밋하고 줄기나 잎을 자르면 하얀 즙이 나온다. 뿌리는 둥근 덩이의 괴근(塊根)이 꽃은 8~9월에 총상으로 원추화서로 가지 끝에 흰색으로 피고, 열매는 긴 뿔 모양의 수과로 여문다. 3개의 날개가 있고 받침에 싸여 있다.

｜작용｜ 항균 작용·혈압 강하 작용 **｜효능｜** 주로 소화기 및 순환계 질환에 효험이 있다. 노화 방지·강정·모발조백·근골 허약·신체 허약·불면증·신장·요통·정력 부족·골다공증

옛날 중국에 하공(何公)이라는 노인이 야생의 약초뿌리를 캐어 먹었는데 백발이 검어지고 젊음을 되찾았다 하여 하공의 하(何), 머리를 뜻하는 수(首), 까마귀처럼 머리칼이 검어져 오(烏)자를 써서 "하수오"라는 이름이 붙여졌다. 하수오는 식용, 약용으로 가치가 높다. 어린잎은 나물로 식용하고, 약초를 만들 때는 가을~겨울까지 둥근 덩이뿌리를 캐서 소금물에 하룻밤 담갔다가 햇볕에 말려 쓴다. 한방에서 모발조백, 자양 강장에 다른 약재와 처방한다. 적하수오는 고구마처럼 생긴 덩이뿌리이고, 백하수오는 뿌리 생김새가 길쭉하고 색깔이 흰색이고 자르면 유액이 나온다.

이용법

- 신체 허약·흰 머리카락이 보이거나 시작할 때−덩이뿌리 10~20g을 달여 하루 3번 나누어 복용한다.
- 노화 방지·자양 강장−덩이뿌리로 하수오주를 담가 취침 전에 소주잔으로 한두 잔 마신다.

내 몸을 살리는 약초

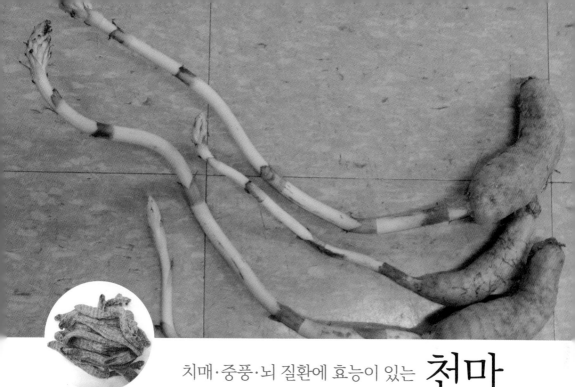

치매·중풍·뇌 질환에 효능이 있는 **천마**

생약명: 천마(天麻)·적전(赤箭)—뿌리를 말린 것 약성: 평온하고 달다 이용 부위: 뿌리 1회 사용량: 뿌리 4~6g 독성: 없다 금기 보완: 산림청 보호 약초로 뿌리의 껍질을 벗긴 후 오랫동안 만지지 않는다

생육 특성

천마는 난초과의 여러해살이풀로 다른 식물(참나무균)에 공생하여 자라는 반 기생물로 높이는 60~100cm 정도이고, 잎이 없고 초상엽(칼집 모양의 잎)은 밑이 원줄기를 둘러싼다. 땅 속에 있는 덩이 줄기는 고구마와 같으며, 길이는 15~20cm 정도 지름은 5~7cm 정도이다. 꽃은 6~7월에 줄기 끝에 총상화서 황갈색으로 피고, 열매는 8~9월에 타원형의 삭과로 여문다.

| **작용** | 혈압 강하 작용 | **효능** | 주로 뇌 질환 및 신경계 질환에 효험이 있다. 두통·경련·뇌졸중·반신 불수·사지 마비·언어 장애·관절염·고혈압 위염·진통·척추 질환

천마의 뿌리가 남성의 생식기를 닮았다 하여 '수자해좆', 정력에 좋다 하여 '산뱀장어'라 부른다. 조선 시대 허준이 쓴 『동의보감』에 "천마는 말초 혈관까지 혈액 순환을 시켜 주는 신묘한 약으로 혈관병에 좋다"고 기록돼 있다. 천마는 식용, 약용으로 가치가 높다. 기혈(氣血)을 소통시켜 통증을 그치게 하고 마비를 풀어준다. 한방에서 중풍이나 뇌 질환에 다른 약재와 처방한다. 약초 만들 때는 봄 또는 가을에 뿌리를 캐서 줄기를 제거하고 껍질을 벗겨 반으로 쪼개거나 썬 다음 증기에 쪄서 건조실에서 말려 쓴다.

이용법

- 중풍·사지마지·반신불수—천마+두충+쇠무릎+강활+당귀 각 10g을 배합하여 물에 달여 하루 3번 나누어 복용한다.
- 어지럽고 머리가 아플 때—천마+천궁을 같은 양으로 배합하여 환을 만들어 식후에 30알 먹는다.

내 몸을 살리는 약초

원기 부족·갑상선·당뇨병에 효능이 있는 마

생약명: 산약(山藥)─덩이뿌리를 말린 것, 산약등(山藥藤)─덩이줄기를 말린 것, 주아(珠芽)─잎겨드랑이에 달린 열매, 풍차아(風車兒)─열매 **약성:** 평하고 달다 **이용 부위:** 뿌리 **1회 사용량:** 덩이뿌리 5~8g **독성:** 없다

생육 특성

마는 맛과의 여러해살이풀로 덩굴성으로 잎은 마주 나거나 돌려 나고 삼각형이다. 잎 겨드랑에 살눈(珠芽)이 생긴다. 꽃은 6~7월에 잎 겨드랑이에서 수상 꽃차로 달리는데 암수 딴 그루로 수꽃은 곧게 서서 암꽃은 아래로 처진다. 열매는 9~10월에 둥글게 삭과로 여문다.

| **작용** | 혈당 강하 작용 | **효능** | 주로 소화기 질환에 효험이 있다. 열매(오줌소태·성 기능 항진·동맥 경화·피부 습진·이명증·원형 탈모·식욕 부진), 주로 갑상선·당뇨병·대하증·해수·정액 고갈·이명·건망증·대하·빈뇨

마 덩이뿌리는 품종에 따라 긴 것, 둥근 것, 손바닥인 것, 덩어리 같은 것 등이 모양과 크기와 빛깔이 다르다. 마는 식용, 약용, 관상용으로 가치가 높다. 마는 살눈(珠芽)과 덩이뿌리는 식용한다. 건강에 유익해 사찰의 음식에서는 오신채를 금하기 때문에 피자를 만들 때 감자를 강판에 갈아 여러 식재료를 배합한 후에 피자 위에 흰 마즙을 뿌려 먹는다. 한방에서 소화기 질환에 다른 약재와 처방한다. 약초 만들 때는 가을 또는 봄에 뿌리를 캐서 줄기와 잔뿌리를 제거하고 물에 씻고 겉껍질을 벗겨 버리고 증기에 쪄서 햇볕에 말려 쓴다.

이용법

- 피부 습진─생마를 짓찧어 환부에 붙인다.
- 이명(耳鳴)─열매를 따서 술이나 효소를 담가 찬물에 희석해서 먹는다.

중풍·관절염·류머티즘에 효능이 있는 **독활**

생약명: 독활(獨活)-뿌리를 말린 것 **약성:** 따뜻하고 맵고 쓰다 **이용 부위:** 뿌리 **1회 사용량:** 뿌리 6~8g **독성:** 없다 **금기 보완:** 음허(陰虛)는 금한다

생육 특성

독활은 오갈피과의 여러해살이풀로 높이는 1.5m 정도이고, 꽃을 제외한 전체에 털이 있다. 잎은 크고 넓으며, 호생하고 2회 깃꼴겹잎으로 삼각형이다. 작은 턱잎이 잎의 밑동에 붙고, 작은 잎은 5~9장의 난형이고 가장자리에 톱니가 있다. 꽃은 7~8월에 줄기 끝 또는 위쪽의 잎 겨드랑이에서 큰 원추 꽃차례의 연한 자주색으로 피고, 열매는 9~10월에 흑색의 핵과로 여문다.

| 작용 | 소염 작용 · 진통 작용 · 진정 작용 · 최면 작용 · 항염증 작용 · 혈압 강하 작용 **| 효능 |** 주로 운동계 · 비뇨기 · 신경계 질환에 효험이 있다. 중풍 예방 · 풍습비통 · 수족 불구 · 관절염 · 류머티즘 · 두통 · 치통 · 부종 · 피부병 · 만성 기관지염 · 간염 · 백전풍 · 불면증

독활은 지상부 전체가 바람에도 잘 흔들리지 않는다 하여 '독활(獨活)'이라 부른다. 독활은 식용, 약용으로 가치가 높다. 어린순은 식용하고 한방에서 뿌리를 약재로 쓴다. 두릅은 어린순이고, 개두릅은 옻나무 어린순이고, 땃두릅은 독활의 어린순이다. 독활기생탕 만들 때는 독활+당귀+상기생+백작약+숙지황+천궁+인삼+백복령+우슬+두충+방풍+육계+감초+생강을 배합하여 물에 달여 만든다.

이용법

- 중풍 예방-뿌리 10~20g을 달여 먹거나, 가을에 뿌리를 캐어 물로 씻고 물기를 뺀 다음 용기에 넣고 설탕을 녹인 시럽을 재료의 70%를 넣고 100일 정도 발효시킨 후에 발효액 1에 찬물 3을 희석해서 장복한다.
- 관절염 · 신경통-봄과 가을에 묵은 뿌리 채취하여 햇볕에 말려 물에 달여 하루 3번 복용한다.

내 몸을 살리는 약초

복통·월경 불순·부인병에 효능이 있는 **천궁**

생약명: 천궁(川芎)-뿌리줄기를 말린 것 **약성**: 따뜻하고 맵다 **이용 부위**: 뿌리 **1회 사용량**: 뿌리줄기 3~7g **독성**: 없다 **금기 보완**: 임산부 · 기(氣)와 허(虛)한 사람 · 볶아서 사용하는 것을 금한다

생육 특성

천궁은 미나릿과의 여러해살이풀로 높이는 30~60cm 정도이고, 잎은 어긋나고 2회 깃꼴겹잎이고, 작은 잎은 달걀꼴 또는 댓잎피침형으로서 가장자리가 깊이 패여 들어가 있으며 깊은 톱니가 있고 끝이 뾰쪽하다. 꽃은 8~9월에 가지 끝과 원줄기 끝에서 겹산형 꽃차례 흰색으로 피고, 열매는 달걀꼴로 열리지만 익지 않는다.

| 작용 | 진통 작용 | 효능 | 주로 부인과 · 순환계 · 치과 질환에 효험이 있다. 냉병 · 대하증 · 부인병 · 산후증 · 우울증 · 자양 강장 · 조루 · 편두통

옛부터 천궁이 향이 좋아 다른 약초에 가미해 썼고 장독 주변에 뱀을 쫓는데 심었다. 천궁은 독이 없어 식용, 약용으로 가치가 높다. 어린잎은 식용하고 술에 담가서 마신다. 한방에서 부인병에 다른 약재와 처방한다. 약초 만들 때는 가을에 뿌리줄기를 수시로 채취하여 햇볕에 말려 쓴다. 농경사회에서는 민물낚시를 할 때 천궁을 미끼나 밑밥으로 썼고, 장독 뒤 뱀을 쫓기 위해 심었고, 오늘날에는 다른 약재와 배합하여 향을 내는 데 쓴다.

이용법

- 월경불순—천궁 5g+당귀 5g+현호색 5g을 하루 용량으로 하여 물에 달여 하루에 3번 나누어 복용한다.
- 생리통 · 복통—생잎을 채취하여 짓찧어 즙을 마신다.

소화 불량·산경통·당뇨에 효능이 있는 # 뚱딴지

생약명: 국우(菊芋) · 저내(苧乃)−덩이줄기를 말린 것 약성: 달다 이용 부위: 덩이줄기 1회 사용량: 덩이줄기 5~10g 독성: 없다

생육 특성

뚱딴지는 국화과의 여러해살이풀로 높이는 1.5~3m 정도이고, 전체에 짧은 털이 있고 줄기는 곧게 자라고 가지가 갈라진다. 잎자루에 날개가 있고 잎이 줄기 밑에서 마주 나고 윗부분에서는 어긋나고 가장자리에 톱니가 있다. 땅속줄기 끝이 굵어져 감자처럼 된다. 꽃은 8~10월에 줄기와 가지 끝에 두 상화가 1 송이씩 노란색으로 피고, 열매는 10월에 긴 타원형으로 여문다.

| 작용 | 혈당 강하 작용 · 항염증 작용 | 효능 | 주로 신경계 및 소화기 질환에 효험이 있다. 당뇨병 · 신경통 · 류마티스성 관절통 · 골절 · 타박상

농경 시대에는 뚱딴지를 돼지 사료로 써서 '돼지감자', 뿌리가 감자를 뒤룽뒤룽 매단 것처럼 이상야릇하고 생뚱맞아 '뚱단지', 꽃이 하늘을 향해 해바라기처럼 아름답게 피기 때문에 '꼬마 해바라기'라 부른다. 뚱딴지는 잎과 덩이뿌리에는 천연 인슐린(insulin)이 함유되어 있다. 장이찌는 봄에 어린잎을 따서 깻잎처럼 끓인 간장에 재어 30일 먹는다. 한방에서 당뇨병에 다른 약재와 처방한다. 약초 만들 때는 늦가을에 꽃이 진 뒤에 땅 속에서 덩이줄기를 캐서 물로 씻은 후 햇볕에 말려 쓴다. 식초를 만들 때는 뚱딴지 90%+설탕+10%+이스트 2%를 용기에 넣고 60일 이상 숙성시킨다.

이용법

• 당뇨병−덩이줄기를 날것으로 먹거나, 덩이줄기를 캐서 잘게 썰어 햇볕에 말려서 물에 달여서 수시로 대용차처럼 마신다.
• 타박상 · 골절상−생잎을 채취하여 짓찧어 환부에 붙인다.

내 몸을 살리는 약초

빈혈증·부인병·여성 질환에 효능이 있는 당귀

생약명: 당귀(日當歸)–뿌리를 말린 것 **약성:** 쓰고 달고 맵다 **이용 부위:** 뿌리 **1회 사용량:** 뿌리 2∼5g **독성:** 없다 **금기 보완:** 복용 중에 생강, 해조류(김·다시마·미역·청각·파래)는 금한다

생육 특성

당귀는 미나릿과의 여러해살이풀로 높이는 60∼90cm 정도이고, 잎은 3층 겹잎의 삼각형이고 작은 잎은 깊게 3 갈래로 나뉘며 가장자리에 예리한 톱니가 있다. 꽃은 7∼8월에 줄기 끝에 겹산형 화서의 흰색으로 피고, 열매는 9월에 납작한 타원형의 분과로 여문다.

|작용| 혈압 강하 작용·진통 작용 **|효능|** 주로 통증을 다스리며 혈행에 도움이 된다. 신체허약·월경불순·생리통·복통·빈혈·고혈압·현훈·마비·변비·어혈·관절염·타박상·옹저창상·냉증

당귀가 사찰 주변에서 자란다 하여 '승검초', 당귀의 뿌리를 먹으면 기혈이 마땅히 제자리로 다시 돌아온다 하여 '당귀(當歸)'라 부른다. 당귀는 우리나라 특산종으로 왜당귀, 중국당귀, 참당귀와 다르다. 당귀는 식용, 약용, 관상용으로 가치가 높다. 뿌리에 상처를 내면 흰즙이 나오고, 방향유(芳香油)가 있어 향기가 난다. 어린순은 나물로 먹는다. 당분·비타민 A·B·E·인·미네날 등이 풍부하게 함유되어 있다. 약초 만들 때는 봄에는 잎을, 가을에는 뿌리를 캐서 줄기와 잔뿌리를 잘라 버리고 물에 깨끗이 씻은 다음 햇볕에 말려 쓴다. 줄기가 생긴 당귀뿌리는 약으로 쓰지 않는다. 뿌리에서 노뇌두(膿頭)를 잘라 버리고 잘게 썰어 쓴다.

이용법

- 월경 불순·생리통–말린 약재를 1회 10g을 물에 달여 하루 3회 복용한다.
- 신경통·냉증·요통–잎과 줄기를 말려 목욕을 할 때 욕조에 넣고 목욕을 한다.

당뇨병·관절염·비만에 효능이 있는 우엉

생약명: "악실(惡實)" "우방자(牛蒡子)"-여문 씨를 말린 것, "우방근(牛蒡根)"-뿌리를 말린 것, "우방경엽(牛蒡莖葉)"-잎을 말린 것 약성: 서늘하고 맵고 쓰다 이용 부위: 씨·잎·뿌리 1회 사용량: 씨 4~7g·잎과 뿌리 8~12g 독성: 없다

생육 특성

우엉은 국화과의 한해살이풀로 높이는 30~150cm 정도이고, 뿌리잎은 무더기로 뭉쳐 나고 잎자루가 길고 줄기잎은 어긋나고 잎몸은 심장형으로서 끝이 뭉뚝하고 밑은 넓거나 심장 밑 모양이며 가장자리에 이빨 모양의 불규칙한 톱니가 있다. 꽃은 7~8월에 줄기 꼭대기에서 갈라진 작은 가지 끝에 산방 꽃차례를 이루며 자주색으로 피고, 열매는 9월에 수과로 여문다. 가장자리에 가시가 있어 다른 물체에 붙어 씨를 퍼트린다.

┃작용┃ 혈당 강하 작용·소염 작용·진통 작용·해열 작용 ┃효능┃ 주로 피부과·운동계·치과 질환에 효험이 있다. 열매(인후 종통·반신불수·관절염·옹종·창종·풍진), 뿌리(당뇨병·안면 부종·현훈·인후열종·치통·해수·비만), 주로 뇌졸중·늑막염·위경련·인후통·충치·치통

농경사회에서 우엉의 잎과 뿌리를 소(牛)의 먹이로 썼기 때문에 '우채(牛菜)', 소가 우엉을 먹으면 힘을 낼 수 있다 하여 '우력대(牛力大)'라 부른다. 한겨울 눈보라 속 영하 30도 이하에서도 우엉의 뿌리는 살아남을 정도로 생명력이 강하다. 우엉은 식용, 약용으로 가치가 높다. 어린잎과 뿌리는 나물로 먹는다. 한방에서 통증에 다른 약재와 처방한다. 약초 만들 때는 가을에 익은 열매를 따거나 뿌리를 캐서 햇볕에 말려 쓴다. 식초를 만들 때는 우엉 20%+누룩 10%+물 70%를 용기에 넣고 한 달 이상 숙성시킨다.

이용법

• 목구멍이 부어서 아플 때-말린 열매 2~3g을 물에 달여 복용한다.
• 피부병·종기-잎을 짓찧어 환부에 붙인다.

고혈압·신체 허약·식은땀에 효능이 있는 황기

생약명: 황기(黃芪)-뿌리를 말린 것 약성: 따뜻하고 달다 이용 부위: 뿌리 1회 사용량: 뿌리 10~20g 독성: 없다 금기 보완: 복용 중에 방풍·목련·녹각·여로·백선·살구씨는 금한다

생육 특성

황기는 콩과의 여러해살이풀로 높이는 1m 정도이고, 잎은 마주 나고 홀수 1회 깃꼴겹잎이다. 달걀 모양의 긴 타원형으로 양끝이 둔하거나 둥글며 가장자리가 밋밋하다. 꽃은 7~8월에 잎 겨드랑이에 총상 꽃차례를 이루며 연한 황색으로 피고, 열매는 10~11월에 긴 타원형 꼬투리의 협과로 여문다.

| 작용 | 혈압 강하 작용·혈관 확장 작용·이뇨 작용·강심 작용 **| 효능 |** 주로 운동계·비뇨기·부인과·순환기계 질환에 효험이 있다. 주로 고혈압·신체 허약·기혈 허탈·식은땀·탈항·도한·반신불수·부종·당뇨병

황기가 고삼(苦蔘)과 비슷하고 맛이 달아 '단너삼', 뿌리가 길고 두툼하고 황백색을 띠어 '황기(黃芪)'라 부른다. 황기는 식용, 약용으로 가치가 높다. 황기 70g+오미자 한 주먹, 계피 3g을 다관에 넣고 물에 끓여 꿀을 타서 대용차로 마신다. 당귀는 힘이 없고 맥이 약하여 땀을 많이 흘리는 사람에게 현저한 효능을 보인다. 복령과 같이 쓰면 좋다. 한방에서 땀을 많이 흘리는 데 다른 약재와 처방한다. 약초 만들 때는 가을에 뿌리를 캐서 대나무칼로 코르크층을 긁어 제거한 후에 햇볕에 말려 쓴다.

이용법

- 고혈압-뿌리 10g을 물에 달여 하루 3번 나누어 복용한다.
- 중풍 후유증에 의한 반신불수·구완와사·언어 장애-당귀+천궁을 배합해서 물에 달여 대용차처럼 수시고 마신다.

내 몸을 살리는 약초

치매·당뇨병·뇌 질환에 효능이 있는 # 강황

생약명: 강황(薑黃)–뿌리를 말린 것 약성: 뜨겁고 쓰고 맵다(울금은 서늘하다) 이용 부위: 뿌리 1회 사용량: 뿌리 4∼6g 독성: 없다 금기 보완: 한꺼번에 너무 많이 섭취하게 되면 설사를 할 수 있다

생육 특성

강황은 생강과의 여러해살이풀로 높이는 50∼150cm 정도이고, 잎의 너비는 15∼20cm이며 좁고 긴 형태다. 뿌리줄기의 겉면은 엷은 황색, 속은 등적색이고 향기가 난다. 꽃이삭은 잎보다 먼저 나오고 넓은 달걀 모양의 원형이고 엷은 녹색의 꽃떡잎에 싸여 잎 겨드랑이 꽃이 여러 개 달린다. 꽃은 4∼6월에 잎 사이에서 나온 꽃줄기 끝에 엷은 황색으로 피고, 열매는 10월에 삭과 여문다.

| 작용 | 항암 작용 · 살균 작용 · 항균 작용 · 혈당 강하 작용 | 효능 | 주로 울혈 · 혈증 질환에 효험이 있다. 주로 치매 · 당뇨병 · 간 기능 회복 · 담 · 담낭염 · 담석증 · 심장질환 · 동맥경화 · 비만

강황의 꽃이 봄에 핀다 하여 "봄울금", 뿌리가 황근색이어서 "황금 식품"이라 부른다. 강황은 뿌리를 자르면 진한 노린빛이고 몹시 쓰고, 울금은 뿌리를 자르면 오렌지 같은 선홍색이고 매운맛이 난다. 강황은 식용, 약용으로 가치가 높다. 카레에 들어가는 노란 분말이 강황이다. 강황에 들어 있는 커큐민(curcumin)의 플라보노이드는 강력한 항산화 물질이 함유하고 있어 인체의 노화를 촉진하는 활성산소를 제거해 준다. 한방에서 치매에 다른 약재와 처방한다. 약초 만들 때는 가을에 뿌리를 캐어 잘게 썰어 햇볕에 말려 쓴다.

이용법

• 치매 예방–자연식 채식위주의 식습관으로 종종 음식으로 카레를 먹는다.
• 피부소양증–생뿌리를 짓찧어 환부에 붙인다.

내 몸을 살리는 약초

자양 강장·신체 허약·정력에 효능이 있는 삼지구엽초

생약명: 음양곽(淫羊藿)·선령비(仙靈脾)—잎과 줄기를 말린 것 **약성:** 따뜻하고 맵고 달다 **이용 부위:** 뿌리·잎·줄기 **1회 사용량:** 온포기 4~6g **독성:** 없다

생육 특성

삼지구엽초는 매자나뭇과의 여러해살이풀로 높이는 30cm 정도이고, 뿌리에서 잎이 뭉쳐 나고, 줄기 윗부분이 3개의 가지로 갈라지고 각각의 가지에 3개의 잎이 달리고, 줄기에 달리는 잎은 가장자리가 가시처럼 가는 톱니 모양이다. 꽃은 5월에 연한 노란색으로 밑으로 향해 피고, 열매는 8월에 긴 타원형으로 여문다.

┃작용┃ 최음 작용·혈압 강하 작용 **┃효능┃** 주로 비뇨기, 신경계 질환에 효험이 있다. 주로 발기 불능이나 강장·음위·발기 부전·저혈압·권태 무력·류머티즘

중국 명나라 때 고서(古書) 『삼재도회(三才圖會)』에 "숫양 한 마리가 삼지구엽초를 먹고 암양 100마리와 교배했다"고 하여 "음양곽(淫羊藿)"이라 부른다. 삼지구엽초는 조선 시대 허준이 쓴 『동의보감』에 "삼지구엽초는 허리와 무릎이 쑤시는 것을 보(補)하며 양기가 부족하여 일어나지 않는 남자, 음기(陰氣)가 부족하여 아이를 낳지 못하는 여자에게 좋다"고 기록돼 있다. 삼치구엽초는 식용, 약용, 관상용으로 가치가 높다. 한방에서 자양 강장에 다른 약재와 처방한다. 약초 만들 때는 봄에는 꽃, 여름부터 가을 사이에는 잎과 줄기를 채취하여 그늘에 말려 쓴다. 독초인 산꿩의다리를 삼지구엽초로 오인을 주의한다.

이용법

- 정력 증강—말린 약재 2~4g을 물에 달여 하루에 3번 나누어 복용한다.
- 저혈압·당뇨병·중풍—선령비주(仙靈脾酒·삼지구엽초 잎으로 만든 술)를 취침 전에 소주잔으로 한두 잔 마신다.

신장·이질·위염에 효능이 있는 비수리

생약명: 야관문(夜關門)·삼엽초(三葉草)—뿌리를 포함한 전초를 말린 것 **약성:** 서늘하고 맵고 쓰다 **이용 부위:** 전초·뿌리 **1회 사용량:** 전초 8~15g **독성:** 없다 **금기 보완:** 전초를 술에 담가 3개월 안에 마시면 머리카락이 빠진다. 야관문주는 3일 이상 계속해서 마시지 않는다

생육 특성

비수리는 콩과의 여러해살이풀로 높이는 1m 정도이고, 잎은 어긋나고 3장씩 나오는 3출 겹잎이며 작은 잎은 선상 피침형이고 가장자리는 밋밋하다. 꽃은 8~9월에 잎 겨드랑이에 총상 꽃차례의 흰색으로 피고, 열매는 10월에 둥근 협과로 여문다.

│작용│ 진해 작용·소염 작용·거담 작용·항균 작용 **│효능│** 주로 간경 및 호흡기 질환에 효험이 있다. 주로 유정·야뇨증·천식·해수·해열·위통·시력 감퇴·유선염·타박상

옛날에 이 풀을 복용한 남자와 하룻밤을 지낸 여자는 밤이면 대문의 빗장을 열어 놓고 기다리게 된다 하여 '야관문(夜關門)'이라는 이름이 붙여졌다. 비수리는 식용, 약용으로 가치가 높다. 한방에서 간장, 신장, 폐장의 기능을 보하는 데 다른 약재와 처방한다. 한방에서 자양 강장에 다른 약재와 처방한다. 약초 만들 때는 꽃이 피기 전 뿌리와 잎·줄기 등이 온전히 달린 전초를 그늘에 말려 쓴다. 야관문주를 만들 때는 꽃이 피기 전에 지상부의 전체와 뿌리를 채취하여 용기에 넣고 35도 소주를 붓고 밀봉하여 1년 후에 마신다.

이용법

- 정력 증강–지상부 전체 채취하여 술에 담가 식사할 때 반주나 잠들기 전에 소주잔으로 한두 잔 마신다.
- 급성 유선염–생잎을 짓찧어 환부에 붙인다.

갑상선·연주창·항암에 효능이 있는 꿀풀

생약명: 하고초(夏枯草) · 고원초(高遠草)—다 자란 전초를 말린 것 **약성:** 차고 맵고 쓰다 **이용 부위:** 전초 **1회**
사용량: 전초 5~10g **독성:** 없다

생육 특성 ▶

꿀풀은 꿀풀과의 여러해살이풀로 높이는 10~40cm 정도이고, 긴 타원형의 잎이 마주 나고 가장자리
는 밋밋하거나 톱니가 있고, 전체에 흰색털이 있고, 줄기는 네모꼴로 곧게 서고 밑부분에서 땅속줄기
가 뻗어 나온다. 꽃은 5~7월에 줄기나 가지 끝에서 이삭 모양으로 이루며 붉은빛을 띤 보라색으로
피고, 열매는 9월에 여문다.

| 작용 | 혈압 강하 작용 · 항균 작용 · 이뇨 작용 · 혈관 확장 작용 · 염증 억제 작용 · 항암 억제(복수
암 · 육아 육종) 작용 **| 효능 |** 주로 갑상선 질환 · 염증 질환에 효험이 있다, 주로 갑상선 · 나력(瘰癧) · 연
주창 · 급성 유선염 · 유암 · 고혈압

꿀풀은 방망이처럼 생긴 꽃차례에 꽃이 빽빽이 달려 있어 '꿀방망이', 꽃이 입술모양
을 닮았다 하여 '순형화관(脣形花冠)', 꽃에서 꿀맛이 나기 때문에 '꿀풀'이라 부른다. 꿀
풀은 식용, 약용, 밀원용으로 가치가 높다. 꽃과 어린순은 식용하고, 지상부의 전체를
말린 것을 약용한다. 한방에서 잎을 달인 물은 복수암, 종기, 염증에 다른 약재와 처방
한다. 약초 만들 때는 여름에 꽃이 반 정도 마를 때 채취하여 햇볕에 바싹 말려 쓴다.
꿀풀의 유사종으로는 흰꽃이 피는 흰꿀풀, 붉은꽃이 피는 붉은꿀풀이 있다.

이용법

• 갑상선종 · 종기 · 유선염—생꿀풀을 짓찧어 환부에 붙인다.
• 고혈압—말린 약재를 5g씩 물에 달여 하루 3번 나누어 복용한다.

골다공증·동맥 경화·골절에 효능이 있는 **잇꽃**

생약명: 홍화(紅花)—꽃을 말린 것 · 홍화묘(紅花苗) · 홍화자(紅花子)—씨를 말린 것 **약성:** 따뜻하고 맵다 **이용 부위:** 꽃 · 종자 **1회 사용량:** 꽃 3~7g **독성:** 없다

생육 특성

잇꽃은 국화과의 두해살이풀로 높이는 1m 정도이고, 잎은 어긋나고 넓은 피침형이며 잎자루는 없고, 가장자리에 가시 같은 톱니가 있다. 꽃은 7~8월에 가지 끝에 1 송이씩 붉은빛이 도는 노란색으로 피고, 열매는 9월에 수과로 여문다.

| **작용** | 진통 작용 | **효능** | 주로 부인과 · 산과 · 순환기계 질환에 효험이 있다. 주로 골다공증 · 골절 · 동맥경화 · 어혈 · 결절종 · 무월경 · 위장병 · 류마티즘 · 옹종 · 타박상 · 생리불순 · 진통 · 타박상 · 협심증

조선 시대 때 여인들은 홍화(紅花)의 꽃을 짓찧어 화장할 때 연지로 썼다. 사람의 몸을 이롭게 한다 하여 '잇꽃', 꽃이 붉은색을 띠기 때문에 '홍화(紅花)'라 부른다. 꿀풀은 식용 · 약용 · 관상용으로 가치가 크다. 씨에는 리놀산이 66%나 들어 있어 콜레스테롤 과다에 의한 동맥 경화증의 예방과 치료에 쓰고, 기름을 짜서 식용한다. 토종 홍화 씨에는 백금(白金)과 칼슘 성분이 함유되어 있어 뼈 질환에 다른 약재와 처방한다. 약초 만들 때는 6월경 노란색에서 홍적색으로 변해 갈 때 이른 아침 이슬에 젖었을 때 따서 술에 담근 후 말려 쓴다.

이용법

- 골절 · 골다공증—씨앗을 살짝 볶아 가루 내어 물에 타서 복용한다.
- 어혈 · 종기—어린 생싹을 짓찧어 환부에 붙인다.

내 몸을 살리는 약초

<h1>자양 강장·신체 허약·갱년기에 효능이 있는 복분자</h1>

생약명: 복분자(覆盆子)—덜 익은 열매를 말린 것 **약성:** 평온하고 달고 시다 **이용 부위:** 덜 익은 열매 **1회 사용량:** 덜 익은 열매 4~6g **독성:** 미량의 독이 있다

생육 특성

복분자는 장밋과의 갈잎떨기나무로 높이는 3m 정도이고, 잎은 어긋나고 깃꼴겹잎이며, 작은 잎은 타원형이고 가장자리에 예리한 톱니가 있다. 꽃은 5~6월에 가지 끝에 산방화서 흰색이나 연홍색으로 피고, 열매는 7~8월에 반달 모양의 보과로 여문다.

| 작용 | 이뇨 작용·항염증 작용 **| 효능 |** 주로 원기 회복 및 자양 강장에 효험이 있다. 주로 신체 허약·양기부족·음위·유정·빈뇨·이뇨·시력 회복·스태미나 강화

복분자를 『전통 의서』에 의하면 성인이 먹으면 요강이 엎어진다 하여 엎어질 '복(覆)'자에 요강 '분(盆)'자를 합쳐 '복분자(覆盆子)'라 부른다. 복분자는 독이 없어 덜 익은 열매는 약용으로, 익은 열매는 식용으로 쓴다. 한방에서 자양 강장에 다른 약재와 처방한다. 약초 만들 때는 초여름에 덜 익은 푸른 열매를 따서 햇볕에 말려 쓴다. 효소(발효액) 만들 때는 여름에 검은 열매를 따서 용기에 넣고 재료의 양만큼 설탕을 붓고 100일 이상 발효시킨다. 식초 만들 때는 복분자 80%+설탕+20%+이스트 1%를 용기에 넣고 한 달 이상 숙성시킨다.

이용법

- 발기불능·음위증—익은 열매로 복분자를 술에 담가 음식을 먹을 때 반주로 마시간 잠들기 전에 소주잔으로 한두 잔 마신다.
- 자양 강장·신체 허약—덜 익은 말린 약재를 1회 2~4g씩 물에 달여 하루 3번 나누어 복용한다. 장복해야 효과를 볼 수 있다.

부종·소변 불리·간염에 효능이 있는 **삼백초**

생약명: 백화(白花)—전초를 말린 것 **약성**: 차고 쓰고 맵다 **이용 부위**: 전초 **1회 사용량**: 온포기 6∼9g **독성**: 없다

생육 특성

삼백초는 삼백초과의 여러해살이풀로 높이는 50cm 정도이고, 잎은 타원형으로 어긋나고 끝이 뾰쪽하고 밑은 심장의 밑 모양으로 오목하다. 앞면은 연한 녹색, 뒷면은 흰색, 줄기 위쪽에 달린 2∼3개의 잎은 앞면도 흰색이다. 가장자리는 밋밋하다. 꽃은 6∼8월에 꽃잎이 없는 수상 꽃차례를 이루면서 줄기 끝에 흰색으로 피고, 열매는 7∼9월에 둥근 삭과로 여문다. 씨앗에 실(室)이 한 개씩 들어 있다.

| **작용** | 이습 작용 | **효능** | 주로 신경계·부인과·소화기 질환에 효험이 있다. 주로 암·소변 불리·부종·각기·간염·황달·소염·임질·축농증·음낭 피부염·월경 불순·냉대하·종기·악창

삼백초는 꽃잎이 없다. 꽃·잎·뿌리가 흰색이기 때문에 '삼백초', 흰 뿌리줄기에서 독한 냄새를 풍기는데 송장 썩은 냄새가 난다 하여 '송장풀'이라 부른다. 삼백초는 식용, 약용, 관상용으로 가치가 높다. 봄에 전초를 채취하여 그늘에서 말려서 가루 내어 물에 타서 먹거나, 다관이나 주전자에 삼백초 10g을 약한 불로 끓여서 꿀에 타서 대용차로 마신다. 한방에서 전신이 붓고 소변이 잘 나오지 않을 때, 위병(胃病)이나 간 질환에 좋고, 해열·이뇨·거담에 다른 약재와 처방한다. 약초 만들 때는 여름에 지상부와 뿌리를 채취하여 그늘에서 말려 쓴다.

이용법

- 급성간염·황달·부종—말린 전초 15∼20g을 물에 달여서 하루 3번 나누어 복용한다.
- 종기에는 전초를 짓찧어 환부에 붙인다.

내 몸을 살리는 약초

뇌 질환·모세 혈관 출혈에 효능이 있는 약모밀

생약명: 어성초(魚腥草)·십약(十藥)·중채(重菜)·즙채(汁菜)—뿌리를 포함한 전초를 말린 것 **약성:** 차고 맵다 **이용 부위:** 뿌리를 포함한 전초 **1회 사용량:** 뿌리 6~10g **독성:** 없다 **금기 보완:** 장복을 금한다

생육 특성

약모밀은 삼백초과의 여러해살이풀로 높이는 50~70cm 정도이고, 잎은 어긋나고, 달걀을 닮은 심장형으로 끝이 뾰쪽하고 가장자리가 밋밋하다. 꽃은 5~6월에 원줄기 끝에 수상 꽃차례를 이루며 많은 수가 달린다. 꽃잎은 없고 흰색 타원형의 총포 4장이 꽃잎처럼 보인다. 열매는 8~9월에 둥근 삭과로 여문다.

| **작용** | 항염 작용·살균 작용·향균 작용·진해 작용·이뇨 작용 | **효능** | 주로 운동계·비뇨기·부인과·이비인후과 질환에 효험이 있다. 주로 인후염·대하증·자궁염·폐렴·기관지염·말라리아·이질·치질·탈항·습진·독창·수종·종기

약모밀 전체에서 생선 비린내가 난다고 하여 '어성초(魚腥草)', 꽃잎처럼 생긴 꽃차례 받침이 십자형으로 달려 있어 '십자풀', 잎이 메밀잎과 비슷하여 '약모밀'이라 부른다. 약모밀은 식용, 약용, 관상용으로 가치가 높다. 옛부터 약모밀을 "십약(十藥)"이라 하여 10가지 약효가 있어 몸을 튼튼하게 하고 출혈을 멈추게 하는 데 썼다. 일본 히로시마에 원자탄이 투하된 후 초토화된 상태에서 이듬해 다시 자랄 정도로 생명력이 강하고 강력한 살균력을 가지고 있다. 한방에서 기관지염에 다른 약재와 처방한다. 약초 만들 때는 여름부터 가을 사이에 전초를 포함한 뿌리를 채취하여 햇볕에 말려 쓴다.

이용법

- 어지럼증—약모밀 전초를 채취하여 그늘에 말린 후 4~6g을 물에 달여 대용차(茶)로 마신다.
- 습진·치질—생잎을 짓찧어 즙을 내어 환부에 붙인다.

내 몸을 살리는 약초

시력·야맹증·간 질환에 효능이 있는 **결명자**

생약명: 결명자(決明子)-익은 씨를 말린 것 **약성:** 서늘하고 쓰고 달다 **이용 부위:** 씨 **1회 사용량:** 씨 5g **독성:** 없다 **금기 보완:** 설사하는 사람과 삼(대마)은 금한다

생육 특성

결명자는 콩과의 한해살이풀로 높이는 1.5m 정도이고, 잎은 어긋나며 깃꽃겹잎이고 작은 잎은 알 모양으로 2~3쌍이 달린다. 꽃은 6~8월에 잎 겨드랑이에 1~2 송이씩 노란색으로 피고, 열매는 9~10월에 마름모꼴의 협과로 여문다.

| **작용** | 혈액 순환 작용 **| 효능 |** 주로 순환기계 및 소화기 질환에 효험이 있다. 주로 안과 질환 · 시력 회복 · 야맹증 · 소화불량 · 위장병 · 간열로 인한 두통 · 눈물 · 코피 · 설사 · 변비

옛부터 결명자는 눈을 밝게 하는 풀로 알려져 있다. 시력이 좋아지는 씨앗이라는 뜻으로 '결명자', 긴강남차와 비슷하여 '긴강남차'라 부른다. 결명자는 약용으로 가치가 높다. 조선 시대 허준이 쓴 『동의보감』에 "결명자를 100일 동안 복용하면 밤에 촛불 없이도 사물을 볼 수 있다"고 기록돼 있다. 한방에서 시력 회복에 다른 약재와 처방한다. 약초 만들 때는 가을에 전초를 베어 햇볕에 말린 다음 두드려서 씨를 털고 완전히 말려 쓴다.

이용법

• 습관성 변비-결명자 6~10g을 물에 달여 하루 3번 나누어 복용한다.
• 시력 회복-결명자 5g+감초 1g을 배합하여 물에 달여 대용차로 마신다.

내 몸을 살리는 약초

춘곤증·천식·거담에 효능이 있는 **곰취**

생약명: 호로칠(葫蘆七)—뿌리와 뿌리줄기를 말린 것 **약성:** 따뜻하고 쓰고 맵다 **이용 부위:** 뿌리줄기 1회 사용
량: 뿌리 4~6g **독성:** 없다

생육 특성

곰취는 국화과의 여러해살이풀로 높이는 1~2m 정도이고, 뿌리잎은 땅속줄기에서 뭉쳐 난다. 길이
약 30cm, 너비 약 40cm의 심장 모양이고 가장자리에 규칙적인 톱니가 있다. 꽃은 7~9월에 줄기 끝
에 총상 꽃차례의 노란색으로 피고, 열매는 10월에 원통 모양의 수과로 여문다.

| **작용** | 항염 작용·진통 작용 | **효능** | 주로 통증·순환계·호흡계 질환에 효험이 있다. 주로 기침·
천식·진해·거담·진통·타박상·고혈압·관절통·요통

곰취는 곰이 좋아하는 나물이라 하여 "웅소(熊蔬)", 잎의 모양이 말발굽과 같다 하여
"마제엽(馬蹄葉)"이라 부른다. 곰취와 비슷한 독초인 동의나물은 주로 습지에서 자라고,
잎이 두꺼우며 가장자리가 밋밋하고, 털이 없고 광택이 난다. 곰취는 식용, 약용으로
가치가 크다. 곰취는 나물로 먹는다. 장아찌 만들 때는 봄에 연한 잎을 따서 깻잎처럼
끓은 간장에 재거나 고추장이나 된장에 박아 두었다가 60일 후에 먹는다. 한방에서 호
흡기 질환에 다른 약재와 처방한다. 약초 만들 때는 가을에 뿌리를 캐서 햇볕에 말려
쓴다.

이용법

- 타박상·염좌—곰취 전초+쑥을 짓찧어 짓찧어서 즙을 내어 환부에 붙인다.
- 고혈압—뿌리줄기 말린 약재를 1회에 2~4g을 물에 달여 하루 3번 나누어 복용한다.

내 몸을 살리는 약초

인후염·종기·기관지염에 효능이 있는 **머위**

생육 특성

머위는 국화과의 여러해살이풀로 높이는 5~60cm 정도이고, 땅속줄기에서 잎이 나고, 잎자루가 길고 전체에 털이 있고 가장자리에 톱니가 있다. 꽃은 4월에 작은 꽃이 잎보다 먼저 꽃줄기끝에 모여 암꽃은 흰색, 수꽃은 황백색으로 피고, 열매는 6월에 원통 모양의 수과로 여문다.

| **작용** | 해독 작용·항염 작용 | **효능** | 주로 면역계와 폐 질환에 효능이 있다. 암·면역력 강화·신체 허약·권태 무력·기혈 부족·스태미나 강화

　머위는 추운 겨울에 자란다 하여 '관동(款冬)'이라 부른다. 머위는 식용, 약용으로 가치가 높다. 잎에는 약간 떫은맛이 나므로 끓는 물에 데친 후 찬물에 담가 우려낸 후 먹는다. 어린잎은 쌈, 잎자루는 겉껍질을 벗겨 내고 나물로 먹는다. 한방에서 가래와 기침을 없애고 해독 작용에 다른 약재와 처방한다. 약초 만들 때는 봄에 꽃봉오리를 따서 그늘에 말리고, 가을에 뿌리를 캐어 햇볕에 말려 쓴다.

이용법

- 기관지염·천식—말린 꽃봉오리를 10~15g, 뿌리 3~6g을 물에 달여 하루 3번 나누어 복용한다.
- 피부병—욕탕에 전초를 넣고 목욕을 한다.

내 몸을 살리는 약초

기관지염·담·부종에 효능이 있는 털머위

생약명: 인삼(人蔘) – 뿌리를 말린 것, 인삼수(人蔘鬚) – 가는 뿌리, 인삼엽(人蔘葉) – 잎을 말린 것 **약성:** 서늘하고 쓰고 약간 맵다 **이용 부위:** 전초 · 뿌리 **1회 사용량:** 5~10g **독성:** 미량의 독이 있다

생육 특성

털머위는 국화과의 상록여러해살이풀로 높이 30~80cm 정도이고, 잎자루가 긴 잎이 무더기로 모여 나와 비스듬히 선다. 머위 잎같이 생겼으며 두껍고 윤기가 있다. 가장자리에 이빨 모양의 톱니가 있거나 밋밋하다. 꽃은 9~10월에 갈라진 줄기 끝에 두상화의 황색으로 피고, 열매는 11월에 수과로 여문다.

| 작용 | 항염 작용 · 진통 작용 **| 효능 |** 주로 호흡기 · 통증에 효험이 있다. 주로 기관지염 · 담 · 부종 · 종창 · 진통 · 충치 · 치질 · 치통 · 타박상 · 감기 · 해수

털머위는 머위의 잎과 비슷하고 줄기 전체에 연한 갈색의 털이 있다 하여 "털머위"라 부른다. 털머위는 관상용 · 식용 · 약용으로 가치가 크다. 한방에서 뿌리를 폐 질환에 다른 약재와 처방한다. 약초 만들 때는 봄에 꽃이 피기 전에 전초를 따서 그늘에, 가을에 뿌리를 캐어 햇볕에 말려 쓴다. 외상에는 잎을 짓찧어 즙을 만들어 환부에 붙인다.

이용법

- 기관지염 · 천식-말린 꽃봉오리는 5~10g을 물에 달여 하루에 3번 나누어 복용한다.
- 피부병-털머위 생잎을 짓찧어 환부에 붙인다.

내 몸을 살리는 약초

간염·기관지염·임파선염에 효능이 있는 # 민들레

생약명: 포공영(蒲公英) · 황화랑(黃花郞)—전초를 말린 것 **약성:** 차고 달고 쓰다 **이용 부위:** 잎 · 뿌리 **1회 사용량:** 잎 · 뿌리 10~15g **독성:** 없다 **금기 보완:** 1회 사용량을 초과하면 설사를 한다

생육 특성

민들레는 국화과의 여러해살이풀로 높이는 20~30cm 정도이고, 잎은 뿌리에서 뭉쳐 나고 방석처럼 둥굴게 퍼지고, 잎에 털이 있고 가장자리에 톱니가 있다. 뿌리에는 잔뿌리가 많고 꽃줄기를 자르면 흰색 즙이 나온다. 꽃은 4~5월에 꽃줄기 끝에 1 송이씩 흰색 또는 노란색으로 피고, 열매는 7~8월에 흰색 털이 여문다. 바람에 날려 퍼진다.

| 작용 | 이담 작용 · 항균 작용 **| 효능 |** 주로 소화기 질환 및 해독과 해열에 효험이 있다. 간염 · 임파선염 · 나력 · 편도선염 · 기관지염 · 위염 · 종기 · 식중독 · 요도감염 · 담낭염 · 유선염

　　조선 시대 농경사회에서 민들레가 사립문 둘레에 흔히 있어 '문둘레'라고 한 것이 변하여 '민들레'가 되었다. 토종민들레는 꽃의 밑동을 싸고 있는 총포가 찰싹 달라붙어 있고, 서양민들레는 꽃의 밑동을 싸고 있는 총포가 밑에 있다. 민들레 잎을 자르면 흰색의 유액이 나온다. 잎에는 독특한 향기가 나는 정유와 단백질을 분해하는 효소가 들어 있다. 민들레의 배당체 '이눌린' 성분은 간(肝)의 지방 변성을 억제하고 몸 안의 독소를 해독해 준다. 한방에서 간염과 독소를 해독하는 데 다른 약재와 처방한다. 약초 만들 때는 봄부터 여름 사이에 꽃이 필 때 전초를 뿌리째 뽑아 물에 씻어 햇볕에 말려 쓴다.

이용법

- 만성 간염 · 간경화―말린 약재 5~10g을 물에 달여 하루에 3번 나누어 복용한다.
- 기미 · 검버섯―민들레 생잎을 짓찧어 즙을 내어 환부에 붙인다.

내 몸을 살리는 약초

간염·피부소양증·관절염에 효능이 있는 소리쟁이

생약명: 우이대황엽(牛耳大黃葉)—전초를 말린 것 · 우이대황(牛耳大黃)—뿌리를 말린 것 **약성:** 차고 쓰다 **이용부위:** 전초 · 뿌리 **1회 사용량:** 뿌리 5~7g **독성:** 없다 **금기 보완:** 복용 중에 하눌타리 · 깽깽이풀 · 측백나무를 금한다

생육 특성

소리쟁이는 마디풀과의 여러해살이풀로 높이는 30~80cm 정도이고, 줄기잎은 어긋나고, 댓잎피침형 또는 긴 타원형으로 양끝이 좁고 주름지고 밑부분이 편평하거나 둥글고 가장자리는 물결 모양이다. 꽃은 6~7월에 가지 끝에 잔꽃이 층층으로 돌려 나와 원추 꽃차례를 이루며 연한 녹색으로 피고, 열매는 가을에 세모진 수과로 여문다.

┃작용┃ 항균 작용 · 암세포 억제 작용 **┃효능┃** 주로 출혈 · 소화기 · 피부과 질환에 효험이 있다. 주로 간염 · 갑상선 · 건선 · 피부소양증 · 관절염 · 관절통 · 대하증 · 무좀 · 백전풍 · 부종 · 소변불통 · 소화불량 · 습진 · 위염 · 장염

소리쟁이의 열매가 익으면 바람에 흔들려 소리가 난다 하여 '소리쟁이'라 부른다. 소리쟁이는 식용, 약용으로 가치가 높다. 어린 잎은 나물로, 뿌리는 쪄서 식용한다. 한방에서 말린 뿌리로 염증 질환을 다른 약재와 배합하여 처방한다. 뿌리는 굵고 곧으며 황색으로 살이 쪄서 두툼하다. 약초 만들 때는 전초는 그늘에, 뿌리를 채취하여 쪼개서 햇볕에 말려 쓴다.

이용법

- 피부소양증 · 백전풍 · 습진—생잎을 짓찧어 즙을 내어 환부에 바른다.
- 관절염 · 관절통—말린 약재 뿌리 2g을 물에 달여 하루 3번 나누어 복용한다.

내 몸을 살리는 약초

천식·기관지염·인후염에 효능이 있는 **개미취**

생약명: 자완(紫菀)—뿌리 및 뿌리줄기를 말린 것 약성: 따뜻하고 쓰고 약간 맵다 이용 부위: 뿌리줄기
1회 사용량: 뿌리줄기 4~6g 독성: 없다 금기 보완: 열이 있는 사람은 복용을 금한다

생육 특성

개미취는 국화과의 여러해살이풀로 풀 전체에서 향기가 난다. 높이는 1.5~2m 정도이고, 잎은 타원형이며 가장자리에 톱니가 있다. 꽃은 7~10월에 줄기와 가지 끝에 모여 두상화서 엷은 자주색으로 피고, 열매는 10월에 수과로 여문다.

| 작용 | 항균 작용 **| 효능 |** 주로 호흡기 · 비뇨기 질환에 효험이 있다. 주로 기침 · 각혈 · 간염 · 거담 · 천식 · 기관지염 · 담 · 당뇨병 · 소변 불통 · 이뇨 · 인후염 · 인후통

개미취는 국화처럼 여름에서 가을까지 자주색 꽃이 아름답고 전초를 나물처럼 먹을 수 있어 "개미취"라 부른다. 개미취는 옛부터 민간에서 재배했고, 야생은 키가 1.5m 정도이고, 재배용은 2m 정도 된다. 개미취는 식용, 약용으로 가치가 높다. 어린 잎은 식용하고 꽃은 차로 먹는다. 한방에서 호흡기 질환에 다른 약재와 처방한다. 약초 만들 때는 가을 또는 봄에 뿌리를 캐어 줄기를 잘라 버리고 물에 씻고 햇볕에 말려 쓴다.

이용법

• 기침–개미취+관동꽃 각 3g을 물에 달여 하루 3번 나누어 복용한다.
• 기관지염 · 인후염–말린 뿌리 10g을 물에 달여 하루 3번 나누어 복용한다.

내 몸을 살리는 약초

항염·종기·피부 질환에 효능이 있는 금낭화

생약명: 하포목단근(荷包牧丹根)-뿌리를 말린 것 **약성:** 따뜻하고 맵다 **이용 부위:** 뿌리 **1회 사용량:** 뿌리 2~4g
독성: 전초에는 아편에 들어 있는 미량의 마약 성분이 함유되어 있고 뿌리에 유독(有毒) 성분이 있다

생육 특성

금낭화는 양귀비과의 여러해살이풀로 높이는 60~80cm 정도이고, 잎은 어긋나고 잎자루가 길며 3회 깃꼴겹잎이고 가장자리가 음푹 패어 있다. 꽃은 5~6월에 줄기 끝 부분에 한 쪽으로 치우쳐 주렁주렁 분홍색으로 피고, 열매는 10월에 긴 타원형의 삭과로 여문다.

|작용| 신경 마비 작용 · 흥분 작용 **|효능|** 주로 종기, 피부 질환에 효험이 있다. 주로 종창 · 옹종 · 거풍 · 화혈 산혈 · 소창독

금낭화의 꽃의 생김새가 아름다운 여인이 치마 속에 달고 다니던 며느리 주머니와 같아 아름다운 '며느리 주머니'라는 이름이 붙여졌다. 금낭화는 식용, 약용, 관상용으로 가치가 높다. 봄에 어린 순을 나물로 먹는다. 지방에 따라 먹는 곳도 있고 먹지 않는 곳도 있다. 약초 만들 때는 가을에 뿌리줄기를 채취하여 햇볕에 말려 쓴다. 한방에서 뿌리 약재를 종창이나 옹종에 다른 약재와 처방한다. 외상에는 달인 물로 환부를 씻는다. 약초 만들 때는 가을에 뿌리줄기를 채취하여 햇볕에 말려 쓴다.

이용법

- 종창 · 옹종-뿌리줄기를 짓찧어 즙을 내어 환부에 붙인다.
- 소창독 · 피부병-뿌리줄기 2~4g을 물에 달여 하루에 3번 나누어 복용한다.

내 몸을 살리는 약초

염증·대장(선종·용종·암)·임파선염에 효능이 있는 **쇠비름**

생약명: 마치현(馬齒莧)—잎과 줄기를 말린 것 **약성:** 차고 시다 **이용 부위:** 잎 · 줄기 **1회 사용량:** 온포기 8~10g **독성:** 없다

생육 특성

쇠비름은 쇠비름과의 한해살이풀로 길이는 30cm 정도이고, 전체가 통통하고 물기가 많다. 줄기는 누워 퍼지고 붉은 붉은빛이 도는 갈색이고, 잎은 주걱 모양으로 어긋나거나 마주 나고 가지 끝에서는 돌려 난다. 꽃은 6~10월에 가지 끝에서 한낮에만 잠시 노란색으로 피었다가 진다. 열매는 8월에 타원형으로 여문다.

| 작용 | 항균 작용 · 흥분 작용 · 피부 진균 억제 · 이뇨 작용 **| 효능 |** 주로 신진대사 및 부인과 · 이비인후과 질환에 효험이 있다. 대장의 선종과 용종 · 암 · 소변 불리 · 요도염 · 대장염 · 유종 · 대하 · 임파선염 · 악창 · 종기 · 습진 · 마른버짐 · 이질

쇠비름의 꽃은 노란색, 뿌리는 흰색, 줄기는 붉은색, 잎은 푸른색, 씨는 검은색으로 5가지 색을 가지고 있어 "오행채(五行菜)", 오래 먹으면 장수하고 늙어도 머리카락이 희어지지 않는다 하여 "장명채(長命菜)"라 부른다. 쇠비름은 식용, 약용으로 가치가 크다. 봄부터 여름까지 부드러운 잎과 줄기를 채취하여 끓은 물에 살짝 데쳐서 나물로 무쳐 먹는다. 한방에서 대장의 용종이나 선종에 다른 약재와 처방한다. 효소(발효액)를 만들 때는 봄에 잎과 줄기를 채취하여 마르기 전에 물로 씻고 물기를 뺀 다음 용기에 넣고 재료의 양만큼 설탕을 붓고 100일 이상 발효시킨다.

이용법

- 종양 · 용종 · 선종 · 악창—쇠비름 발효액(효소)를 담가 효소 1에 찬물 3을 희석해서 음용한다. 장복해야 효과를 볼 수 있다.
- 백전풍(白癜風)—전초를 짓찧어 즙을 짜서 백반+식초를 넣고 물에 달인 물을 환부에 붙인다.

관절염·신경통·중풍에 효능이 있는 방풍

생약명: 방풍(防風)−뿌리를 말린 것 **약성:** 따뜻하고 쓰고 맵다 **이용 부위:** 뿌리 **1회 사용량:** 뿌리 4~6g **독성:** 미량의 독이 있다

생육 특성

방풍은 산형과의 여러살이풀로 높이는 1m 정도이고, 뿌리잎은 모여 나고 줄기잎은 어긋나며 깃꼴겹잎이며 작은 잎은 끝이 뾰쪽한 선형이다. 꽃은 7~8월에 원줄기 끝과 가지 끝에 겹산형의 꽃차례로 백색으로 피고, 열매는 10월에 분과로 편평한 넓은 타원형으로 여문다.

| 작용 | 혈액 응고 저지 작용 · 해열 작용 · 항염증 작용 · 진경 작용 · 항아레르기 작용 · 항균 작용
| 효능 | 주로 운동계를 다스리며, 풍과 열증 질환에 효험이 있다. 감기 · 관절염 · 신경통 · 마비 · 중독 (식중독 · 아편 중독) · 중풍 · 통풍 · 피부소양증 · 경풍

방풍은 남해안 해안가, 섬에서 자생한다. 줄기가 무성하여 바람을 막아 준다 하여 '방풍(防風)'이라 부른다. 방풍은 『전통 의서』에서 "일체의 풍증을 제거한다"고 기록돼 있다. 방풍은 식용, 약용으로 가치가 높다. 봄에 잎과 줄기를 채취해 끓은 물에 살짝 데쳐서 나물로 무쳐 먹는다. 한방에서 풍한습(風寒濕)이 원인이 되어 발생하는 사지 관절(四肢關節)의 굴신이 안 되는 증상, 반신불수에 다른 약재 처방한다. 약초 만들 때는 가을 또는 봄에 뿌리를 캐서 줄기와 잔뿌리를 제거한 후에 물로 씻고 햇볕에 말려 쓴다.

이용법

• 뼈마디가 쑤시고 으슬으슬 춥고 머리가 아픈 감기−방풍+백지+창출+생지황 각 10g+감초 2g을 물에 달여 하루에 3번 나누어 복용한다.
• 반신불수 · 사지관절이 굴신이 안 될 때−뿌리 4~6g을 물에 달여 하루에 3번 공복에 복용한다.

진해·거담·기침에 효능이 있는 # 노루오줌

생약명: 적승마(赤升麻)—땅속 뿌리줄기를 말린 것 **약성:** 서늘하고 쓰고 맵다 **이용 부위:** 뿌리줄기 **1회 사용량:** 뿌리줄기 4∼8g **독성:** 없다

생육 특성

노루오줌은 범의귓과의 여러해살이풀로 높이는 70cm 정도이고, 잎은 어긋나고 뿌리잎은 잎자루가 길고 2∼3회 3출 겹잎이다. 타원형으로서 끝이 짧고 뾰쪽하고 가장자리는 가끔 톱니가 있다. 꽃은 7∼8월에 줄기 끝에 원추화서 꽃차례를 이루며 홍자색으로 피고, 열매는 9∼10월에 길이가 3∼4mm 의 삭과로 여문다.

| **작용** | 진통 작용 · 해열 작용 | **효능** | 주로 신경계 · 순환계 질환에 효험이 있다. 주로 관절통 · 근골 동통 · 진통 · 타박상 · 거풍 · 지통 · 해독 · 해열 · 진해 · 거담 · 기침 · 해수

노루오줌은 땅속줄기가 붉다 하여 '적승마(赤昇麻)', 땅속줄기에서 역한 누린내가 나기 때문에 '노루오줌'이라 부른다. 노루오줌은 식용, 약용으로 가치가 높다. 어린순은 나물로 먹는다. 7∼8월에 독특한 향기가 나는 꽃을 통째로 따서 찻잔에 1∼2개 넣고 뜨거운 물로 우려내어 꿀을 타서 마신다. 한방에서 뿌리 약재로 관절통이나 근골동통에 다른 약재와 처방한다. 약초 만들 때는 가을에 뿌리(근경)를 채취하여 햇볕에 말려 쓴다.

이용법

- 지통과 청혈과 해독—뿌리줄기 4∼8g을 물에 달여 하루 3번 나누어 복용한다.
- 진해 · 거담—봄에 어린순을 채취하여 용기에 넣고 재료의 양만큼 설탕을 붓고 100일 정도 발효시킨 후에 발효액 1에 찬물 3을 희석해서 장복한다.

내 몸을 살리는 약초

인후염·부종·당뇨병에 효능이 있는 **닭의장풀**

생약명: 압척초(鴨跖草) · 벽죽초(壁竹草) · 죽엽채(竹葉菜)—전초를 말린 것 **약성:** 차고 달고 약간 시다 **이용부위:** 전초 **1회 사용량:** 온포기 6~12g **독성:** 없다

생육 특성

닭의장풀은 닭의장풀과의 한해살이풀로 높이는 15~50cm 정도이고, 잎은 어긋나고 끝이 뾰쪽한 피침형이다. 꽃은 7~8월에 잎 겨드랑이에서 나온 꽃대 끝의 꽃턱잎에 싸여 총상 꽃차례를 이루며 달린다. 바깥 꽃덮이는 무색이고 막질이며 안쪽 꽃덮이 3개 중 위쪽 2개는 둥글고 하늘색으로 핀다. 열매는 10월에 타원형로 여문다.

| 작용 | 혈당 강하 작용 **| 효능 |** 주로 신진 대사 및 피부과 질환에 효험이 있다. 주로 간염 · 인후염 · 인후통 · 부종 · 소변불리 · 이하선염 · 간염 · 당뇨병 · 볼거리 · 소변불통 · 심장병 · 악창 · 옹종 · 천식

당나라 시인 두보(杜甫)는 닭의장풀이 마디마디로 자라는 모습이 대나무를 닮았다고 하여 '꽃이 피는 대나무', 닭장 밑에서 잘 자라는 풀이라 하여 '닭의장풀', 꽃잎이 오리발 같다 하여 '압척초(鴨跖草)'라 부른다. 닭의장풀은 식용, 약용으로 가치가 높다. 어린 잎과 줄기는 나물로 먹는다. 꽃은 염색용으로 쓴다. 한방에서 말린 전초로 인후염, 인후통에 다른 약재와 처방한다. 약초 만들 때는 가을에 뿌리를 캐서 햇볕에 말려 쓴다. 약으로 쓸 때는 탕으로 쓰거나 생즙을 만들어 사용한다.

이용법

- 당뇨병—말린 전초 6~12g을 물에 달여 하루에 3번 나누어 복용한다.
- 타박상 · 종기—생잎을 짓찧어 즙을 내어 환부에 붙인다.

통증·근육염·피부염에 효능이 있는 **속단**

생약명: 조소(糙蘇)–뿌리를 말린 것 약성: 따뜻하고 달고 떫다 이용 부위: 뿌리 1회 사용량: 뿌리 4~6g 독성: 없다

생육 특성 ▶

속단은 꿀풀과의 여러해살이풀로 높이는 1m 정도이고, 잎은 마주 나고 심장 모양의 달걀꼴이고 끝이 뾰쪽하며 가장자리는 규칙적이고 둔한 톱니가 있다. 뒷면에 잔털이 나 있으며 잎자루는 길다. 꽃은 7월에 줄기 위쪽의 잎 겨드랑이에서 나온 가지에 4~5개씩 층층으로 돌려 나와 원추꽃차례 자주색 또는 붉은색으로 피고, 열매는 9~10월에 달걀꼴의 분과로 여문다.

| **작용** | 소염 작용 · 뼈의 재생 촉진 작용 | **효능** | 주로 운동계 · 부인과 · 비뇨기 질환, 주로 골절 · 척추 질환 · 소염 · 근육염 · 피부염 · 해열 · 골다공증 · 관절염 · 청열 · 소종 · 창옹창독 · 대하 · 동통 · 치질 · 타박상

　속단은 부러진 뼈를 이어 주어 골절을 잘 치료한다 하여 속절(續折) 또는 접골(接骨)이라 부른다. 옛부터 산토끼 꽃이 귀하기 때문에 한방에서 속단을 대용으로 썼다. 속단은 식용, 약용, 관상용으로 가치가 높다. 어린순은 나물로 먹는다. 초여름에 꽃을 따서 3~5개를 찻잔에 넣고 뜨거운 물을 부어 1~2분 후에 꿀을 타서 마신다. 한방에서 골절, 척추 질환에 다른 약제와 처방한다. 약초 만들 때는 가을에 줄기나 뿌리를 채취하여 햇볕에 말려 쓴다.

이용법 ▶

- 골절 · 척추 질환–뿌리 4~6g을 물에 달여 하루 3번 나누어 복용한다.
- 피부병 · 타박상 · 옹종–생뿌리를 짓찧어 즙을 내어 환부에 바른다.

내 몸을 살리는 약초

복수·월경통·창종에 효능이 있는 속수자

생약명: 속수자(續隨子)—종자를 말린 것 약성: 따뜻하고 맵다 이용 부위: 종자 1회 사용량: 씨 1~3g 독성: 씨에는 미량의 독성이 있다 금기 보완: 임산부나 소화기계가 약한 사람은 복용을 금한다

생육 특성 ▶

속수자는 대극과의 두해살이풀로 높이는 50~70cm 정도이고, 잎은 밑에서는 어긋나고 위에서는 마주 나며 위에서는 십자 모양으로 마주 나고 잎자루가 없고 가장자리는 밋밋하다. 꽃은 5~6월에 가지 끝에 노란색을 띤 자주색으로 피고, 열매는 7~8월에 둥글게 삭과로 여문다.

| 작용 | 진통 작용 | 효능 | 주로 외상 종독 · 위장 질환에 효험이 있다. 주로 변비 · 이뇨 · 하제 · 부종 · 복수 · 월경불순 · 식중독 · 반점(안면흑반)

속수자는 처음에 줄기가 하나 나오고 줄기 위쪽에서는 잎 가운데서 줄기가 계속 나오는데 촘촘하게 서로 연결되어 자란다 하여 '속수자'라 부른다. 속수자는 식용, 약용, 관상용으로 가치가 높다. 봄에 어린순을 채취하여 끓는 물에 살짝 데친 후 찬물에 담가 쓴맛과 독을 충분히 제거한 후에 나물로 무쳐 먹는다. 속수자는 고무질의 수지(樹脂)의 성분을 가지고 있어 가지를 자르면 젖 같은 진액은 독성이 강해 피부에 닿으면 물집이 생긴다. 한방에서 만성 변비, 이뇨에 다른 약재와 처방한다. 약초 만들 때는 가을에 종자를 채취하여 햇볕에 말려 쓴다.

이용법

· 만성 변비—종자를 1~3g을 물에 달여 하루 3번 나누어 복용한다.
· 창종 · 개창—생잎을 짓찧어 즙을 내어 환부에 붙인다.

항염·관절 동통·관절염에 효능이 있는 # 우산나물

생약명: 토아산(兎兒傘)—종자를 말린 것 약성: 따뜻하고 쓰고 맵다 이용 부위: 전초·종자·뿌리 1회 사용량:
뿌리 0.5~1.5g 독성: 없다

생육 특성

우산나물은 국화과의 여러해살이풀로 높이는 60~90cm 정도이고, 근경은 짧게 옆으로 뻗고, 줄기는
자주색, 가지가 없고, 2장의 잎은 방패 모양이나 손바닥 모양으로 깊게 5~6 갈래, 관상화로 된 두상
화서가 겹산 방향으로 늘어져 있고 가장자리에 불규칙한 톱니가 있다. 꽃은 6~9월에 줄기 위쪽에서
대롱꽃으로만 이루어진 두상화가 원추 꽃차례를 이루며 연한 분홍색으로 피고, 열매는 9~10월에 선
형의 수과로 여문다.

| 작용 | 암세포에 대하여 성장 억제 작용·진통 작용 | 효능 | 주로 신경계·운동계 질환에 효험이 있
다. 주로 관절 동통·관절염·대하증·수족마목·옹저·창독·타박상·지통

 새순이 올라와 잎이 나올 때 채 벌어지기 전의 모습이 마치 우산을 받친 듯하여 '우
산나물'이라 부른다. 우산나물과 비슷한 독초와 구분하는 방법은 우산나물은 잎의 가
장자리에 불규칙한 톱니가 있고, 독초인 삿갓나물은 잎의 가장자리가 밋밋하다. 우산
나물은 식용, 약용, 관상용으로 가치가 높다. 어린순은 나물로 먹는다. 향기와 맛이 참
나물과 비슷하다. 지방에 따라서는 삿갓나물이라고도 하지만 독초인 삿갓나물과는 전
혀 다른 식물이다. 한방에서 종자 약재를 관절염이나 관절 동통에 다른 약재와 처방한
다. 약초 만들 때는 가을에 종자를 채취하여 햇볕에 말려 쓴다.

이용법

• 관절염—말린 약재 1회 3~6g을 물에 달여 복용한다.
• 타박상—생뿌리를 짓찧어서 즙을 내어 환부에 붙인다.

내 몸을 살리는 약초

소화 불량·식욕 부진·복부 팽창에 효능이 있는 **용담**

생약명: 용담(龍膽)-뿌리줄기와 뿌리를 말린 것 **약성:** 차고 쓰다 **이용 부위:** 뿌리줄기 **1회 사용량:** 뿌리 0.5~1.5g **독성:** 없다 **금기 보완:** 원기가 부족한 사람·땀을 흘리고 설사를 하는 사람·복용 중에 지황(생지황·건지황·숙지황)을 금한다

생육 특성

용담은 용담과의 여러해살이풀로 높이는 30~60cm 정도이고, 잎은 마주 나고 피침형이며 밑동은 줄기를 감싸고 깔깔하다. 꽃은 8~10월에 잎 겨드랑이와 줄기 끝에 종 모양의 자주색으로 피고, 열매는 10~11월에 시든 꽃통과 꽃받침이 달려 있는 상태에서 삭과로 여문다.

|작용 | 항염 작용·위액 분비 촉진·담즙 분비 촉진·이뇨 작용·혈압 강하 작용·진정 작용·황색 포도상구균의 억제 **|효능 |** 주로 비뇨기·소화기 질환에 효험이 있다. 주로 황달·간기능 회복·인후통·위염·소화불량·복부팽창·위산과다증·방광염·요도염·음부 습양·두통·관절염·불면증·항암(악성 종양 예방·백혈병·유방암·피부암)

용담은 만병을 다스리는 풀이라 하여 '만병초', 용담의 뿌리에서 강한 쓴맛이 용의 쓸개담보다 더 쓰다 하여 '용담(龍膽)' 또는 '웅담(熊膽)'이라 부른다. 용담의 쓴맛은 위액과 타액의 분비를 촉진시켜 주기 때문에 한방에서 고미건위제(苦味健胃劑)로 쓴다. 용담은 식용, 약용, 관상용으로 가치가 높다. 어린순을 나물로 먹는다. 한방에서 뿌리줄기 약재를 황달이나 간염에 다른 약재와 처방한다. 약초 만들 때는 가을에 뿌리줄기와 뿌리를 캐서 줄기를 제거한 후에 물에 씻고 햇볕에 말려 쓴다.

이용법

· 간염·황달-말린 뿌리 1~3을 물에 달여 하루 3번 나누어 복용한다.
· 음부습양-잎과 뿌리를 달인 물로 환부를 씻는다.

종기·월경불순·창종에 효능이 있는 # 큰뱀무

생약명: 수양매(水楊梅)—뿌리를 포함한 전초를 말린 것 · 오기조양초(五氣朝陽草)—전초를 말린 것 **약성:** 평 온하고 달고 맵다 **이용 부위:** 전초 · 뿌리 **1회 사용량:** 뿌리 5∼8g **독성:** 없다

생육 특성

큰뱀무는 장밋과의 여러해살이풀로 높이는 30∼100cm 정도이고, 잎은 어긋나고 달걀 모양 또는 원 형이며 가장자리에 불규칙한 톱니가 있다. 꽃은 6∼7월에 가지 끝에 1개씩 노랑색으로 피고, 열매는 8월에 황갈색의 털이 달린 수과로 여문다.

| 작용 | 항염 작용 · 혈압 강하 작용 **| 효능 |** 주로 마비증세 · 통증 질환에 효험이 있다. 주로 종기 · 신 장병 · 이질 · 요통 · 나력 · 월경 불순 · 관절염 · 타박상 · 창종 · 골절증 · 부종 · 위궤양 · 고혈압

큰뱀무의 꽃이 사람의 귀에 들어가면 소리가 들리지 않는다 하여 '귀머거리'라 부른 다. 큰뱀무는 뱀무와 비슷하지만 작은 꽃자루에 퍼진 털이 있고 과탁(果托)의 털이 짧은 점이 다르다. 큰뱀무는 식용, 약용으로 가치가 높다. 어린 순은 나물로 먹는다. 한방에 서 전초나 뿌리 약재로 마비증세에 다른 약재와 처방한다. 약초 만들 때는 봄에 전초 를 채취하여 그늘에 말려 쓴다.

내 몸을 살리는 약초

이용법

• 종기 · 타박상—생잎을 짓찧어 즙을 내어 환부에 붙인다.
• 고혈압—말린 약재 8g을 물에 달여 하루에 3번 나누어 복용한다.

신체허약·간장·신장에 효능이 있는 새삼

생약명: 토사자(免絲子)·토사(免絲)—익은 씨를 말린 것 약성: 평온하고 맵고 달다 이용 부위: 익은 씨 1회 사용량: 씨 6~12g 독성: 없다 금기 보완: 복용 중 모란은 금한다

생육 특성

새삼은 메꽃과의 한해살이덩굴풀로 구릉지에서 길이 5m 정도 자란다. 처음에 땅에서 발아하여 다른 식물에 흡잡근으로 붙게 되면 기생하고 뿌리는 없어진다. 잎은 길이가 2mm 정도의 세모진 댓잎피침형 비늘잎 같이 퇴화하여 비늘조각처럼 남는다. 꽃은 8~9월에 꽃자루가 없는 수상꽃차례 종 모양의 황백색으로 피고, 열매는 9~10월에 달걀 모양의 삭과로 여문다.

| 작용 | 혈압 강하 작용·이뇨 작용 | 효능 | 주로 간장과 신장 질환에 효험이 있다. 주로 신체허약·유정·빈뇨·당뇨병·요슬산통·음위

새삼은 고전 의서에 토끼가 다리가 부러져 풀밭에 버렸는데 다음 날 버려진 토끼가 이풀을 먹고 건강한 모습으로 돌아다녔다 하여 '토사자(免絲子)', 싹이 실처럼 가늘고 길게 자라기 때문에 '실새삼'이라 부른다. 새삼은 약용으로 가치가 높다. 조선 시대 허준이 쓴 『동의보감』에 "토사자는 허리가 아프고 무릎이 시린 것을 낫게 하며 간(肝)·신(腎)·정(精)·골(骨)·수(髓)를 보한다"고 기록돼 있다. 한방에서 신장 질환에 다른 약재와 처방한다. 약초 만들 때는 가을에 열매가 여물면 실새삼의 지상부를 통째로 베어 씨를 털어 내고 햇볕에 말려 쓴다.

이용법

- 당뇨병—익은 종자 15g을 물에 달여 하루 3번 나누어 복용한다.
- 기미·주근깨—전초를 달인 물로 10번 이상 얼굴을 씻고 계란 노른자+율무 가루를 배합해 얼굴팩을 한다.

방광염·신장염·요도염에 효능이 있는 **질경이**

생약명: 차전자(車前子)—씨를 말린 것 · 차전초(車前草)—잎을 말린 것 약성: 차고 달고 짜다 이용 부위: 씨 · 전초 1회 사용량: 씨 4~8g 독성: 없다

생육 특성

질경이는 질경잇과의 여러해살이풀로 높이는 5~15cm 정도이고, 잎은 뿌리에서부터 뭉쳐나고 잎자루가 길고 가장자리는 물결 모양이다. 꽃은 6~8월에 흰색으로 피고 잎 사이에서 나온 꽃 줄기 윗부분에 이삭처럼 빽빽이 흰색으로 피고, 열매는 10월에 익으면 옆으로 갈라지면서 뚜껑처럼 열리며 6~8개의 흑색 종자가 나온다.

| 작용 | 이뇨 작용 | 효능 | 주로 비뇨기, 호흡기 질환에 효험이 있다. 전초(소변 불리 · 기침 · 해수 · 기관지염 · 인후염 · 황달), 씨(방광염 · 요도염 · 고혈압 · 간염 · 기침 · 설사)

질경이는 수레바퀴에 질경이가 깔려도 살아난다 하여 '차전자(車前子)', 사람의 왕래가 많은 길가에서 잘 자란다 하여 '질긴 풀'이라는 뜻으로 '질경이'라 부른다. 질경이는 식용, 약용으로 가치가 높다. 한방에서 질경이는 체내에 쌓여 있는 노폐물을 혈액으로 운반하여 배설시키고 소변을 잘 보게 하기 때문에 방광염이나 신장염에 다른 약재와 처방한다. 약초 만들 때는 여름부터 가을 사이에 씨가 여물 때 꽃대를 잘라 햇볕에 말리고 씨를 털어 낸다.

이용법

- 황달 · 급성간염—말린 질경이 씨 20g을 물에 달여 하루에 3번 나누어 복용한다.
- 부종 · 신장염 · 오줌소태—봄에 질경이를 채취하여 그늘에 말린 후 가루로 만들어 1회에 3g씩을 복용한다.

내 몸을 살리는 약초

천식·소화 불량·피부 염증에 효능이 있는 차조기

생약명: 소엽(蘇葉)·자소엽(紫蘇葉)―잎을 말린 것, 소자(蘇子)―익은 씨를 말린 것 **약성:** 맵고 따뜻하다 **이용 부위:** 씨 **1회 사용량:** 씨 4~8g **독성:** 없다

생육 특성

차조기는 꿀풀과의 한해살이풀로 높이는 20~80cm 정도이고, 전체가 자줏빛을 띠며 향기가 있다. 잎은 마주 나고 넓은 달걀 모양이며 가장자리에 톱니가 있다. 꽃은 8~9월에 줄기와 가지 끝과 잎 겨드랑이에 총상화서 연한 자주색으로 피고, 열매는 10월에 둥근 수과로 여문다.

| 작용 | 해열 작용 · 거담 작용 · 해독 작용 · 해열 작용 · 중추 신경 계통에 억제 · 건위 작용 · 지혈 작용 · 이질균의 발육 억제 **| 효능 |** 주로 신경계 · 소화기 · 호흡기 질환에 효험이 있다. 잎(감기 · 오한 · 기침 · 소화 불량 · 설사 · 중독), 씨(기침 · 천식 · 호흡 곤란 · 변비)

차조기는 깻잎처럼 어린잎과 씨를 식용하거나 향미료로 쓰기 때문에 "차조기"라 부른다. 차조기는 식용, 약용으로 가치가 높다. 차조기 잎은 그윽한 향기가 있어 식욕을 돋우어 준다. 10월에 익은 열매를 채취하여 기름을 짜서 치약의 부향료로 이용된다. 한방에서 소화기 질환에 다른 약재와 처방한다. 약초를 만들 때는 가을에 통째로 베어 햇볕에 말린 후에 씨를 털어 내어 쓴다. 씨에는 방부 작용이 있어 2kg의 기름으로 간장 180리터를 완전 방부할 수 있다.

이용법

• 몸이 수척할 때―잎을 채취하여 그늘에 말린 후 대용차처럼 마신다.
• 기침에 피가 섞어 나올 때―말린 잎 10g+무 씨앗 4g을 배합하여 물에 달여 하루 3번 나누어 복용한다.

관절통·산후 어혈에 의한 복통·무릎의 통증에 효능이 있는 **쇠무릎**

생약명: 우슬(牛膝)·접골초(接骨草)—뿌리를 말린 것 약성: 평온하고 쓰다 이용 부위: 뿌리 1회 사용량: 뿌리 6~10g 독성: 여성이 오랫동안 복용하면 난소의 기능이 저하 된다 금기 보완: 복용 중에 하눌타리는 복용을 금한다

생육 특성

쇠무릎은 비름과의 여러해살이풀로 높이는 50~100cm 정도이고, 잎은 마주 나고 털이 있고 가장자리가 밋밋하다. 줄기는 네모꼴로 곧게 자라고 가지가 많이 갈라지고 굵은 마디가 소의 무릎처럼 굵어서 쇠무릎이라 부른다. 꽃은 8~9월에 줄기 끝이나 잎 겨드랑이에 꽃이삭이 연한 녹색으로 피고, 열매는 9~10월에 긴 타원형으로 여문다.

| 작용 | 항염 작용·진통 작용 **| 효능 |** 주로 신경계 및 운동계 질환에, 효험이 있다. 주로 무릎의 통증·골절번통·골다공증·골반염·골절증·관절통·산후어혈에 의한 복통·타박상·소변 불리·혈뇨·혈액 순환·신경통·야뇨증·양기 부족·음부소양증

　쇠무릎은 논 주변이나 밭둑에서 흔히 볼 수 있다. 쇠무릎은 줄기의 마디가 소(牛)의 무릎을 닮았다 하여 '우슬(牛膝)', 관절에 좋다 하여 '접골초(接骨草)'라 부른다. 쇠무릎은 식용, 약용으로 가치가 높다. 어린순은 나물로 먹는다. 여름에 잎을 따서 말려 차로 먹는다. 한방에서 말린 뿌리 뿌리 약재를 무릎 통증에 다른 약재와 처방한다. 약초 만들때는 이른 봄이나 늦가을에 뿌리를 캐서 잔뿌리를 제거하고 햇볕에 말려 쓴다.

이용법

- 무릎관절염·야뇨증—뿌리 12g을 1회 용량으로 하여 물에 달여 하루에 3번 공나누어 복용한다.
- 벌레에 물렸을 때—뿌리의 생풀을 짓찧어 즙을 내어 환부에 바른다.

내 몸을 살리는 약초

암·면역력 강화·기관지염에 효능이 있는 **개똥쑥**

생약명: 황화호(黃花蒿)-잎을 줄기를 포함한 자상부 **약성:** 쓰다 **이용 부위:** 잎과 줄기를 포함한 지상부 **1회 사용량:** 전초 4~6g **독성:** 미량의 독이 있기 때문에 한꺼번에 많이 먹지 않는다 **금기 보완:** 냉병이 있는 환자와 임산부 · 혈액이 부족하고 기력이 약한 허증이나 냉증이 있는 환자는 금한다

생육 특성

개똥쑥은 국화과의 한(두)해살이풀로 높이는 1~1.5m 정도이고, 잎은 어긋나고 3회 깃꼴겹잎으로 빗살 모양이며 표면에 잔털이 많고 특이한 향이 있다. 꽃은 6~8월에 줄기 끝에 원추화서 녹황색으로 피고, 열매는 9월에 수과로 여문다.

| **작용** | 항암 작용·살충 작용·학질 원충 억제 작용·혈압 강하 작용·해열 작용·피부진균 억제 작용·정유 성분은 진해과 거담 작용·담즙 분비 작용·면역 조절 작용 | **효능** | 주로 간경 및 소화기 질환에 효험이 있다, 주로 암·말라리아·고혈압·당뇨·기관지염·천식·숙취 해소·면역력 향상·원기 회복·메스꺼움·구토·여름 감기

개똥쑥을 손으로 뜯어서 비비면 개똥 냄새가 난다 하여 "개똥쑥"이라 부른다. 개똥쑥은 식용, 약용으로 가치가 높다. 개똥쑥이 주목받기 시작한 것은 2008년 미국 위싱턴 대학 연구팀이 〈암 저널〉에 "개똥쑥이 기존의 암환자에게 부작용은 최소화하면서 항암의 효과는 1,000배 이상 높은 항암제로 기대된다"고 발표한 이후다. 2015년 중국의 투유유 교수는 한방 고전에 기록된 '개똥쑥'에서 말라리아의 치료제인 '아르테미시닌'을 개발한 공로로 노벨의학상을 공동으로 수상하기도 했다. 약초 만들 때는 여름에 전초를 베어 햇볕에 말려 쓴다.

이용법

- 각종 암 · 위암 · 상피암-잎과 줄기를 채취하여 물에 달여 하루에 3번 식후에 복용한다.
- 학질-잎을 채취하여 그늘에 말린 후 차(茶)로 마신다.

냉증·월경불순·여성질환에 효능이 있는 **쑥**

생약명: 애엽(艾葉)·애호(艾蒿)-잎과 줄기를 말린 것 **약성:** 평온하고 쓰다 **이용 부위:** 전초·뿌리 **1회 사용량:** 뿌리줄기 2~4g **독성:** 없다 **금기 보완:** 1개월 이상 복용하지 않는다

생육 특성

쑥은 국화과의 여러해살이풀로 높이는 60~120cm 정도이고, 전체에서 독특한 향이 나고, 흰색 털이 있고, 잎은 어긋나고 뒷면에 털이 있다. 꽃은 7~9월에 연한 원줄기 끝에 한 쪽으로 치우쳐 노란색으로 피고, 열매는 10월에 달걀 모양으로 여문다.

| **작용** | 진통 작용·담즙 분비 촉진 작용·간 기능 보호 작용·간세포 재생 작용·해열 작용·이뇨 작용 | **효능** | 주로 소화기·피부과·부인과 질환에 효험이 있다. 주로 냉증·여성 질환·월경 불순·생리통·간염·부종·고혈압·위나 복부 통증

쑥은 일반적으로 우리 땅 산야의 쑥 종류에 딸린 종(種) 가운데 가장 흔히 자라는 것을 말한다. 약쑥, 약쑥, 사철쑥, 개똥쑥, 물쑥, 황해쑥, 다북쑥, 모기태쑥, 사자발쑥 등 다양한 쑥이 자생한다. 조선 시대 허준이 쓴 『동의보감』에 "쑥이 간장과 신장을 보(補)하며 황달에 효과가 있다"고 기록돼 있다. 쑥은 식용, 약용으로 가치가 높다. 봄에 어린쑥의 윗부분만을 뜯어 98.2℃로 삶은 후 냉동쑥을 만들어 먹는다. 생쑥, 건조쑥, 냉동쑥, 쑥분말, 쑥차, 쑥인절미, 쑥송편, 쑥즙으로 먹는다. 한방에서 여성 질환에 다른 약재와 처방한다. 약초 만들 때는 꽃이 피기 전 5월 단오 전후 1주일에 전초를 채취하여 그늘에서 말려 쓴다.

이용법

• 황달·간염—말린 쑥잎과 뿌리 각 4g을 물에 달여 하루 3번 나누어 복용한다.
• 생리불순—생쑥을 즙을 내서 공복에 마신다.

내 몸을 살리는 약초

부인병·부종·산후 어혈에 효능이 있는 **익모초**

생약명: 익모초(益母草) · 충위(茺蔚)—전초를 말린 것, 충위자(茺蔚子)—씨를 말린 것 약성: 약간 차고 맵고 쓰다 이용 부위: 씨 · 전초 1회 사용량: 씨 3~5 독성: 없다 금기 보완: 간혈(肝血)이 부족한 사람 · 동공이 산대된 사람 · 임산부는 금한다

생육 특성

익모초는 꿀풀과의 두해살이풀로 높이는 1~1.5m 정도이고, 전체에 흰색털이 있고, 줄기를 자른 면은 사각형이고, 뿌리에서 둥근 잎이 마주 나며 위로 갈수록 깃꼴로 갈라진다. 꽃은 6~9월에 연한 홍자색 꽃이 줄기 윗부분의 잎겨드랑이에 몇 송이씩 층층으로 피고, 열매는 9~10월에 넓은 달걀 모양으로 여문다.

| 작용 | 항암 작용 · 항염 작용 · 혈압 강하 작용 | 효능 | 주로 소화기 및 순환기계 질환에 효험이 있다. 주로 부인병 · 갑상선 질환 · 냉병 · 부종 · 산후통 · 소변 불통 · 소화 불량 · 산후 어혈 복통 · 월경 불순 · 월경통 · 급성신염 · 암(자궁암) · 액취증 · 고혈압

익모초는 산모(産母)의 임신과 출산에 좋다 하여 "익모(益母)", 눈을 밝게 하는 풀이라 하여 "익명초(益明草)", 돼지가 잘 먹어 "저마(猪麻)", 24절기 중 하지(夏至) 이후에 말라 죽기 때문에 "하고(夏枯)", 베인 상처를 잘 낫게 한다 하여 "토질한(土質汗)"이라 부른다. 익모초는 식용, 약용으로 가치가 높다. 익모초의 잎은 쓰고 방향성의 향기가 있다. 한방에서 혈액 순환을 도와 어혈(瘀血)을 풀어주고 부종(浮腫)에 다른 약재와 처방한다. 약초 만들 때는 이른 여름에 꽃이 피기 전에 지상부의 윗부분을 베어 바람이 잘 통하는 그늘에 말려 쓴다.

이용법

• 난산 예방 · 산후 조리 · 식욕 부진—익모초 생잎을 짓찧어 즙을 내어 마신다.
• 소화 불량—익모초 생즙을 짓찧어 즙을 내어 한 컵씩 공복에 마신다.

악성 종양·간경화·암(간암·유방암·자궁암)에 효능이 있는 **바위솔**

생약명: 와송(瓦松)-뿌리를 제외한 전초를 말린 것 **약성:** 평온하고 약간 맵다 **이용 부위:** 전초 **1회 사용량:** 뿌리를 제거한 온포기 8~15g **독성:** 없다

생육 특성

바위솔은 돌나물과의 여러해살이풀로 높이는 30cm 정도이고, 뿌리에서 나온 잎은 방석처럼 퍼지고 끝이 가시처럼 뾰쪽하고 딱딱하다. 줄기에서는 잎자루가 없고 통통한 잎이 돌려나고 끝은 딱딱해지지 않는다. 뿌리에서 나온 잎은 방석처럼 퍼지고 끝이 굳어져서 가시같이 된다. 전체에 물기가 많고 꽃이 피고 열매를 맺으면 죽는다. 꽃잎은 5장이며 9월에 촘촘히 모여 탑 모양의 흰색으로 피고, 열매는 10월에 골돌과로 여문다.

| **작용** | 항암 작용 · 해열 작용 · 심장 수축 작용 · 지혈 작용 | **효능** | 주로 심경 및 폐 질환에 효험이 있다. 주로 암 · 간염 · 학질 · 악성 종기 · 화상 · 이질 · 간경화 · 토혈 · 코피 · 이질 출혈 · 치질 출혈 · 자궁 출혈 · 치질 · 습진 · 종기 · 악창

   바위솔은 땅에 뿌리를 내리지 않고 주로 지붕 위의 기와에서 자란다. 기와 지붕에서 자란다 하여 '기와솔', 소나무 열매인 솔방울과 비슷하고 바위틈에서 잘 자라기 때문에 '바위솔', 지붕을 지킨다 하여 '지붕지기', 연꽃 모양과 비슷하여 '외연화'라 부른다. 바위솔은 식용, 약용으로 가치가 높다. 전초를 생으로 먹는다. 한방에서 안에 다른 약재와 처방한다. 약초 만들 때는 여름부터 가을까지 전초를 채취하여 햇볕 말려 쓴다.

이용법

- 암-전초를 적당한 크기로 잘라 물에 달여 하루에 3번 복용한다.
- 습진 · 치질-생전초를 짓찧어 즙을 내어 환부에 붙인다.

내 몸을 살리는 약초

월경 불통·천식·암에 효능이 있는 부처손

생약명: 권백(卷柏)—전초를 말린 것 약성: 평온하고 맵다 이용 부위: 전초 1회 사용량: 온포기 3~6g 독성: 없다 금기 보완: 임산부는 복용을 금한다

생육 특성

부처손은 부처손과의 여러해살이풀로 고산 지대의 건조한 바위 곁에서 자라고 높이는 20cm 정도이고, 가는 뿌리가 서로 엉켜 실타래처럼 생김. 밑동에서 줄기가 나와 건조하면 안으로 말려서 공처럼 되고 습하면 다시 퍼진다. 포자엽은 달걀 모양의 삼각형으로 가장자리에 톱니가 있다.

| 작용 | 항암 작용 · 진통 작용 **| 효능 |** 주로 통증과 산부인과 질환에 효험이 있다. 주로 각종 암 · 천식 · 황달 · 타박상 · 탈항 · 신장염 · 대하증 · 토혈 · 혈변

부처손은 측백잎과 흡사하여 '권백(卷柏)', 신선이 먹었다 하여 '장생불사초' · '불로초' · '불사초'라 부른다. 부처손은 사람의 손길이 닿지 않는 바위나 암벽에 붙어 자생한다. 중국의 『전통 의학』에 "천금(千金)과 바꿀 수 없는 영혼을 살리는 신비의 약초"라고 기록돼 있다. 부처손은 식용, 약용으로 가치가 높다. 어린잎은 나물로 먹는다. 한방에서 말린 약재를 암에 다른 약재와 처방한다. 약초 만들 때는 봄부터 가을까지 전초를 통째로 채취하여 그늘에 말려 쓴다.

이용법

- 소종 · 무좀—생잎을 짓찧어 환부에 붙인다.
- 각종 암—말린 약재를 1회 3~6g 물에 달여 하루에 3번 나누어 복용한다.

내 몸을 살리는 약초

항염·인후염·종기에 효능이 있는 속새

생약명: 목적(木賊), 찰초(擦草)-지상부를 말린 것 **약성:** 평온하고 달고 쓰다 **이용 부위:** 지상부 **1회 사용량:**
온포기 4~6g **독성:** 미량의 독이 있다 **금기 보완:** 기혈이 허한 사람은 복용을 금한다

생육 특성

속새는 속새과의 늘푸른 여러해살이풀로 높이는 30~60cm 정도이고, 땅속줄기는 옆으로 뻗으며 가까운 곳에서 여러 개로 갈라져 나오기 때문에 줄기가 모여 나는 것처럼 보인다. 잎은 비늘 같은 작은 잎이 마디를 둘러싼다. 4~5월에 원추형의 포자낭 이삭이 줄기 끝에 달린 후 노란색으로 변한다.

| **작용** | 소염 작용 · 해열 작용 · 혈압 강하 작용 · 수렴 작용 · 이뇨 작용 · 심장 기능 강화 작용 · 관상 동맥 혈류 촉진 | **효능** | 주로 안과 · 순환계 질환에 효험이 있다. 주로 안질 · 결막염 · 명목 · 인후염 · 인후통 · 장염 · 암치질 · 탈항 · 붕루 · 옹종 · 이뇨

예부터 속새가 뼈에 좋다 하여 '절골초(節骨草)', 줄기 속이 피어 있다 하여 '상자풀', 나무의 면을 갉아 내는 연마 도구로 사용할 수 있어 '목적'이라 부른다. 속새는 식용, 약용, 관상용으로 가치가 높다. 줄기에는 규산염이 많이 축적되어 있다. 한방에서 말린 약재를 염증 질환에 다른 약재와 처방한다. 약초 만들 때는 여름부터 가을 사이에 지상부를 베어 햇볕에 말려 쓴다.

이용법

- 장염-말린 약재를 1회 2~4g씩 달여 하루에 3번 나누어 복용한다.
- 탈항 · 암치질-생줄기를 짓찧어 즙을 내어 수시로 환부에 바른다.

내 몸을 살리는 약초

당뇨병·간염·신장병에 효능이 있는 쇠뜨기

생약명: 문형(問荊)—어린 생식줄기를 말린 것 **약성:** 서늘하고 쓰다 **이용 부위:** 어린 생식줄기 **1회 사용량:** 온 포기, 뿌리 4~6g **독성:** 미량의 독이 있다 **금기 보완:** 한꺼번에 너무 많이 먹지 않는다

생육 특성

쇠뜨기는 속새과의 여러해살이풀로 높이는 30~40cm 정도이고, 잎은 생식줄기의 마디에서 비늘 같은 잎이 돌려 난다. 가지에는 4개의 능선이 있고 4개의 잎이 돌려 난다. 잎은 퇴화하여 칼집 모양을 이룬다. 포자는 3~4월에 생식줄기의 끝 부분에 긴 타원형의 포자주머니 이삭이 달리는데 6각형의 포자 잎이 서로 밀착하여 거북등처럼 되고 안쪽에 각각 7개 안팎의 포자주머니가 달린다. 끝에 뱀대가리 같은 포자낭수를 형성한다.

| 작용 | 혈당 강하 작용 · 혈압 강하 작용 **| 효능 |** 주로 신경계 · 소화기 질환에 효험이 있다. 주로 당뇨병 · 간염 · 신장병 · 고혈압 · 골절 번통 · 관절염 · 근염 · 임파선 질환 · 소변불통 · 천식 · 치질 탈항 · 해수

쇠뜨기의 포자주머니가 달린 생식줄기의 끝 부분이 뱀의 머리를 닮았다 하여 '뱀밥', 소가 잘 뜯어 먹는다 하여 '쇠뜨기'라 부른다. 쇠뜨기는 식용, 약용으로 가치가 높다. 어린 줄기를 식용한다. 쇠뜨기 배당체에는 지방, 단백질, 탄수화물, 비타민 C, 인, 철, 석회, 칼슘, 마그네슘, 망간, 아연, 유황, 탄닌 등이 함유되어 있다. 한방에서 소화기 질환에 다른 약재와 처방한다. 약초 만들 때는 봄에 끝에 뱀대가리 같은 포자낭수를 형성할 때 마디를 통째로 따서 햇볕에 말려 쓴다.

이용법

- 당뇨병 · 고혈압—말린 약재 전초 10g을 물에 달여 하루 3번 나누어 복용한다.
- 피로회복—탕에서 쇠뜨기 달인 물로 목욕을 한다.

유선염·구취·소화 불량에 효능이 있는 **박하**

생약명: 박하(薄荷)-전초를 말린 것 **약성:** 따뜻하고 맵다 **이용 부위:** 전초 **1회 사용량:** 온포기 6~10g **독성:** 없다 **금기 보완:** 열이 있거나 땀이 많이 나는 사람은 금한다

생육 특성

박하는 꿀풀과의 여러해살이풀로 전체에 짧은 털이 있고 향기가 있다. 높이는 50cm 정도이고, 잎은 마주 나고 긴 타원형이며 가장자리에 날카로운 톱니가 있다. 꽃은 7~9월에 잎 겨드랑이에 모여 이삭처럼 연한 자줏빛으로 피고, 열매는 9월에 타원형의 분과로 여문다.

| 작용 | 모세 혈관 확장 작용 · 발산 작용 · 해열 작용 · 소염 작용 · 건위 작용 · 즙 분비 촉진 · 호흡기의 점액 분비 증가 · 모세 혈관 확장 · 중추 신경 계통의 흥분 작용 **| 효능 |** 주로 열병 및 통증, 소화기 · 신경계 질환에 효험이 있다. 주로 두통 · 인후종통 · 소화 불량 · 치통 · 소아 경풍 · 구취

박하는 꽃과 잎에서 박하향이 나기 때문에 '박하(薄荷)'라 부른다. 박하는 식용, 약용, 관상용, 밀원용, 공업용으로 가치가 높다. 꽃이 피기 시작할 때 박하유의 함유율이 가장 높다. 박하의 주성분인 맨톨(Menthol)은 향기가 강해 청량제, 음료, 사탕, 과자, 담배, 치약, 화장품 등의 향료 첨가제로 쓰인다. 한방에서 소화시 질환에 다른 약재와 처방한다. 약초 만들 때는 여름부터 가을 사이에 꽃이 피기 전 또는 꽃이 피기 시작하는 시기에 전초를 베어 그늘에서 말려 쓴다. 박하는 오랜 시간 끓이면 약효가 떨어진다.

이용법

• 피부소양증-생전초를 짓찧어 즙을 내어 환부에 바른다.
• 구취-전초를 짓찧어 즙을 입 안에 넣고 가글을 하거나 양치질을 한다.

내 몸을 살리는 약초

피부염·구취·부종에 효능이 있는 **꽃향유**

생약명: 향유(香薷)─전초를 말린 것 약성: 따뜻하고 맵다 이용 부위: 전초 1회 사용량: 씨 6~8g 독성: 없다

생육 특성

꽃향유는 꿀풀과의 한해살이풀로 높이는 40~60cm 정도이고, 잎은 마주 나고 달걀꼴이고 끝이 뾰족하고 가장자리에 둔한 톱니가 있다. 꽃은 8~9월에 분홍빛이 나는 자주색으로 줄기 한쪽으로 몰려 있고 빽빽한 이삭화서로 피고, 열매는 10~11월에 좁은 달걀 모양의 소견과로 여문다.

| 작용 | 위액 분비 촉진 · 위장 평활근의 억제 · 이뇨 작용 · 해열 작용 · 발한 작용 **| 효능 |** 주로 피부 · 소화기 질환에 효험이 있다. 주로 구취 · 감기 · 오한 발열 · 두통 · 해열 · 복통 · 구토 · 설사 · 전신 부종 · 각기 · 창독

꽃향유는 향기가 나는 기름을 짜는 풀(草)이라 하여 '향유(香薷)'라 부른다. 꽃향유는 향유에 비해 꽃이삭이 크고 방향성이 있다. 꽃향유는 식용, 약용, 밀원용, 관상용으로 가치가 높다. 한방에서 소화기 질환에 다른 약재와 처방한다. 약초 만들 때는 여름~가을까지 지상부를 채취하여 그늘에 말려 쓴다. 약으로 쓸 때는 탕으로 쓰거나 산제로 사용한다.

내 몸을 살리는 약초

이용법

• 구취─생전초를 짓찧어 즙으로 가글을 하거나 양치질을 한다.
• 감기─말린 전초 6~12g을 물에 달여 하루 3번 나누어 복용한다.

장염·식체·소화불량에 효능이 있는 **배초향**

생약명: 곽향(藿香)―꽃을 포함한 지상부를 말린 것 **약성:** 따뜻하고 맵고 달다 **이용 부위:** 꽃을 포함한 지상부 **1회 사용량:** 온포기 3∼5g **독성:** 없다 **금기 보완:** 음허증에는 쓰지 않는다

생육 특성

배초향은 꿀풀과의 여러해살이풀로 높이는 40∼m 정도이고, 잎은 마주 나고 끝이 뾰쪽한 염통 모양이며 가장자리에 둔한 톱니가 있다. 꽃은 7∼9월에 원줄기 끝에 모여 빽빽하게 자주색으로 피고, 열매는 10월에 납작한 타원형으로 여문다.

│작용│ 항염 작용 **│효능│** 주로 소화기 질환에 효험이 있다. 주로 우울증 · 감기 · 두통 · 복통 · 설사 · 소화 불량 · 식체 · 장염 · 위염

배초향의 꽃에서 들깻잎 향기가 난다고 하여 일부 지방에서는 '깨나물'로 부른다. 배초향은 식용, 약용, 관상용으로 가치가 높다. 옛부터 방향성이 있어 생선회나 매운탕에서 비린내를 없앨 때 썼다. 간장이나 된장에 향료로 쓰면 벌레가 생기지 않는다. 방향제 만들 때는 꽃을 따서 그늘에 말린 후 봉지에 담아 쓴다. 한방에서 소화기 질환에 다른 약재와 처방한다. 약초 만들 때는 여름부터 가을 사이에 꽃이 피어 있을 때 지상부를 채취하여 그늘에 말려 쓴다.

이용법

- 감기에 의한 두통―말린 전초 10g을 물에 달여 하루 3번 나누어 복용한다.
- 구취―전초를 달인 물로 가글을 하거나 양치질을 한다.

내 몸을 살리는 약초

고혈압·고지혈증·동맥경화에 효능이 있는 감국

생약명: 감국(甘菊)–꽃을 말린 것 약성: 서늘하고 달고 맵다 이용 부위: 꽃 1회 사용량: 꽃 5～6g 독성: 없다
금기 보완: 남자는 20일 이상 장기 복용을 금한다

생육 특성 ▶

감국은 국화과의 여러해살이풀로 높이는 30～60cm 정도이고, 잎은 어긋나고 달걀 모양이며, 깃 모양으로 갈라지고 가장자리에 결각 모양의 톱니가 있고 전체에 짧은 털이 있다. 꽃은 9～10월에 줄기 끝에 두상화서가 산방형 노란색으로 핀다. 열매는 10～11월에 수과로 여문다.

┃작용┃ 혈압 강하 작용 · 관상 동맥 확장 작용 · 해열 작용 · 항염증 작용 ┃효능┃ 주로 소화기 및 순환계 질환에 효험이 있다. 주로 고혈압 · 관절통 · 나력 · 옹종 · 습진 · 구창 · 간열로 머리가 아프고 어지러울 때 · 고지혈증 · 두통 · 어지럼증 · 불면증

　중국의 이시진이 쓴 『본초강목』에 "감국차를 오랫동안 복용하면 혈기(血氣)가 좋고 몸을 가볍게 하며 쉬 늙지 않는다"고 기록돼 있다. 감국은 식용, 약용, 관상용, 밀원용으로 가치가 높다. 감국의 배당체에는 플라보노이드와 항산화 활성 성분인 리나닌(linarin), 루테올린(luteolin), 아피게닌(apigenin) , 아카세틴(acacetin)가 함유되어 있다. 한방에서 간 질환에 말린 꽃과 다른 약재를 처방한다. 약초 만들 때는 가을에 꽃을 따서 바람이 잘 통하는 그늘에서 말려 쓴다.

이용법

· 종기 · 부스럼–생꽃을 짓찧어 환부에 붙인다.
· 눈이 붉게 충혈되었을 때–꽃을 달인 물로 눈을 씻는다.

항염·기침·기관지염에 효능이 있는 # 금불초

생약명: 선복화(旋覆花)—꽃을 말린 것, 금불초(金佛草)—지상부를 말린 것 **약성:** 따뜻하고 맵고 쓰다 **이용 부위:** 꽃·지상부 **1회 사용량:** 꽃 5~6g **독성:** 없다 **금기 보완:** 복용 중에 백지(구릿대)를 금한다

생육 특성

금불초는 국화과의 여러해살이풀로 산과 들의 풀밭이나 논둑 등 습지에서 자란다. 높이는 30~60cm 정도 자라며 잎은 어긋나고 긴 타원형이며 가장자리에 작은 톱니가 있다. 꽃은 7~9월에 노란색으로 피고 가지와 줄기 끝에 여러 송이가 산방상 두상화서로 달린다. 열매는 10월에 수과로 여문다.

| 작용 | 항균 작용·중추 신경 흥분 작용 **| 효능 |** 주로 소화기·호흡기 질환에 효험이 있다. 주로 가래가 있어 기침이 나고 숨이 차는 증세, 오줌을 누지 못하는 데, 딸꾹질·트림·만성 위염·구토

금불초는 외국에서 들어온 귀화식물로 생각하는 사람들이 많지만 우리 토종꽃이다. 금불초의 꽃이 황금처럼 노랗다 하여 '금불초(金佛草)', 여름에 국화꽃이 핀다 하여 '하국(夏菊)'이라 부른다. 금불초는 식용, 약용, 관상용으로 가치가 높다. 꽃과 어린잎은 식용한다. 한방에서말린 약재를 가래를 삭이고 소변 불통에 다른 다른 약재와 처방한다. 약초 만들 때는 여름에 활짝 핀 꽃과 전초를 채취하여 햇볕에 말려 쓴다.

이용법

- 소화불량·식적창만·위장염—말린 지상부 2~4g을 물에 달여 하루 3회 나누어 복용한다.
- 가래·기침·딸꾹질·트림—말린 꽃 6g을 물에 달여 대용차처럼 마신다.

내 몸을 살리는 약초

빈혈·순환기계 질환·부인과 질환에 효능이 있는 **기린초**

생약명: 비채(費菜)—전초를 말린 것 약성: 평온하고 시다 이용 부위: 전초 1회 사용량: 온포기 6~6g 독성: 없다

생육 특성

기린초는 돌나물과의 여러해살이풀로 산지의 바위 위에서 포기를 이루며 높이는 20cm 정도이고, 뿌리가 비대하며 줄기는 뭉쳐 난다. 잎은 어긋나고 긴 타원형이며 가장자리에 둔한 톱니가 있다. 꽃은 6~7월에 원줄기 끝에 취상화서 황색으로 피고, 열매는 7~9월에 별 모양으로 배열하여 골돌로 여문다.

ㅣ작용ㅣ 항염 작용 **ㅣ효능ㅣ** 주로 순환계 · 부인과 질환에 효험이 있다. 주로 빈혈 · 심계 · 창종 · 타박상 · 토혈

기린초가 바위틈에서 잘 자라고 기린을 닮았다 하여 '기린초'라 부른다. 기린초는 꽃이 아름답고 식용 · 약용으로 가치가 높다. 꽃차 만들 때는 봄에 꽃이 피지 않은 꽃봉오리를 따서 1~2개를 찻잔에 넣고 뜨거운 물을 부어 1~2분 후에 꿀을 타서 마신다. 한방에서 말린 약재를 혈액 순환이나 이뇨에 다른 약재와 처방한다. 약초 만들 때는 봄에 생풀을 채취하여 그대로 쓴다.

이용법

- 빈혈—말린 전초 10g을 물에 달여 하루 3번 나누어 복용한다.
- 종기 · 창종—생잎을 짓찧어 즙을 내서 환부에 바른다.

부인병·월경불순·자궁냉증에 효능이 있는 # 구절초

생약명: 선모초(仙母草)—전초를 말린 것 약성: 따뜻하고 쓰다 이용 부위: 전초 1회 사용량: 온포기 2∼4g 독성: 없다 금기 보완: 남자가 장복하면 정력이 떨어진다

생육 특성

구절초는 국화과의 여러해살이풀로 높이는 50cm 정도이고, 잎은 길이가 2∼3.5cm의 달걀꼴로서 가장자리가 깊게 갈라져 있고 잎자루가 길고 톱니가 있다. 꽃은 9∼10월에 줄기 끝에 흰색 또는 분홍색으로 피고, 열매는 10∼11월에 타원형의 수과로 여문다.

| 작용 | 항염 작용·항균 작용 | 효능 | 주로 소화기·순환계·부인과 질환에 효험이 있다. 주로 신경통·냉증·부인병·월경 불순·자궁 냉증·불임증·위냉·소화 불량

구절초는 아홉 번 꺾어지는 풀 또는 음력 9월 9일에 채취한 것이 좋다 하여 '구절초(九折草)', 예로부터 어머니는 구절초를 채취하여 말려 보관을 하고 있다가 시집간 딸이 친정에 오면 달여 먹인다 하여 '선모초(仙母草)'라는 이름이 붙여졌다. 구절초는 식용, 약용, 관상용으로 가치가 높다. 한방에서 말린 약재를 부인과 질환에 다른 약재와 처방한다. 약초 만들 때는 가을에 꽃과 전초를 채취하여 그늘에 말려 쓴다. 차 만들 때는 가을에 꽃을 채취하여 소금물에 살짝 데친 다음 소쿠리나 채반에서 말린 후 찻잔에 꽃 5개를 넣고 뜨거운 물을 부어 꿀을 타서 마신다.

이용법

• 부인과 질환—늦가을에 꽃이 피기 전에 전초를 채취하여 말린 후 대용차처럼 마신다.
• 냉증·생리통—말린 꽃 6g을 물에 달여 하루 3번 나누어 복용한다.

항염·기관지염·인후염에 효능이 있는 **쑥부쟁이**

생약명: 산백국(山白菊)–잎을 말린 것 **약성:** 따뜻하고 쓰다 **이용 부위:** 전초 **1회 사용량:** 전초 3~6g **독성:** 없다 **금기 보완:** 남자는 20일 이상 복용하면 양기가 줄어든다

생육 특성

쑥부쟁이는 국화과의 여러해살이풀로 높이는 35~50cm 정도이고, 잎은 어긋나며 긴 타원상 피침형이고 가장자리에 거친 톱니가 있다. 줄기는 곧추서며 위쪽에서 갈라진다. 꽃은 8~10월에 줄기 끝에서 머리 모양 연한 보라색으로 피고, 열매는 9~10월에 수과로 여문다.

| 작용 | 항염 작용 · 혈압 강하 작용, 진정 작용 **| 효능 |** 주로 소화기 · 호흡기 질환에 효험이 있다. 주로 해수 · 기관지염 · 편도선염 · 유선염 · 창종 · 무월경 · 해독

　쑥부쟁이는 옛날에 쑥을 캐러 간 불쟁이(대장쟁이)의 딸이 죽은 자리에서 핀 꽃이라하여 '쑥부쟁이'라 부른다. 쑥부쟁이는 식용, 약용, 관상용으로 가치가 높다. 유사종으로 구절초, 감국, 개미취가 있다. 한방에서 호흡기 질환에 다른 약재와 처방한다. 약초를 만들 때는 여름에 꽃이 피기 전에 전초를 채취하여 그늘에서 말려 쓴다.

이용법

• 기관지염– 말린 전초 10~20g을 달에 달여 하루 3번 나누어 복용한다.
• 벌레에 물렸을 때–생전초를 짓찧어 환부에 바른다.

오줌소태·전립선염·방광염에 효능이 있는 **메꽃**

생약명: 구구앙(狗狗秧) · 선화(旋花) · 고자화(鼓子花)—전초를 말린 것 **약성:** 따뜻하고 달다 **이용 부위:** 전초
1회 사용량: 씨 · 꽃 5~10g, 땅속줄기 20~30g **독성:** 없다

생육 특성

메꽃은 메꽃과의 여러해살이풀로 길이는 2m 정도이고, 덩굴이 물체를 감고 올라가고, 긴 화살촉 모양의 잎은 줄기에 어긋 나고, 긴 뿌리줄기에서 순이 나와 자란다. 꽃은 나팔 모양이며 6~8월에 잎겨드랑에서 나온 긴 꽃대 끝에 깔때기 모양으로 1 송이씩 분홍색으로 피고, 열매는 10월에 삭과로 여문다.

| 작용 | 이뇨 작용 **| 효능 |** 주로 호흡기 · 신경계 · 비뇨기 질환에 효험이 있다. 신장병 · 당뇨병 · 오줌소태 · 전립선염 · 소화 불량 · 이뇨

메꽃의 뿌리줄기를 '메'라 부르기 때문에 "메꽃"이라 부른다. 조선 시대 허준이 쓴 『동의보감』에 "메꽃은 오래 먹으면 굶주림을 모른다"고 기록돼 있다. 메꽃은 식용, 약용, 관상용으로 가치가 높다. 어린순은 나물로 먹는다. 땅줄기는 녹말이 함유되어 있다. 한방에서 말린 약재를 소변 불리, 방광염, 신장염, 비뇨기 질환에 다른 약재와 처방한다. 약초 만들 때는 초여름에 꽃이 필 무렵에 전초를 채취하여 햇볕에 말려 쓴다.

내 몸을 살리는 약초

이용법

• 오줌소태 · 소변불리—꽃이나 전초를 채취하여 물에 달여 하루에 3번 나누어 복용한다.
• 근육통—생뿌리를 즙을 내어 환부에 붙인다.

소변불리·방광염·전립선염에 효능이 있는 **제비꽃**

생약명 자화지정(紫花地丁) · 지정(地丁)—뿌리를 포함한 전초를 말린 것 **약성** 차고 쓰다 **이용 부위** 전초 1회
사용량 온포기 8∼15g **독성** 없다

생육 특성

제비꽃은 제빗꽃과의 여러해살이풀로 높이는 10∼15cm 정도이고 잎의 가장자리는 톱니 모양이고 잎
자루는 길고 줄기는 없고 뿌리에서 잎이 뭉쳐 나와 비스듬히 퍼진다. 꽃은 4∼5월에 잎 사이에서 나
온 긴 꽃대 끝에서 옆을 향해 흰색 · 보라색 · 노란색 · 분홍색으로 피고, 열매는 5∼6월에 타원형으
로 여문다.

작용 진통 작용 · 혈당 강하 작용 · 거담 작용 · 진해 작용 · 향균 작용 · 바이러스성 작용 **효능** 주
로 피부 질환 및 비뇨기 질환에 효험이 있다. 주로 소변불리 · 방광염 · 임파선염 · 간염 · 황달 · 나
력 · 옹종 · 종기 · 태독(胎毒) · 인후염 · 간염 · 부인병 · 염증 · 골절증 · 관절염 · 방광염 · 임파선염 ·
불면증 · 당뇨병

　봄에 제비가 올 때 꽃이 핀다고 하여 '제비꽃', 매년 이 꽃이 필 때면 오랑캐들이 북
쪽에서 쳐들어온다 하여 '오랑캐꽃'이라 부른다. 제비꽃은 피를 맑게 하고 독을 없애는
청혈 해독 효과가 있다. 꽃과 뿌리에는 사포닌 · 알칼로이드가 함유되어 있고, 잎에는
정유 성분과 플라보노이드 · 비타민 C · 살리실산 등이 들어 있다. 제비꽃은 식용, 약
용, 향료, 관상용으로 가치가 높다. 한방에서 비뇨기 질환에 다른 약재와 처방한다. 약
초 만들 때는 여름에 제비꽃 뿌리를 포함한 잎 · 줄기를 채취하여 그늘에 말려 쓴다.

이용법

- 부스럼 · 유방옹종—생제비꽃 60g을 짓찧어 즙을 하루에 3번 나누어 복용한다.
- 임파선염 · 급성화농성염증—제비꽃+민들레 뿌리+감국+인동덩굴꽃 각각 12g을 물에 달여 하루 3
번 나누어 복용한다.

중성지방·동맥 경화·고지혈증에 효능이 있는 # 달맞이꽃

생약명: 월견초(月見草)·월하향(月下香)—뿌리를 말린 것 **약성:** 따뜻하고 맵다 **이용 부위:** 뿌리 **1회 사용량:** 씨 4~6g **독성:** 없다 **금기 보완:** 한꺼번에 너무 많이 쓰지 않는다

생육 특성

달맞이꽃은 비늘꽃과의 여러해살이풀로 높이는 50~90cm 정도이고, 잎은 어긋나고 끝은 뾰쪽한 피침형이며 가장자리에 얕은 톱니가 있고 전체에 짧은 털이 난다. 꽃은 7월에 잎 겨드랑이에서 1송이씩 노란 황색으로 피고, 열매는 9월에 삭과로 여문다. 밤에 피었다가 아침에 시든다.

| 작용 | 항염 작용·해열 작용 **| 효능 |** 주로 신진 대사·호흡기·비뇨기 질환에 효험이 있다. 종자(당뇨병·고혈압·고지혈증), 뿌리(동맥 경화·인후염·기관지염·감기·피부염)

달맞이꽃은 달과 교감한다 하여 '월견초(月見草)', 밤에 꽃이 핀다 하여 '야래향(夜來香)'이라 부른다. 달맞이꽃은 약용, 관상용으로 가치가 높다. 어린잎은 몹시 쓰기 때문에 생으로 바로 먹을 수 없지만 종자를 기름을 짜서 먹는다. 기름 만들 때는 가을에 꼬투리가 터지기 전에 줄기째로 채취하여 햇볕에 말린 후 털어 기름을 짠다. 한방에서 동맥경화, 고지혈증, 중성지방, 염증에 다른 약재와 함께 처방한다. 약초 만들 때는 전초는 생풀을 그대로 쓰고, 여문 씨와 뿌리는 햇볕에 말려 쓴다.

이용법

· 동맥경화–달맞이꽃 여문 씨을 채취하여 기름을 짜서 한 스푼씩 먹는다.
· 당뇨병–말린 뿌리 10g을 물에 달여 하루 3번 나누어 복용한다.

내 몸을 살리는 약초

장염·이질·설사에 효능이 있는 **이질풀**

생약명: 현초(玄草)—전초를 말린 것 **약성:** 평온하다 **이용 부위:** 전초 **1회 사용량:** 온포기 4~10g **독성:** 없다

생육 특성

이질풀은 쥐손이풀과의 여러해살이풀로 높이는 50~100cm 정도이고, 잎은 손바닥 모양이고 가장자리에 불규칙한 톱니가 있다. 꽃은 7~9월에 잎 겨드랑이에서 나온 꽃줄기 끝에 연한 홍색 또는 흰색으로 피고, 꽃잎에는 짙은 홍자색의 맥이 있다. 열매는 10월에 삭과로 여문다.

| 작용 | 항균 작용 · 수렴 작용 · 살균 작용 **| 효능 |** 주로 소화기 · 신경계 · 순환계 질환에 효험이 있다. 장염 · 이질 · 설사 · 과민성 대장증후군 · 궤양성 대장염 · 대하증 · 위염 · 위산과증 · 풍습비통 · 거풍 · 활혈 · 해독 · 변비

이질풀은 예로부터 이질이나 설사약으로 사용했다 하여 '이질풀', 잎이 쥐의 손처럼 생겼다 하여 '쥐손이풀' 또는 '서장초'라 부른다. 이질풀은 쥐손이풀과는 다르다. 이질풀은 식용, 약용으로 가치가 높다. 한방에서 이질, 설사, 장염에 다른 약재와 처방한다. 약초 만들 때는 가을에 전초를 채취하여 그늘에 말려 쓴다.

이용법

· 이질 · 장염—말린 전초 10~20g을 물에 달여 하루 3회 나누어 복용한다.
· 간 기능 회복—말린 전초 10g+결명자 3g을 배합하여 물에 달여 하루 3번 나누어 복용한다.

설사·이질·피부궤양에 효능이 있는 **부처꽃**

생약명: 천굴채(千屈菜)-꽃을 포함한 전초를 말린 것 **약성:** 차고 쓰다 **이용 부위:** 전초 **1회 사용량:** 온포기 8~15g **독성:** 없다

생육 특성

부처꽃은 부처꽃과의 여러해살이풀로 높이는 1m 정도이고, 잎은 대생, 잎자루는 없으며, 피침형, 끝과 밑이 뾰쪽하고 밑부분이 원줄기를 감싸지 않으면 가장자리는 밋밋하다. 꽃은 7~8월에 잎 겨드랑이에 지산화서를 이루고 홍자색으로 피고, 열매는 8~9월에 꽃받침통 안에 들어 있는 삭과로 여문다.

| **작용** | 항균 작용 **효능** | 주로 비뇨기·피부과 질환에 효험이 있다. 설사·이질·피부 궤양·청혈·지혈·세균성 하리

예부터 사찰에서 부처꽃으로 불상(佛像)을 장식했다 하여 '부처꽃'이라 부른다. 부처꽃은 식용, 약용, 관상용으로 가치가 높다. 한방에서 뿌리는 설사를 그치게 하고 피부 소양증을 치료하는 데 다른 약재와 처방한다. 약초 만들 때는 8~9월에 지상부를 채취하여 햇볕에 말려 쓴다. 약으로 쓸 때는 탕으로 사용한다.

이용법

- 설사-말린 전초를 10~15g을 달여 하루 3회 나누어 복용한다.
- 피부궤양-생전초를 채취하여 짓찧어 환부에 붙인다.

내 몸을 살리는 약초

107

소염·간염·진통에 효능이 있는 마타리

생약명: 패장(敗醬)–뿌리를 말린 것 약성: 평온하고 쓰다 이용 부위: 뿌리 1회 사용량: 뿌리 6~9g 독성: 없다

생육 특성

마타리는 마타릿과의 여러해살이풀로 높이는 60~150cm 정도이고, 잎자루는 위쪽으로 자람에 따라 없어진다. 뿌리 잎은 모여 나며 잎자루가 길고 달걀꼴 또는 긴 타원형이며 가장자리에 거친 톱니가 있다. 꽃은 5~6월에 산방꽃차례로 줄기 끝이나 가지 끝에 잔꽃이 모여 노란색으로 피고, 열매는 10월에 타원형으로 여문다.

| 작용 | 혈압 강하 작용 · 진통 작용 · 진정 작용 · 간 세포의 재생 촉진 · 황색(백색)포도상구균 억제
| 효능 | 주로 염증 질환에 효험이 있다. 주로 맹장염 · 해열 · 소염 · 통증 · 배농 · 위장 동통 · 산후복통 · 간기능 장애 · 간염 · 불면증 · 유행성 감기

　마타리는 땅 속의 굵은 뿌리에서 썩은 냄새가 나기 때문에 '패장(敗醬)'이라 부른다. 마타리는 식용, 약용, 관상용으로 가치가 높다. 어린순은 나물로 식용한다. 한방에서 염증 질환에 다른 약재와 처방한다. 약초 만들 때는 여름에 전초, 가을에 뿌리를 채취하여 그늘에 말려 쓴다. 외상에는 짓찧어 환부에 붙인다.

이용법

• 맹장염–말린 전초나 뿌리 5~10g을 물에 달여 하루 3회 나누어 복용한다.
• 유행성 눈병–전초나 뿌리 10~12g을 물에 달여 눈을 씻는다.

내 몸을 살리는 약초

편도선염·해열·인후 종통에 효능이 있는 **범부채**

생약명: 사간(射干)−뿌리를 말린 것 **약성:** 차고 맵고 쓰다 **이용 부위:** 뿌리 **1회 사용량:** 뿌리 2〜4g **독성:** 뿌리·줄기는 미량의 독이 있다

생육 특성

범부채는 붓꽃과의 여러해살이풀로 높이는 1m 정도이고, 잎은 호생이며, 두 줄로 늘어서고, 칼 모양, 밑동은 줄기를 싼다. 꽃은 7〜8월에 취산화서 반점이 있는 황적색으로 피고, 열매는 9〜10월에 타원형의 삭과로 여문다.

| **작용** | 항진균 작용 · 소염 작용 · 피부 진균 억제 · 항염증 작용 · 혈압 강하 작용 **| 효능 |** 주로 이비인후과 · 호흡기 질환에 효험이 있다. 편도선염 · 식채 · 해열 · 인후종통 · 결핵성 임파선염 · 인후염 · 소염 · 진해 · 혈압 강하 · 인후염

　범부채의 꽃잎에 나 있는 붉은색 얼룩 무늬가 호랑이의 털가죽처럼 보이고 자라는 모양이 부채꼴과 같다 하여 '범부채'라 부른다. 범부채는 약용, 관상용으로 가치가 높다. 한방에서 뿌리를 '사간(射干)'이라 하여 염증 질환에 다른 약재와 처방한다. 약초 만들 때는 봄〜가을까지 뿌리줄기를 채취하여 햇볕에 말려 쓴다.

내 몸을 살리는 약초

이용법

• 편도선염−말린 뿌리줄기 10g을 물에 달여 하루 3번 나누어 복용한다.
• 식체−말린 뿌리를 가루 내어 물에 타서 먹는다.

종기·인후염·만성 기관지염에 효능이 있는 **꽃범의꼬리**

생약명: 권삼(拳蔘)—뿌리를 말린 것 약성: 서늘하고 쓰다 이용 부위: 뿌리 1회 사용량: 뿌리 5~8g 독성: 없다

생육 특성

꽃범의꼬리는 여뀟풀과의 여러해살이풀로 높이는 30~50cm 정도이고, 잎은 밑동에서 총생, 근생엽은 호생, 긴 삼각상 피침형, 잎자루는 엽초가 되고 잎뒤는 흰색, 꽃은 줄기 끝에서 6~8월에 흰색 또는 연한 분홍색으로 피고, 열매는 9~10월에 달걀 모양의 수과로 여문다.

| 작용 | 지혈 작용 · 항균 작용 · 항염 작용 **| 효능 |** 주로 정신분열증 · 운동계 · 피부과 질환에 효험이 있다. 해독 · 열병 · 파상풍 · 장염 · 이질 · 설사 · 임파선염 · 종기 · 인후염 · 만성 기관지염

꽃범의꼬리는 원기둥처럼 생긴 꽃이삭의 모양이 마치 범의 꼬리와 비슷하다 하여 "꽃범의꼬리"라 부른다. 꽃범의꼬리는 식용, 약용, 관상용으로 가치가 높다. 꽃과 어린잎과 줄기는 식용한다. 한방에서 뿌리줄기를 권삼(拳蔘)이라 하여 장염, 이질, 설사에 다른 약재와 처방한다. 약초 만들 때는 봄에 싹이 트기 전에 뿌리줄기, 가을에는 잎이 마르기 시작할 때 채취하여 그늘에서 말려 쓴다.

내 몸을 살리는 약초

이용법

• 독충에 물렸을 때–생뿌리줄기를 짓찧어 환부에 붙인다.
• 기침 · 기관지염–말린 뿌리줄기 5~8g을 물에 달여 하루 3번 나누어 복용한다.

두통·치통·복통에 효능이 있는 **고본**

생약명: 고본(藁本)-뿌리를 말린 것 약성: 따뜻하고 맵다 이용 부위: 뿌리 1회 사용량: 뿌리 2~6g 독성: 없다
금기 보완: 혈 부족으로 인한 두통과 복용 중 맨드라미는 금한다

생육 특성

고본은 미나릿과의 여러해살이풀로 높이는 30~80cm 정도이고, 잎은 어긋나고 뿌리잎은 잎자루가
길고 줄기잎은 잎자루 전체가 잎집으로 된다. 깃털 모양으로 갈라지는데 갈라진 조각은 가늘고 좁은
선 모양이다. 꽃은 8~9월에 원줄기 끝에 복산형의 꽃차례 자주색으로 피고, 열매는 10월에 편평한
타원형의 분과로 여문다.

| 작용 | 진경 작용 · 통경 작용 · 항염 작용 · 항진균 작용 · 해열 작용 · 백선균에 강한 억제 작용 | 효
능 | 주로 운동계 · 피부과 · 치통 · 부인과 질환에 효험이 있다. 주로 두통 · 치통 · 복통 · 진통 · 피부
병 · 경련 · 구충 · 주근깨 · 대하증 · 부인병 · 월경 과다 · 설사 · 습진 · 어혈 · 해열

　　고본이 마치 뿌리 위에 난 싹의 밑이 '화고(禾藁 · 볏짚)'와 비슷하다 하고 짚(藁 · 마른 짚)
에서 나왔다(本) 하여 '고본(藁本)'이라 부른다. 고본은 식용, 약용, 관상용으로 가치가 높
다. 한방에서 부인과 질환에 다른 약재와 처방한다. 약초 만들 때는 봄 또는 가을에 뿌
리를 캐서 줄기와 잔뿌리를 다듬고 물에 씻어 햇볕에 말려 쓴다.

이용법

- 두통 · 복통-말린 뿌리 약재 10g을 물에 달여 하루 3번 나누어 복용한다.
- 피부병-생잎을 짓찧어 즙으로 환부에 붙인다.

항염·신경통·관절염에 효능이 있는 강활

생약명: 강활(羌活)—뿌리줄기 및 뿌리를 말린 것 약성: 따뜻하고 쓰고 맵다 이용 부위: 뿌리 1회 사용량: 뿌리 5~7g 독성: 없다(독초인 지리강활과 비슷하다) 금기 보완: 빈혈로 인한 사지 마비에는 금한다

생육 특성

강활은 산형과의 여러해살이풀로 높이는 2m 정도이고, 잎은 어긋나고 깃꼴겹잎이며 갈래는 뾰쪽한 타원형이고 가장자리에 톱니가 있다. 꽃은 8~9월에 가지 끝에서 10~30개가 복산형의 꽃차례를 이루며 흰색으로 피고, 열매는 10월에 날개 있는 타원형의 분과로 여문다.

| 작용 | 항균 작용 · 진통 작용 · 항염 작용 · 해열 작용 · 발산 작용 · 산화방지 작용 | 효능 | 주로 호흡기 · 신경계 질환에 효험이 있다, 주로 신경통 · 관절염 · 중풍 · 감기 · 두통 · 치통

강활은 당귀처럼 어린순은 나물로 먹고 전체에 방향성이 있어 "강활"이라 부른다. 강활은 식용, 약용, 관상용으로 가치가 높다. 한방에서 말린 약재를 통증과 경련을 진정시키는 데 다른 약재와 처방한다. 약초 만들 때는 가을에 뿌리를 캐서 잔뿌리를 제거하고 잘 씻어 햇볕에 말려 쓴다.

이용법

- 치통—말린 뿌리를 5g을 물에 달여 하루에 3번 나누어 복용한다.
- 어깨통—강활+방풍+당귀+감초+적작약 각각 3g씩 배합하여 물에 달여 복용한다.

항염·소화불량·장염에 효능이 있는 **목향**

생약명: 토목향(土木香)-뿌리를 말린 것 약성: 따뜻하고 맵고 쓰다 이용 부위: 뿌리 1회 사용량: 뿌리 3~6g
독성: 없다

생육 특성

목향은 국화과의 여러해살이풀로 높이는 50~100cm 정도이고, 잎은 어긋나며 타원형으로 끝이 뾰쪽하고 가장자리에 불규칙한 톱니가 있다. 뒷면에 털이 촘촘히 나 있다. 꽃은 7~8월에 두상화로 줄기 위쪽의 잎겨드랑이에 1개씩 노란색으로 피고, 열매는 9~10월에 연한 적갈색의 수과로 여문다.

| 작용 | 구충 작용 · 항균 작용 · 소염 작용 **| 효능 |** 주로 호흡기 · 소화기 질환에 효험이 있다. 주로 소화불량 · 만성장염 · 흉부창만 · 위염 · 구토 · 지통 · 이질 · 소변불리

목향의 꽃에서 꿀 향기가 나기 때문에 '밀향(蜜香)', 뿌리에서도 향이 나기 때문에 '목향(木香)'이라 부른다. 예부터 목향은 어린순을 채취하여 감초물에 삶아서 목향채(木香菜)를 만들어 먹었다. 목향은 식용, 약용, 관상용으로 가치가 높다. 한방에서 소화기 질환에 다른 약재와 처방한다. 약초 만들 때는 가을에 뿌리를 캐어 햇볕에 말려 쓴다.

이용법

- 위염 · 복통-말린 뿌리 6~12g을 물에 달여 하루 3번 나누어 복용한다.
- 소화불량-꽃봉오리를 따서 찻잔에 1개를 넣고 뜨거운 물을 부어 1~2분 후에 꿀을 타서 대용차처럼 마신다.

내 몸을 살리는 약초

신장·신경통·관절염에 효능이 있는 호장근

생약명: 호장근(虎杖根)—줄기와 뿌리를 말린 것 **약성:** 평온하고 쓰다 **이용 부위:** 줄기와 뿌리 **1회 사용량:** 줄기·뿌리 8~15g **독성:** 없다 **금기 보완:** 설사나 물변을 배설할 때는 금한다

생육 특성 ▶

호장근은 마디풀과의 여러해살이풀로 높이는 1~1.5m 정도이고, 줄기 속은 비어 있고, 어릴 때는 자줏빛 반점이 있다. 잎은 어긋나고 길이는 6~15cm의 넓은 달걀꼴로서 끝이 짧게 뾰쪽하고 밑은 갈라낸 것처럼 반듯하고 가장자리는 물결 모양이다. 꽃은 암수 딴 그루로 6~9월에 가지 끝에 총상화서 자잘하게 흰색으로 피고, 열매는 9~10월에 세모진 달걀 모양의 수과로 여문다.

| 작용 | 항균 작용·항바이러스 작용·소염 작용·지혈 작용·사하 작용 **| 효능 |** 주로 간경화·종독·통증 질환에 효험이 있다. 주로 위장병·악성 임질·어혈·종양·이뇨·신경통·관절염·풍습성동통·수종·월경불순·간염·황달·고지혈증·화상·소화기 출혈·금성 간염

호장근은 줄기에 호랑이처럼 반점이 있다 하여 '호장근(虎杖根)'이라 부른다. 호장근은 우리나라 특산종이다. 유사종으로 울릉도에서 나는 것을 왕호장근, 잎에 무늬가 있는 것을 무늬호장근이라 부른다. 호장근은 식용, 약용, 관상용, 밀원용으로 가치가 높다. 한방에서 말린 약재를 경락(經絡)과 기혈(氣血)이 정체되어 나타나는 마비나 타박상에 다른 약재와 처방한다. 약초 만들 때는 여름에 어린순을 따서 그늘에 , 가을에 뿌리줄기와 뿌리를 채취하여 햇볕에 말려 쓴다.

이용법

- 관절염—말린 뿌리줄기 8~15g을 물에 달여 하루에 3번 나누어 복용한다.
- 어혈·타박상—생잎을 짓찧어 환부에 붙인다.

염증·관절통·당뇨에 효능이 있는 여뀌

생약명: 금선초(金線草)—전초를 말린 것, 금선초근(金線草根)—뿌리를 말린 것 **약성:** 평온하고 맵다 **이용 부위:** 전초 · 뿌리 **1회 사용량:** 전초 6~12g **독성:** 미량의 독이 있다 **금기 보완:** 너무 많이 복용하면 양기(陽氣)가 상하고, 토사와 심장내막염을 일으킨다

생육 특성

여뀌는 마디풀과의 여러해살이풀로 습지와 냇가에서 높이는 50~80cm 정도이고, 잎은 어긋나고 피침형이고 가장자리는 밋밋하다. 꽃은 7~8월에 가지 끝에 밑으로 처지며 이삭 모양 연녹색으로 피고, 열매는 9~10월에 꽃받침에 싸여 있으며 납작한 수과로 여문다.

| **작용** | 혈당 강하 작용 **효능** | 주로 피부 · 소화기 질환에 효험이 있다. 주로 당뇨병 · 신장병 · 풍습동통 · 요통 · 관절통 · 위통 · 월경통

여뀌의 잎에서 매운맛이 난다 하여 '고채(苦菜)'라 부른다. 여뀌의 잎을 비벼 즙을 내어 개울에 풀어 물고기를 기절시켜 잡았다. 유사종으로 잎에 털이 적고 잎맥이 없으며 끝이 뾰쪽한 것을 새이삭여뀌라 한다. 여뀌는 식용, 약용으로 가치가 높다. 한방에서 출혈을 멈출 때와 원기를 회복할 때 다른 약재와 처방한다. 약초 만들 때는 수시로 전초 · 줄기 · 뿌리를 채취하여 그늘에서 말려 쓴다.

이용법

· 당뇨병—말린 전초 10g을 물에 달여 하루 3번 나누어 복용한다.
· 관절통 · 요통—말린 뿌리 10g을 물에 달여 하루 3번 나누어 복용한다.

내 몸을 살리는 약초

소변불리·월경불순·대하증에 효능이 있는 까치수영

생약명: 진주채(珍珠菜)—전초를 말린 것 **약성:** 차고 시다 **이용 부위:** 전초 **1회 사용량:** 꽃·전초 6~8g **독성:** 없다

생육 특성

까치수영은 앵초과의 여러해살이풀로 높이는 60~100cm 정도이고, 잎은 어긋나나 뭉친 것처럼 보이며, 길이는 6~10cm, 너비는 8~15cm의 거꾸로 된 댓잎피침형 또는 선 모양의 긴 타원형이고 가장자리는 밋밋하다. 꽃은 6~9월에 줄기 끝에 총상 꽃차례를 이루며 조밀하게 흰색으로 피고, 열매는 8월에 둥근 적색의 삭과로 여문다.

| **작용** | 진통 작용 | **효능** | 주로 조갈증·비뇨기 질환에 효험이 있다. 월경불순·대하·소변불리·수종·임파선종·이질·옹종

까치수영의 꽃은 개꼬리를 닮아 '개꼬리풀'이라 부른다. 까치수영은 식용, 약용, 관상용으로 가치가 높다. 어린잎은 식용한다. 한방에서 말린 약재를 부인병 유인병(유방염, 월경통, 월경불순) 다른 약재와 처방한다. 약초 만들 때는 여름~가을까지 전초나 뿌리를 채취하여 그늘에서 말려 쓴다. 약으로 쓸 때는 탕으로 쓰거나 생즙을 내어 사용한다. 외상에는 짓찧어 환부에 붙인다.

이용법

• 월경불순—말린 뿌리 10g을 물에 달여 하루 3번 나누어 복용한다.
• 이질—말린 전초 10g을 물에 달여 하루 3번 나누어 복용한다.

내 몸을 살리는 약초

알레르기·축농증·비염에 효능이 있는 # 도꼬마리

생약명: 창이자(蒼耳子) · 이당(耳璫) · 저이(猪耳)─씨를 말린 것 **약성:** 따뜻하고 달고 쓰다 **이용 부위:** 씨 **1회 사용량:** 씨 3~5g **독성:** 정유를 제외한 씨 속에 미량의 크산토스트루마린의 독이 있다 **금기 보완:** 한 번에 많이 먹지 않는다. 몸에 열이 있는 사람과 복용 중에 돼지고기와 빈혈로 인한 두통에는 복용을 금한다

생육 특성

도꼬마리는 국화과의 한해살이풀로 높이는 1~1.5m 정도이고, 잎은 줄기에서 어긋나고, 얕게 세 갈래로 갈라지고 가장자리는 거친 톱니 모양이고 뒷면에 3개의 잎맥이 있고, 전체에 억센 털이 있고입자루가 길고 줄기가 곧게 선다. 꽃은 8~9월에 수꽃은 가지 끝에서 노란색으로 피고, 암꽃은 잎 겨드랑이에 2~3송이씩 녹색으로 피고, 열매는 9~10월에 타원형으로 갈고리 같은 가시가 달려 여문다.

| **작용** | 진통 작용 · 혈압 강하 작용 · 혈당 강하 작용 · 진해 작용 · 심장 억제 작용 | **효능** | 주로 순환계 · 신경계 · 이비인후과 질환에 효험이 있다. 비염 · 콧병 · 두통 · 치통 · 고혈압 · 수족 동통 · 관절염 · 강직성 척추 관절염 · 신장염 · 발진 · 두드러기 · 통증 · 고혈압 · 아토피성 피부염 · 피부소양증

도꼬마리 씨가 빛이 푸르고 마치 귀와 비슷하고 푸르다는 뜻의 '창(蒼)'과 귀라는 '이(耳)'를 합해 '창이자(蒼耳子)', 도꼬마리싹은 자라면서 거친 털투성이가 되고 잎 가장자리에는 거친 톱니가 생겨 '귀고리(耳璫)'라 부른다. 도꼬마리는 식용, 약용으로 가치가 높다. 한방에서 이비인후과(비염)에 다른 약재와 처방한다. 약초 만들 때는 가을에 씨가 다 익으면 채취하여 햇볕에 말려 쓴다. 열매는 볶거나 술에 담갔다가 건져 내어 사용한다.

이용법

• 비염─종자 3g+목련(신이) 10g을 배합하여 물에 달여 하루 3번 공복에 복용한다.
• 무좀─도꼬마리(대 · 잎 · 과실)를 삶은 물에 백반을 타서 환부에 바른다.

이뇨·이질·치질에 효능이 있는 환삼덩굴

생약명: 율초(律草)−전초를 말린 것, 율초과수(律草果穗)−과수를 말린 것 **약성:** 차며 달고 쓰다 **이용 부위:** 전초 · 과수 **1회 사용량:** 전초 6∼10g **독성:** 없다

생육 특성

한삼덩굴은 삼과의 덩굴성 한해살이풀로 다른 물체를 감고 자란다. 잎은 마주 나고 잎이 긴자루 끝에 달려 손바닥처럼 5∼7개로 갈라진다. 갈라진 조각은 긴 타원형으로서 끝이 뾰쪽하며 가장자리에 규칙적인 톱니가 있다. 꽃은 7∼8월에 암수 딴 그루로 원추 꽃차례를 이루며 잎 겨드랑이에서 황록색으로 피고, 열매는 9∼10월에 편구형 수과로 여문다.

| 작용 | 항균 작용 **| 효능 |** 주로 비뇨기 · 이비인후과 · 호흡기 질환에 효험이 있다. 이뇨 · 해열 · 방광결석 · 복통 · 소변 불통 · 소화불량 · 암(위암) · 청열 · 이질 · 폐병 · 치질

환삼덩굴의 잎과 줄기 전체에 잔가시가 있어 살갗을 스치면 몹시 껄끄러워 '껄껄이'라 부른다. 원줄기와 잎자루에 밑을 향한 갈고리 모양의 잔가시가 다른 물체를 감고 올라간다. 줄기와 껍질은 섬유의 원료가 된다. 한삼덩굴은 식용, 약용으로 가치가 높다. 어린순은 나물로 식용한다. 한방에서 호흡기 질환에 다른 약재와 처방한다. 약초 만들 때는 봄에 전초를 채취하여 그늘에 말려 쓴다. 외상에는 짓찧어 환부에 붙인다.

이용법

• 이질 · 설사−생전초를 짓찧어 즙을 내서 마신다.
• 폐 질환−말린 전초 6g+말린 과수 15g을 물에 달여 하루 3번 나누어 복용한다.

피부질환·당뇨·대하에 효능이 있는 박

생약명: 고호로(苦壺蘆)-다 익은 열매, 호로자(壺蘆子)-씨를 말린 것, 호로과표(壺蘆寡瓢)-열매의 껍질을 말린 것 약성: 따뜻하고 달다 이용 부위: 열매·씨·껍질 1회 사용량: 열매 30〜35g 독성: 없다

생육 특성

박은 박과의 한해살이덩굴풀로 길이는 5〜10m 정도이고, 잎은 어긋나고 덩굴손과는 마주 나고 전체에 짧은 흰색털이 있고 줄기가 변한 덩굴손으로 물체를 감고 올라간다. 꽃은 7〜9월에 잎 겨드랑이에 1송이씩 흰색으로 피고, 열매는 9〜10월에 껍질이 딱딱한 커다란 공 모양으로 여문다.

| 작용 | 이뇨 작용·진통 작용 | 효능 | 주로 피부과 질환에 효험이 있다. 간염·기침·황달·치루·혈붕·대하·치아동통·백일해

조선 시대 허준이 저술한 『동의보감』에 "박은 크게는 요도를 이롭게 하고, 소갈(消渴)을 다스리고, 심장의 열을 제거하고, 심폐를 윤활하게 하고, 복통을 없애 준다"고 기록돼 있다. 박에는 섬유질이 수박보다 100배, 호박의 10배, 우엉의 3배, 흰쌀의 37배나 된다. 칼슘은 우유보다 2배나 많이 함유되어 있다. 박은 식용, 약용, 관상용으로 가치가 높다. 한방에서 간 질환에 다른 약재와 처방한다. 약초 만들 때는 가을에 열매가 누렇게 익으면 그대로 그늘에서 보관하거나 씨를 빼내어 햇볕에 말려 쓴다.

이용법

• 당뇨병-말린 박을 물에 달여 하루에 3번 공복에 나누어 복용한다.
• 여성 하복부 통증-삶은 박 물로 환부를 씻는다.

내 몸을 살리는 약초

천식·편도선염·기관지염에 효능이 있는 # 수세미외

생약명: 사과(絲瓜)―열매를 말린 것, 천라수(天羅水)―줄기의 수액 **약성:** 서늘하고 달다 **이용 부위:** 열매 1회 **사용량:** 온포기 10~15g **독성:** 없다 **금기 보완:** 한꺼번에 7~10개를 먹으면 엘라테린(elaterin)성분 때문에 설사를 한다

생육 특성

수세미외는 박과의 한해살이 덩굴풀로 길이는 12m 정도이고, 잎은 어긋나고 얕게 손바닥 모양으로 갈라지며 가장자리에 톱니가 있다. 꽃은 암수 딴 그루이고 8~9월에 수꽃은 잎 겨드랑이에 여러 송이가 모여 피고, 암꽃은 1 송이씩 노란색으로 피고, 열매는 9~10월에 50cm 정도의 긴 자루 모양으로 여문다.

| 작용 | 항염 작용·혈당 강하 작용 **| 효능 |** 주로 호흡기 및 부인과 질환에 효험이 있다. 편도선염·기관지염·가래·천식·두통·복통·감기·주독·당뇨병·기미·주근깨·월경 불순·진통·피부미용

우리의 조상은 열매 속에 그물망 같은 섬유가 많아 '그릇을 닦는 수세미'라 부른다. 수세미외는 식용, 약용, 관상용, 공업용으로 가치가 높다. 어린잎은 나물, 열매를 먹는다. 씨에는 40%의 기름이 함유되어 있다. 한방에서 부인과 질환에 다른 약재와 처방한다. 수액을 만들 때는 수세미덩굴의 뿌리를 잘라 뿌리쪽 덩굴을 굽혀서 깨끗이 병 속에 넣고 공기나 잡물질이 들어가지 않도록 하여 밀봉한 후 3일이 지나 수액을 받는다.

이용법

- 가래 · 천식―수세미외에 상처를 내서 흐르는 진액을 마신다.
- 땀띠 · 화상 · 피부를 곱게 하고자 할 때―수세미외의 수액을 환부에 바른다.

내 몸을 살리는 약초

당뇨병·이질·열사병에 효능이 있는 여주

생약명: 고과(苦瓜)—열매를 말린 것 약성: 따뜻하며 달고 쓰다 이용 부위: 열매 1회 사용량: 열매 4~8g 독성: 없다 금기 보완: 비위가 허약한 사람은 복용하면 구토·설사·복통을 일으킨다

생육 특성

여주는 박과의 덩굴성 한해살이풀로 줄기는 1~3m 정도이고, 잎은 어긋나고 끝이 5~7 갈래로 갈라진 손바닥 모양이고 가장자리에 톱니가 있다. 덩굴손으로 물체를 감고 올라간다. 꽃은 암수딴 그루로 6~9월에 잎 겨드랑에 1 송이씩 노란색으로 피고, 열매는 9~10월에 껍질이 울퉁불퉁한 타원형의 황적색으로 여문다.

| 작용 | 혈당 강하 작용 | 효능 | 주로 해독 및 안과 질환에 효험이 있다. 당뇨병·열사병·이질·심장병·옹종·악창·열병으로 번갈하여 물을 켜는 증상·적안동통·악창·충수염·해열·치질·혈기심통

여주의 열매가 마치 여지(荔枝)와 비슷하다 하여 '여주', 중국 이름인 '예지'에서 변화하여 '여지' 또는 '여주'라 부른다. 여주는 식용, 약용, 관상용으로 가치가 높다. 어린 열매와 씨껍질은 식용한다. 여주의 배당체에는 카라틴은 간세포의 LDL 콜레스테롤을 제거하고 천연인슐린이 함유되어 있다. 한방에서 당뇨병에 다른 약재와 처방한다. 약초 만들 때는 여름에 익지 않은 생열매를 따서 그대로 쓰거나 햇볕에 말려 쓴다.

이용법

• 당뇨병—열매를 따서 햇볕에 말린 후 하루 용량 4~6g을 물에 달여 하루 3번 나누어 복용한다.
• 악창·옹종—열주 생열매를 짓찧어 환부에 붙인다.

내 몸을 살리는 약초

면역력·암·자양강장에 효능이 있는 마늘

생약명: 대산(大蒜)-비늘줄기(알뿌리)를 말린 것 **약성:** 따뜻하며 달고 쓰다 **이용 부위:** 알뿌리 **1회 사용량:** 생마늘 3~5g, 구운 마늘 5~20g **독성:** 없다 **금기 보완:** 음기가 허약한 사람과 복용 중에 맥문동, 백하수오는 금한다

생육 특성

마늘은 백합과의 여러해살이풀로 높이는 60cm 정도이고, 길고 납작한 잎이 3~4개가 어긋나고, 비늘줄기는 5~6개의 작은 마늘쪽으로 되어 있고 얇은 껍질에 싸여 있다. 꽃은 7월에 꽃대 끝에서 둥글게 연한 자주색으로 피고, 열매는 맺지 않는다.

┃작용┃ 항암 작용 · 항균 작용 · 항진균 작용 · 강심 작용 **┃효능┃** 주로 순환계 · 운동계 질환에 효험이 있다. 감기 · 신경통 · 동맥 경화 · 고혈압 · 치질 · 변비 · 곽란 · 암 · 면역력 강화 · 스태미나 강화 · 해독 · 냉증 · 구충

마늘은 미국 암센터에서 권장하는 항암식품 1위다. 강력한 화합물인 '알리신(allicin)'과 혈전을 용해하는 '트롬복산'이 있고, 알리신의 항균력은 페니실린의 약 100배나 된다. 마늘은 식용, 약용으로 가치가 높다. 식용과 양념으로 쓴다. 몸을 따뜻하게 하여 말초 혈관을 확장시켜 주고 면역력을 강화해 준다. 한방에서 면역력 강화에 다른 약재와 처방한다. 식초 만들 때는 마늘 10%+천연현미식초 90%를 용기에 넣고 한달 동안 숙성시킨다

이용법

- 스태미너 강화-마늘 20개+검은 참깨 한 되+꿀을 배합하여 가루 내어 환으로 만들어 하루 3번 식후에 20~30개씩 먹는다.
- 탈모증 · 티눈-껍질을 벗긴 마늘을 으깨어 즙을 내어 하루에 3번 이상 환부에 바른다.

동맥경화·혈액순환·불면증에 효능이 있는 **양파**

생약명: 옥총(玉蔥)−자줏빛이 도는 갈색의 껍질을 말린 것 약성: 따뜻하고 맵다 이용 부위: 자줏빛이 도는 갈색의 껍질 1회 사용량: 적당량 독성: 없다

생육 특성

양파는 백합과의 두해살이풀로 높이는 50~100cm 정도이고, 잎은 가늘고 긴데 속이 빈 원기둥의 모양이며 파처럼 생겼다. 꽃 줄기는 원기둥 모양이며 아래쪽이 부풀어 있으며 그 밑에 2~3개의 잎이 달린다. 잎은 꽃이 필 때 대개 말라 버린다. 꽃은 9월에 잎 사이에서 나온 꽃줄기 끝에 산형 꽃차례를 이루며 둥글게 흰색으로 핀다. 수술은 6개이고 암술은 1개이다.

| 작용 | 혈압 강하 작용 · 항염 작용 | 효능 | 주로 뇌기능 장애 및 혈관병에 효험이 있다. 암 · 동맥 경화 · 고혈압 · 혈액 순환 · 치매 예방 · 파킨슨 · 뇌혈관 · 불면증 · 원기부족

양파는 서양에서 건너온 파와 비슷한 식물이라 하여 '양파'라 부른다. 양파는 식용, 약용으로 가치가 높다. 양파의 배당체에는 혈액의 유해 물질을 제거하여 동맥 경화와 고혈압을 예방하고 피로를 해소해 준다. 양파껍질에는 노화를 일으키고 피로 물질이 쌓이게 하는 활성산소를 제거한다. 항산화 영양소인 플라보노이드가 알갱이에 30~40배가 들어 있어 노인성 치매와 파킨슨병 등 뇌혈관 질환을 예방해 준다.

이용법

- 고혈압−자줏빛이 도는 종이처럼 얇은 막질을 채취하여 물에 달여 대용차처럼 마신다.
- 혈전을 제거하고자 할 때 · 피를 맑게 할 때−양파를 생으로 먹거나 음식을 만들어 먹는다.

내 몸을 살리는 약초

냉증·소화불량·생선중독에 효능이 있는 **생강**

생약명: 생강(生薑)·선생강(鮮生薑)—생뿌리줄기, 건강(乾薑)—뿌리줄기를 말린 것, 포강(炮薑)—생강을 불에 구운 것 **약성:** 따뜻하고 맵다 **이용 부위:** 뿌리줄기 **1회 사용량:** 덩이줄기 3~6g **독성:** 없다 **금기 보완:** 복용 중에 당귀·현삼·하눌타리를 금한다

생육 특성

생강은 생강과의 여러해살이풀로 높이는 30~50cm 정도이고, 잎은 좁고 길며 어긋나고, 줄기가 곧게 자란다. 뿌리줄기는 연한 노란색으로 울퉁불퉁한 마디가 있다. 독특한 향기와 매운맛이 있다. 우리나라에서는 꽃이 피지 않는다. 열대 지방에서는 꽃은 6월에 꽃줄기 끝에 연한 노란색으로 피고, 열매는 10월에 긴 타원형으로 붉은색으로 여문다.

| **작용** | 항균 작용·살균 작용·건위 작용·해열 작용 **효능** | 주로 건위제·호흡기·소화기 질환에 효험이 있다. 냉증·대하증·관절통·천남성과 반하의 중독·생선중독·담식·소화불량·복통·비염

생강은 한여름의 가장 뜨거운 양기(陽氣)를 받는다 하여 '생강'이라 부른다. 생강은 식용, 약용으로 가치가 높다. 매운맛과 향긋해 양념으로 쓰이고 생선, 고기의 냄새를 없애는 데 사용한다. 카레, 소스의 원료와 향신료의 주재료로 쓴다. 건강은 생강을 물에 담갔다 말린 것이고, 흑강은 검게 될 때까지 불에 구운 것이고, 건생강은 캐서 볕에 말린 것이다. 전북 완주군 봉동 생강을 최고로 친다.

이용법

- 만성위염—생강을 4g을 캐서 물로 씻고 적당한 크기로 잘라 물에 달여서 마신다.
- 감기—생강을 믹서기에 갈아서 천일염 1스푼을 섞어 하루에 3번 나누어 마신다.

고혈압·이질·야뇨증에 효능이 있는 **연꽃**

생약명: 연실(蓮實)—익은 씨를 말린 것, 연근(蓮根)—뿌리줄기를 말린 것, 연화(蓮花)—꽃봉리를 말린 것 **약성:** 평온하고 달고 떫다 **이용 부위:** 씨·뿌리줄기·꽃 **1회 사용량:** 씨 2~4g, 뿌리 20~35g **독성:** 없다 **금기 보완:** 지황(생지황·건지황·숙지황), 마늘을 금한다

생육 특성

연꽃은 연꽃과의 여러해살이풀(수생식물)로 높이는 1~2m 정도이고, 잎은 뿌리줄기에서 나와 물 위에 높이 솟고 둥글며 지름은 약 40cm 정도이고 백록색이다. 가장자리가 밋밋하다. 잎은 물에 젖지 않는다. 꽃은 7~8월에 꽃자루 끝에 1개씩 연한 분홍색 또는 흰색으로 피고, 열매는 9~10월에 타원형의 흑색 견과로 여문다. 씨는 꽃턱의 구멍이 들어 있다.

| **작용** | 혈압 강하 작용·혈당 강하 작용 | **효능** | 주로 신신경계·순환계·인비인후과질환에 효험이 있다. 강심제·강정제·불면증·유정·조루·폐결핵·축농증·설사·이질·야뇨증·고혈압·당뇨병·대하증·방광염·변비·부인병·비염

연꽃이 진흙 속에서도 아름다운 꽃을 피운다 하여 "연꽃"이라 부른다. 연꽃은 식용, 약용, 관상용으로 가치가 높다. 뿌리를 연근, 열매인 연밥, 꽃, 잎, 줄기를 먹는다. 한방에서는 말린 씨로 순환기계와 신경기계 질환에 다른 약재와 처방한다. 약으로 쓸 때는 탕으로 쓰거나 환제나 산제 또는 증기에 쪄서 사용하며, 술에 담가 마신다.

이용법

• 당뇨병—말린 열매 6~15g을 물에 달여 하루 3번 나누어 복용한다.
• 야뇨증—말린 잎을 10g을 물에 달여 하루에 3번 나누어 복용한다.

내 몸을 살리는 약초

치질·대하증·음낭습진에 효능이 있는 부들

생약명: 포황(蒲黃)—수꽃의 꽃가루 **약성**: 평온하고 달다 **이용 부위**: 꽃가루 **1회 사용량**: 꽃가루 4~6g **독성**: 없다

생육 특성

부들은 부들과의 여러해살이풀로 높이는 1m 정도이고, 잎은 가늘고 길며 좁은 선형으로 가장자리가 밋밋하고, 밑부분이 원줄기를 완전히 둘러싼다. 꽃은 6~7월에 꽃잎이 없어 꽃줄기 끝에 원기둥 모양의 육수화서로 달려 윗부분에 노란색으로 피고, 열매는 10월에 긴 타원형으로 여문다.

| **작용** | 지혈 작용 | **효능** | 주로 부인과 · 비뇨기과 · 순환계 질환에 효험이 있다. 음낭 습진 · 악성 종기 · 장출혈 · 토혈 · 복통 · 어혈 · 코피 · 자궁 출혈 · 혈변 · 대하증 · 요도염 · 구창

꽃가루받이가 일어날 때 부들부들하다는 뜻에서 '부들'이라 부른다. 부들은 물에서 살지만 뿌리만 진흙에 박고 있을 뿐 잎과 꽃줄기는 물 밖으로 드러나 있다. 부들은 식용, 약용, 관상용으로 가치가 높다. 한방에서 꽃가루를 지혈제로 쓴다. 약초 만들때는 여름에 꽃이 필 때 꽃을 잘라 햇볕에 말려서 꽃가루를 털어서 그대로 쓰거나 불에 검게 태워서 포황탄을 만들어 쓴다.

이용법

• 음낭 습진 · 악성 종기—꽃가루를 가루 내어 환부에 뿌리거나 기름에 개어서 환부에 바른다.
• 이루(耳漏) · 음하 습양 · 장 출혈 · 토혈—꽃가루 4~6g을 물에 달여 하루 3번 나누어 복용한다.

숙변·비만·당뇨병에 효능이 있는 **함초**

생약명 | 퉁퉁마디(鹹草)·해봉자(海蓬子)—마디를 말린 것 **약성:** 짜다 **이용 부위:** 마디 **1회 사용량:** 마디 20~30g **독성:** 없다

생육 특성

함초는 명아주과의 한해살이풀로 높이는 10~30cm 정도이고 전체가 녹색이고 가을에 붉은 빛을 띠는 자주색으로 변한다. 잎은 없고 두꺼운 줄기에 가지가 마주 나고 마디가 퉁퉁하게 튀어 나온다. 꽃은 4월에 녹색, 6월에 노란색, 8~9월에 붉은색, 10월에는 갈색으로 변하고, 마디 사이의 오목한 곳에서 3송이씩 피고, 열매는 10월에 납작한 달걀 모양으로 여문다.

| 작용 | 혈당 강하 작용 **| 효능 |** 주로 면역계 및 소화계 질환에 효험이 있다. 숙변 제거 · 비만 · 면역력 · 당뇨병 · 소화불량 · 위염 · 위궤양 · 변비

　함초(鹹草)는 바다 갯벌에서 자생하기 때문에 '갯벌의 산삼', 잎이 없이 마디마디가 퉁퉁하게 불룩 튀어오르므로 '퉁퉁마디', 몸시 짜다 하여 '염초(鹽草)', 전체의 모양이 산호를 닮았다 하여 '산호초'라 부른다. 함초는 식용, 약용으로 가치가 높다. 퉁퉁마디를 나물로 먹는다. 함초에는 미네랄, 사포닌, 아미노산, 타우린을 함유하고 있다. 한방에서 숙변, 소화기 질환에 다른 약재와 처방한다. 약초 만들 때는 4월에서 10월까지 퉁퉁마디를 채취하여 햇볕에 말려 쓴다.

이용법

- 비만—생함초를 물로 씻고 물기를 뺀 다음 용기나 용기에 넣고 재료의 양만큼 설탕을 붓고 100일 정도 발효시킨 후에 발효액 1에 찬물 3을 희석해서 장복한다.
- 소화불량—생함초를 짓찧어 즙을 내서 마신다.

내 몸을 살리는 약초

소화기 질환·고혈압·기관지염에 효능이 있는 # 석창포

생약명: 석창포(石菖蒲)–뿌리줄기를 말린 것 약성: 따뜻하고 맵다 이용 부위: 뿌리줄기 1회 사용량: 뿌리줄기 2~5g 독성: 없다 금기 보완: 구토와 메스꺼움이 있을 때는 복용하지 않는다

생육 특성

석창포는 천남성과의 여러해살이풀로 높이는 30~50cm 정도이고, 물가 바위에서 붙어서 자라고 잎은 뿌리에서 모여 나고 긴 칼 모양이며 가장자리는 밋밋하다. 꽃은 6~7월에 꽃줄기 옆에 수상 꽃차례를 이루며 연한 노란색으로 피고, 열매는 9~10월에 둥근 삭과로 여문다.

| 작용 | 혈압 강하 작용 **| 효능 |** 주로 피부과 및 소화기 질환에 효험이 있다. 암 · 종기 · 악창 · 고혈압 · 건망증 · 장염 · 이질 · 간질병 · 기침 · 기관지염 · 정신불안 · 소화 불량 · 가슴 두근거림 · 조발

석창포는 단오에 여인들이 향기가 있어 머리를 감았다. 물가의 바위에 붙어서 자란다 하여 '석창포(石菖蒲)', 물 속에서 자라는 잎의 모양이 검을 닮아서 '수검(水劍)'이라 부른다. 석창포는 약용, 관상용으로 가치가 높다. 한방에서 소화기 질환에 다른 약재와 처방한다. 석창포로 차 만들 때는 창포 10g을 잘게 썰어 물 2리터에 넣고 약한 불에서 오랫동안 달여 꿀을 타서 마신다. 약초 만들 때는 8~10월에 뿌리줄기를 캐서 물에 씻어 비늘잎과 잔뿌리를 제거하고 햇볕에 말려 쓴다.

이용법

• 종기 · 악창–말린 뿌리를 달인 물로 환부를 닦아 내거나 가루를 내어 기름으로 개어서 환부에 바른다.
• 피부를 윤택하고자 할 때–욕조에 석창포를 넣고 입욕제 목욕을 한다.

혈액순환·소화불량·신진대사에 효능이 있는 **원추리**

생약명: 금침채(金針菜)—꽃봉오리를 말린 것, 훤초근(萱草根)—뿌리를 말린 것 **약성**: 달고 서늘하다 **이용 부위**: 꽃봉오리·뿌리 **1회 사용량**: 뿌리 4~6g **독성**: 없다 **금기 보완**: 어린순은 먹을 수 있지만 꽃이 필 때 잎에는 독이 있어 먹지 않는다. 말린 잎을 4g 초과해서 사용하지 않는다

생육 특성

원추리는 백합과의 여러해살이풀로 높이는 1m 정도이고, 잎은 2줄로 마주 나고 길며 밑이 서로 감싸고 있다. 꽃은 7~8월에 노란색으로 피고, 잎 사이에서 나온 꽃줄기 끝에 6~8 송이가 피고, 열매는 10월에 삭과가 여문다. 뿌리에는 살찐 노란색 덩어리가 있다.

작용 | 이뇨 작용 **효능** | 주로 신진대사·혈액 순환·소화기 질에 효험이 있다. 이뇨·소변 불리·배뇨곤란·대하·황달·비출혈·혈변·변비·월경불순·유선염·시력 감퇴

원추리는 근심을 잊게 한다 하여 '망우초', 마음을 안정시켜 준다 하여 '원추리', 지난해 나온 잎이 마른 채로 새순이 나올 때까지 남아 있어 마치 어린 자식을 보호하는 어미와 같다 하여 '모예초', 임신한 부인이 몸에 지니고 있으면 아들을 낳는다 하여 '의남초', 사슴이 먹는 해독초라 하여 '녹총', 어머니가 거처하는 집에 원추리를 심었다 하여 '훤초'라 부른다. 원추리는 식용, 약용, 관상용으로 가치가 높다. 산나물로 먹을 때는 봄에 어린잎을 끓는 물에 살짝 데쳐 나물로 먹거나 뿌리는 생으로 먹는다. 약초 만들 때는 여름에 꽃봉오리를 통째로 따서 뜨거운 물에 잠깐 담근 후에, 가을에 뿌리를 캐어 잔뿌리를 제거한 후 햇볕에 말려 쓴다.

이용법

• 코피가 날 때–생뿌리를 짓찧어 즙을 내서 콧속에 면봉으로 닦아내거나 즙을 복용한다.
• 소변이 불리할 때–약재 뿌리 4~6g을 물에 달여 하루 3번 나누어 복용한다.

내 몸을 살리는 약초

면역력·암(혈액·림프종)에 효능이 있고 혈액을 정화해 주는 **천년초**

생약명: 천년초(千年草)-잎과 줄기를 말린 것(제주도의 백년초와 다르다) **약성:** 따뜻하고 달다 **이용 부위:** 잎과 줄기 **1회 사용량:** 잎과 줄기 5~10g **독성:** 없다

생육 특성

천년초는 선인장과의 여러해살이풀로 높이는 30cm 정도이고, 잎은 줄기에 촘촘히 붙어 나고 긴 피침형 모양으로 가죽질이다. 잎과 줄기에는 가는 가시가 있다. 꽃은 6월에 줄기 끝에 노란색으로 피고, 열매는 8월에 여문다.

| **작용** | 항암 작용, 항균 작용, 항염증 작용 | **효능** | 주로 혈관계 및 순환기 질환,에 효험이 있다 림프성 혈액암 · 비염 · 변비 · 천식 · 아토피 · 고혈압 · 당뇨병 · 동맥 경화 · 골다공증

천년초는 섭씨 40도가 넘는 여름철 더위에도, 영하 20도의 한겨울 눈보라 속에서도 살아남을 정도로 생명력이 강하다. 우리 조상은 천년초의 나이를 알 수 없어 "불로초(不老草)", 뿌리에서 인삼 냄새가 난다고 하여 "태삼(太蔘)", 제주도에서는 손바닥 모양을 닮았다 하여 "손바닥 선인장"이라 부른다. 천년초는 식용과 약으로 가치가 높다. 한방에서 혈액암에 다른 약재와 처방한다. 약초 만들 때는 꽃봉오리를 따서 그늘에, 꽃이 피기 전에 잎과 줄기를 통째로 채취하여 햇볕에 말려 쓴다.

이용법

· 살이 벤 곳이나 가려울 때-줄기를 짓찧어 환부에 바른다.
· 림프성혈액암 · 혈관병 · 동맥경화 · 아토피 · 비염-봄에 잎과 줄기를 채취하여 가시를 제거한 후에 물로 씻고 물기를 뺀 다음 적당한 크기로 잘라 용기에 넣고 재료의 양만큼 설탕을 붓고 100일 이상 발효시킨 후에 발효액 1에 찬물 3을 희석해서 장복한다.

간·어혈·종기에 효능이 있는 # 엉겅퀴

생약명: 대계(大薊)─전초를 말린 것 약성: 서늘하고 쓰고 약간 달다 이용 부위: 전초, 뿌리 1회 사용량: 전초 10~20g, 뿌리 5~7g 독성: 없다

생육 특성

엉겅퀴는 국화과의 여러해살이풀로 높이는 50~100cm 정도이고, 줄기는 곧게 서고 거미줄 같은 흰색 털이 있고, 잎에는 털과 가시가 있고 가장자리에 톱니와 가시가 있다. 꽃은 6~8월에 줄기와 가지 끝에서 자주색·붉은색·흰색으로 줄기 끝에 1 송이씩 피고, 열매는 10월에 긴 타원형의 수과로 여문다.

| 작용 | 항균 작용·혈압 강하 작용 **| 효능 |** 주로 신진 대사·혈증 질환·운동계에 질환에 효험이 있다. 어혈·고혈압·원기회복·신장염·월경 출혈·대하

엉겅퀴는 들보다는 산에서 붉은색으로 꽃이 핀다 하여 '산우엉이' 또는 '야홍화(野紅花)', 새싹이 호랑이의 발톱을 닮았다 하여 '대계', 잎의 톱니가 모두 가시로 되어 있어 '가시나물'이라 부른다. 엉겅퀴는 식용, 약용, 밀원용, 관상용으로 가치가 높다. 엉겅퀴 배당체에는 플라보노이드, 알칼로이드, 수지·이눌린 성분이 함유되어 있다. 엉겅퀴 동동주 만들 때는 말린 잎 500g+말린 뿌리 250g+꽃 100g을 물 10리터에 넣고 3시간 이상 끓여 추출액을 만든 후에 5kg 정도의 찹쌀밥에 누룩 1kg을 넣고 잘치대며 혼합하여 10일 이상 발효시킨다.

이용법

• 근육의 타박상이나 응어리를 풀고자 할 때─욕조에 전초와 뿌리를 통째로 넣고 우린 물로 목욕을 한다.
• 외이염─엉겅퀴의 뿌리를 캐서 물로 씻고 짓찧어 즙을 내서 솜에 싸서 귓속에 밀어 넣는다.

내 몸을 살리는 약초

구충·신경계·피부소양에 효능이 있는 고사리

생약명: 해주골쇄보(海州骨碎補)—뿌리줄기를 말린 것 **약성:** 따뜻하고 쓰다 **이용 부위:** 뿌리줄기 **1회 사용량:** 뿌리줄기 10~15g **독성:** 미량의 독이 있어 하룻밤 물 속에 담근 후 삶아야 한다 **금기 보완:** 남자가 20일 이상 장복하면 양기가 빠진다 · 기준량 이상 사용을 금한다

생육 특성

고사릿과의 양치식물(상록 여러해살이풀)로 높이는 50~100cm 정도이고, 뿌리줄기에서 잎이 뭉쳐 나와 낫 모양으로 굽어 끝이 날카롭게 뾰쪽하고 가장자리에 톱니가 있다. 포자는 5~6월에 포자 잎에 갈색의 포자주머니 무리가 달린다. 포막은 둥근 신장 모양이며 털이 없고 밋밋하다.

ㅣ작용ㅣ 항염 작용 **ㅣ효능ㅣ** 주로 피부 외과 질환 · 신경계 질환에 효험이 있다. 관절염 · 구충(회충) · 어혈 · 화상 · 타박상 · 피부소양증

중국 이시진이 저술한 『본초강목』에 "고사리는 음력 2~5월에 싹이 나 어린이의 주먹 모양과 같은데 펴지면 봉황새의 꼬리와 같다"고 기록돼 있다. 고사리와 고비를 구분 할 때는 고사리는 한 뿌리에서 한 줄기가 자라고, 고비는 한 뿌리에서 여러 줄기가 나온다. 고사리는 식용, 약용으로 가치가 높다. 산나물은 봄에 어린순을 따서 하룻밤 물에 담가 독을 제거한 후에 나물로 먹는다. 고사리는 여자, 고비는 남자에게 좋은 것으로 알려져 있다.

이용법

• 피부소양증—말린 뿌리 8~10g을 물에 달여 하루에 3번 나누어 복용한다.
• 위장병—말린 전초 5g을 달여 하루 3번 나누어 복용한다.

만성 위장병·소화 불량·복통에 효능이 있는 **삽주**

생약명: 창출(蒼朮)−껍질을 벗겨 내지 않은 묵은 뿌리를 말린 것, 백출(白朮)−껍질을 벗겨 낸 햇뿌리를 말린 것 **약성:** 따뜻하고 쓰고 맵다 **이용 부위:** 뿌리줄기 **1회 사용량:** 뿌리줄기 4~5g **독성:** 없다 **금기 보완:** 진액이 부족하고 열이 있는 환자 · 복용 중 복숭아 · 자두를 금한다

생육 특성

삽주는 국화과의 여러해살이풀로 높이는 30~100cm 정도이고, 뿌리에서 나온 잎은 꽃이 필 때 시들고 어긋나고, 잎자루는 없고 줄기 밑부분의 잎은 깃꼴로 깊게 갈라지지만 윗부분의 잎은 갈라지지 않는다. 줄기는 곧게 서고 윗부분에서 가지가 갈라진다. 꽃은 7~10월에 줄기 끝에서 1 송이씩 흰색 또는 연한 분홍색으로 피고, 열매는 10~11월에 긴 타원형으로 여문다.

| 작용 | 혈압 강하 작용 **| 효능 |** 주로 건위제 · 소화기 질환에 효험이 있다. 백출(비위기약 · 소화 불량 · 식욕 부진 · 황달 · 관절염), 창출(습성곤비 · 감기 · 구토 · 야맹증 · 담음), 백출은 위장병 · 고혈압 · 과민성 대장증후군 · 과식 · 관절염 · 대하증 · 식적창만 · 식체(가물치)

삽주의 뿌리가 위장에 좋다 하여 "창출 또는 백출"이라 부른다. 조선시대 의학서인 『향약집성방』에서 "삽주 뿌리를 갈아 차로 마셨다"고 기록돼 있다. 삽주는 식용, 약용으로 가치가 높다. 어린싹은 나물로 먹는다. 한방에서 뿌리를 잘 낫지 않는 만성위장병이나 복통 증상에 다른 약재와 처방한다. 약초 만들 때는 봄 또는 가을에 삽주 덩이뿌리를 캐서 잔뿌리를 제거하고 겉껍질을 제거한 후 햇볕에 말려서 쓰거나 그대로 말려 쓴다. 뿌리줄기를 건조시킨 것이 창출(蒼朮)이고, 어린 뿌리 껍질을 벗긴 것이 백출(白朮)이다.

이용법

- 소화 불량−뿌리를 캐서 말린 후에 썰어서 가루 내어 찹쌀과 배합하여 환을 만들어 하루에 3번 식후에 30~40개씩 복용한다.
- 위장병−말린 뿌리줄기 4~5g을 물에 달여 하루 3번 나누어 복용한다.

내 몸을 살리는 약초

제3장

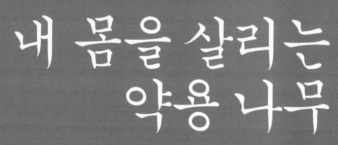

내 몸을 살리는 약용 나무

인후염·당뇨병·고혈압에 효능이 있는 오미자나무

생약명: 오미자(五味子)-익은 열매를 말린 것 약성: 따뜻하고 시고 맵고 쓰고 달고 떫다 이용 부위: 열매 1회
사용량: 열매 5～7g 독성: 없다 금기 보완: 신맛이 강하여 과다하게 복용하면 기혈이 울체된다

생육 특성

오미자나무는 목련과의 갈잎떨기나무로 길이는 5～9m 정도이고, 잎은 어긋나고 달걀 모양이며 가장자리에 톱니가 있다. 줄기는 다른 물체를 감고 올라간다. 꽃은 6～7월에 새 가지의 잎 겨드랑이에 한 송이씩 흰색 또는 붉은빛이 도는 연한 노란색으로 피고, 열매는 8～9월에 둥근 장과로 여문다.

| 작용 | 혈압 강하 작용·혈당 강하 작용 | 효능 | 주로 순환기계·호흡기계 질환에 효험이 있다. 당뇨병·고혈압·기관지염·인후염·동맥경화·빈뇨증·설사·소변불통·식체·신우신염·양기부족·음위·저혈압·조루·해수·천식·탈모증·허약 체질·권태증·해열

오미자 열매에는 신맛, 단맛, 짠맛, 매운맛, 쓴맛 등 다섯 가지 맛이 있다 하여 "오미자"라 부른다. 오미자는 식용, 약용, 관상용으로 가치가 높다. 어린순은 나물로, 열매는 화채로 먹는다. 열매와 과육은 시고, 껍질은 달며, 씨는 맵고 쓰면서 짠맛까지 난다. 한방에서 순환계 질환에 다른 약재와 처방한다. 약초 만들 때는 가을에 익은 열매를 따서 햇볕에 말려 쓴다.

내 몸을 살리는 약용 나무

이용법

• 해수·천식-오미자 열매 10g+탱자나무 열매 5개를 물에 넣고 달여 하루 3번 나누어 복용한다.
• 당뇨병·인후염-말린 열매 10g을 물에 달여 대용차로 마신다.

고혈압·당뇨병·자양강장에 효능이 있는 # 구기자나무

생약명: 구기자(枸杞子)-익은 열매를 말린 것·지골피(地骨皮)-뿌리껍질을 말린 것·구기엽(枸杞葉)-잎을 말린 것 **약성:** 평온하고 달다 **이용 부위:** 잎·열매·뿌리줄기 **1회 사용량:** 잎·줄기·뿌리 3~8g, 열매 3~6g **독성:** 없다 **금기 보완:** 위장이 약하거나 설사를 자주 하는 사람은 먹지 않는다

생육 특성

구기자나무는 가짓과의 낙엽활엽관목으로 높이는 1~2m 정도이고, 잎은 어긋나고 위쪽에서 3~6개씩 뭉쳐난다. 달걀꼴로 털은 없고 끝이 뾰쪽하고 가장자리는 밋밋하다. 줄기는 다른 물체에 기대어 비스듬히 서고 끝이 늘어진다. 꽃은 6~9월에 잎 겨드랑이에 1~4송이씩 자주색 종 모양으로 피고, 열매는 8~9월에 타원형의 장과로 여문다.

| 작용 | 혈당 강하 작용·혈압 강하 작용 **| 효능 |** 주로 면역력·신진대사·신경계 질환에 효험이 있다. 열매는 당뇨병·음위증·요통·오슬무력·마른 기침, 뿌리껍질은 기침·고혈압·토혈·혈뇨·결핵

　구기자의 열매의 모양과 색깔이 예쁘고 작아서 '괴좃나무', 늙지 않게 한다 하여 '각로(却老)'라 부른다. 중국『전통 의서』에 "구기자를 매일 상복하면 병약자가 건강해지고 정력이 증강되고 불로장수(不老長壽)의 선약(仙藥)"으로 기록돼 있다. 구기자는 식용, 약용, 관상용으로 가치가 높다. 어린잎은 나물로 먹고, 열매는 차를 마신다. 한방에서 면역력 강화에 다른 약재와 처방한다. 약초 만들 때는 가을에 익은 열매를 따서 햇볕에, 봄 또는 가을에 뿌리를 캐서 물에 씻고 껍질을 벗겨 감초탕에 담가 썰어서 햇볕에 말려 쓴다.

이용법

- 당뇨병-가지를 채취하여 잘게 썰어서 물에 달여 수시로 대용차로 마신다.
- 치통-말린 뿌리 한줌에 식초를 넣고 달인 물로 입 안에서 가글을 하거나 양치질을 한다.

내 몸을 살리는 약용 나무

암·고혈압·당뇨병에 효능이 있는 **꾸지뽕나무**

생약명: 자목(柘木)—뿌리를 말린 것 **약성:** 평온하고 달다 **이용 부위:** 뿌리 **1회 사용량:** 뿌리줄기 30~40g **독성:** 없다

생육 특성

꾸지뽕나무는 뽕나뭇과의 낙엽활목소교목으로 높이는 8m 정도이고, 잎은 3갈래로 갈라진 것은 끝이 둔하고 밑이 둥글다. 달걀꼴인 것은 밑이 둥글고 가장자리가 밋밋하다. 꽃은 암수 딴 그루로 5~6월에 두상 꽃차례를 이루며 연노란색으로 피고, 열매는 9~10월에 둥글게 적색의 수과로 여문다.

|작용| 항암 작용 · 혈압 강하 작용, 혈당 강하 작용 **|효능|** 주로 운동계 및 순환계 질환에 효험이 있다, 면역력강화 · 당뇨병 · 고혈압 · 자양강장 · 관절통 · 요통 · 타박상 · 진통 · 해열

토종 꾸지뽕나무는 가지에 가시가 있지만 뽕나무와 비슷하다고 하여 "꾸지뽕나무"라 부른다. 조선 시대 허준이 저술한『동의보감』, 중국 이시진이 저술한『본초강목』·『식물본초』·『생초약성비요』·『전통 의서』에 그 효능이 기록돼 있다. 꾸지뽕나무는 식용, 약용로 가치가 높다. 꾸지뽕나무는 식용, 약용으로 기치가 높다. 꾸지뽕 육수 만들 때는 꾸지뽕 육수 만들 때는 꾸지뽕(말린 잎 · 가지 · 뿌리)+당귀+음나무+두충+대추+오가피+황기를 넣고 하루 이상 달인 물로 육수를 만들어 탕과 고기에 재어 먹는다. 꾸지뽕에는 식물의 자기 방어 물질인 플라보노이드가 함유되어 있어 면역력과 강력한 항균 및 항염 효과가 있다.

이용법

- 고혈압 · 당뇨병—잎 · 줄기 · 뿌리 약재 각 10g을 물에 달여 복용한다.
- 위암 · 식도암—뿌리 속 껍질 20g을 식초에 담근 후에 하루에 3번 나누어 복용한다.

내 몸을 살리는 약용 나무

관절염·근골·간에 효능이 있는 가시오갈피

생약명: 자오가(刺五加)-뿌리 또는 줄기의 껍질을 말린 것 **약성:** 따뜻하고 맵고 쓰다 **이용 부위:** 가지·뿌리껍질 **1회 사용량:** 가지·뿌리껍질 5~8g **독성:** 없다 **금기 보완:** 고혈압이나 심장병 환자는 장복을 하지 않는다

생육 특성

가시오갈피는 두릅나뭇과의 낙엽활엽관목으로 높이는 2~3m 정도이고, 잎은 어긋나고 손바닥 모양의 겹잎이고, 잎의 가장자리에 날카로운 톱니가 있다. 잎자루 밑에 솜털 같은 작은 가지가 많다. 꽃은 7월에 가지 끝에 모여 산형화서로 자황색으로 피고, 열매는 10월에 둥근 핵과로 여문다.

|작용| 혈당 강하 작용 **|효능|** 주로 순환계·신경계·운동계 질환에 효험이 있다, 신체허약·면역·당뇨병·동맥경화·저혈압·관절염·요통·심근염·신경통·위암·악성 종양·육체적피로

조선 시대 허준이 저술한 『동의보감』에 오가피를 '삼(蔘)' 중에서도 으뜸이라 하여 '천삼(天蔘)'이라 했고, 오갈피(五加皮)의 학명은 아칸토파낙스(Acanthopanax)다. 만병을 치료하는 '가시나무'라는 뜻이다. 중국의 이시진이 저술한 『본초강목』에 "한 줌의 오가피를 얻으니 한 수레의 황금을 얻는 것보다 낫다"라고 기록돼 있다. 가시오갈피는 식용, 약용으로 가치가 높다. 한방에서 신체허약에 다른 약재와 처방한다. 약초를 만들 때는 꽃·잎·열매·줄기·뿌리 모두를 쓴다.

이용법

- 관절염·요통-말린 약재를 5~10g 물에 달여 하루 3번 나누어 복용한다.
- 노화방지·면역력 증강-가을에 검은 열매를 따서 이물질을 제거한 후 마르기 전에 용기에 넣고 재료의 양만큼 설탕을 붓고 100일 정도 발효시킨 후에 발효액 1에 찬물 3을 희석해서 장복한다.

내 몸을 살리는 약용 나무

관절염·당뇨병·근골 강화에 효능이 있는 **오갈피나무**

생약명: 오가피(五加皮)—줄기와 뿌리를 말린 것 **약성:** 따뜻하고 맵다 **이용 부위:** 가지·뿌리 **1회 사용량:** 가지·뿌리껍질 5〜10g **독성:** 없다 **금기 보완:** 복용 중 현삼은 금한다

생육 특성

오가피나무는 두릅나뭇과의 낙엽활엽관목으로 높이는 3〜4m 정도이고, 잎은 어긋나고 손바닥 모양의 겹잎이다. 작은 잎은 3〜5개이며 달걀꼴을 닮은 타원형으로 끝이 점차 뾰쪽해지고 가장자리에 자잘한 겹톱니가 있다. 꽃은 8〜9월에 가지 끝에 산형 꽃차례의 자주색으로 피고, 열매는 10월에 편평한 타원형의 핵과로 여문다.

│작용│ 혈당 강하 작용·혈압 강하 작용·해열 작용·진통 작용 **│효능│** 주로 순환계·신경계·운동계 질환에 효험이 있다. 근골·보간신(補肝腎)·강장보호·관절염·당뇨병·동맥경화·진통·암·근골 강화·치통

조선 시대 허준이 저술한 『동의보감』에 "오가피를 하늘의 선약(仙藥)",이라 했고, 잎이 5개여서 "오가피"라 부른다. 오가피는 식용, 약용, 관상용으로 가치가 높다. 어린순은 나물로 먹는다. 한방에서 면역력을 강화해 주는 리그산(Lysine)과 관절염에 좋은 시안노사이드(Cyanoside) 배당체가 함유돼 있어 면역력과 관절염에 다른 약재와 처방한다. 약초를 만들 때는 꽃·잎·줄기·열매·뿌리 모두를 쓴다.

이용법

- 당뇨병—말린 줄기와 뿌리 각 10g을 물에 달여 하루 3번 나누어 복용한다.
- 무릎 통증·요통—10월에 검게 익은 열매를 채취하여 용기에 넣고 19도의 소주를 부어 밀봉하여 3개월 후에 식사할 때나 잠들기 전에 한두 잔 마신다.

강장 보호·관절염·당뇨병에 효능이 있는 **섬오가피**

생약명: 오가피(五加皮)—줄기와 뿌리를 말린 것 **약성:** 따뜻하고 맵다 **이용 부위:** 가지 · 뿌리 **1회 사용량:** 가지 · 뿌리껍질 5~8g **독성:** 없다 **금기 보완:** 복용 중에 현삼을 금한다

생육 특성

섬오가피는 두릅나뭇과의 낙엽활엽관목으로 높이는 2~5m 정도이고, 잎은 어긋나고 3~5개의 작은 잎으로 구성된 손바닥 모양의 겹잎이다. 작은 잎은 달걀형 또는 거꾸로 된 댓잎피침형이며 가장자리에 뾰쪽한 톱니가 있다. 꽃은 7~8월에 가지 끝에 산형 꽃차례로 녹색으로 피고, 열매는 10월에 검은색으로 편평한 장과가 여문다.

| **작용** | 항염 작용 · 진통 작용 · 혈당 강하 작용 · 진통 작용 · 혈압 강하 작용 | **효능** | 주로 운동계 · 통증 질환에 효험이 있다. 자양강장 · 류머티즘 · 요통 · 진통 · 중풍 · 창종 · 관절염 · 타박상 · 고혈압 · 당뇨병

섬오가피는 우리나라 토종으로 제주도에서 자생하고 있다. 섬오가피 뿌리에는 아스피린의 5배나 되는 소염 진통 성분이 있다. 섬오가피는 식용, 약용으로 가치가 높다. 방향성이 있어 향기가 난다. 한방에서 관절염, 요통에 다른 약재와 처방한다. 약초 만들 때는 연중 가지와 뿌리를 채취하여 햇볕에 말려 쓴다. 섬오기피 술은 가을에 검게 익은 열매를 따서 적당한 크기로 잘라 용기에 넣고 19도의 소주를 부어 밀봉하여 3개월 후에 마신다.

이용법

- 요통 · 류머티즘—말린 줄기와 뿌리를 각 10g을 물에 달여 복용한다.
- 타박상—생잎을 따서 짓찧어 환부에 붙인다.

내 몸을 살리는 약용 나무

근골동통·골다공증·관절염에 효능이 있는 **호랑가시나무**

생약명: 구골엽(枸骨葉)—잎을 말린 것 **약성:** 평온하고 쓰다 **이용 부위:** 전초 **1회 사용량:** 뿌리·씨 3〜7g **독성:** 없다 **금기 보완:** 임신을 원하는 사람은 복용을 금한다

생육 특성

호랑가시나무는 감탕나뭇과의 상록활엽관목으로 높이는 2〜3m 정도이고, 잎은 어긋나고 타원 모양의 육각형으로 모서리의 끝이 예리한 가시로 되어 있다. 꽃은 암수 딴 그루로 4〜5월에 잎 겨드랑이에 5〜6개씩 모여 산형 꽃차례를 이루며 황록색으로 피고, 열매는 8〜10월에 둥근 핵과로 여문다.

| **작용** | 진통 작용·항염 작용 | **효능** | 주로 운동계및 신경계 질환에 효험에 효험이 있다. 관절염·류머티스 관절염·요슬산통·타박상·해수·신경통·신경성 두통·이명증·요통·정력 감퇴·근골동통·골다공증·강정 보호

호랑가시나무 잎 끝에 호랑이의 발톱 같은 날카롭고 단단한 가시가 달려 있어 '호랑가시나무', 호랑이가 등이 가려울 때 이 가시로 등을 긁는다 하여 '호랑이등긁기나무', 제주도에서는 가시가 많이 달렸다 하여 '가시낭이', 나무가 단단하고 개뼈처럼 생겼다고 해서 '구골목(狗骨木)'이라 부른다. 호랑가시나무는 식용, 약용, 관상용으로 가치가 높다. 한방에서 관절염에 다른 약재와 처방한다. 약초 만들 때는 여름에 잎은 그늘에·가을에 씨앗과 뿌리를 채취하여 햇볕에 말려 쓴다.

이용법

- 관절염·골다공증—말린 전초 10〜20g을 물에 달여 하루에 3번 나누어 복용한다.
- 해수·천식—씨 3〜7g을 물에 달여 하루 3회 나누어 복용한다.

내 몸을 살리는 약용 나무

142

면역·동맥 경화·암에 효능이 있는 # 겨우살이

생약명: 기생목(寄生木)·상기생(桑寄生)·조산백(照山白)—잎과 뿌리줄기를 말린 것 **약성:** 평온하고 쓰고 달다 **이용 부위:** 잎과 뿌리줄기 **1회 사용량:** 전체 6~9g **독성:** 없다

생육 특성

겨우살이는 겨우살이과의 상록기생관목으로 참나무·자작나무·밤나무·배나무·신갈나무·오리나무 등에 기생한다. 가지가 새의 둥지같이 둥글게 자라 지름이 1m에 달하는 것도 있다. 잎은 마주나고 댓잎피침형으로 짙은 녹색이고, 끝은 둥글고 가장자리에 톱니가 없다. 두껍고 다육질이며 잎자루는 없다. 꽃은 2~4월에 암수 딴 그루 종 모양으로 가지 끝에 노란색으로 피고, 열매는 10월에 둥글게 여문다.

| **작용** | 항암 작용·혈압 강하·이뇨 작용·항균 작용 | **효능** | 주로 부인과 질환 및 신경계의 통증에 효험이 있다. 암·고혈압·요슬산통·동맥 경화·월경 곤란·나력·심장병

겨우살이가 겨울에도 푸르다 하여 "동청(冬靑)", 겨울을 난다 하여 "겨우살이"라 부른다. 참나무 나뭇가지에 기생하면 "곡기생(槲寄生)", 뽕나무 나뭇가지에 기생하면 "상기생(桑寄生)"이라 부른다. 겨우살이는 식용, 약용으로 가치가 높다. 유럽에서는 1926년부터 겨우살이에서 암 치료 물질을 추출하여 임상에 사용하고 있다. 한방에서 암에 다른 약재와 처방한다. 약초 만들 때는 사계절 내내 가능하나 약효가 가장 좋은 겨울에서 봄에 잎과 줄기를 통째로 채취하여 적당한 크기로 잘라 햇볕에 말려 황금색으로 변하면 쓴다.

이용법

• 암—말린 약재를 1회 4~6g씩 물에 달여 하루 3번 나누어 복용한다.
• 고혈압·동맥 경화—겨울과 봄에 잎과 줄기를 통째로 채취하여 적당한 크기로 잘라 용기에 넣고 소주(19도)를 부어 밀봉하여 3개월 후에 먹는다.

암·고혈압·기관지염에 효능이 있는 **참나무겨우살이**

생약명: 조산백(照山白)-전초와 가지를 말린 것 **약성:** 차고 쓰다 **이용 부위:** 전초 **1회 사용량:** 전체 2～3g **독성:** 미량의 독성이 있기 때문에 복용할 때는 반드시 기준량을 지킨다

생육 특성

참나무겨우살이는 참나뭇과의 상록기생관목으로 높이는 40～60cm 정도이고, 잎은 마주 나거나 어긋나고 넓은 달걀꼴이고 가죽질이다. 밑은 둥글고 끝은 뭉뚝하며 가장자리에 톱니가 없다. 꽃은 9～12월에 잎 겨드랑이에서 나온 2～3개의 꽃자루의 끝에 1개씩 달려 피고, 열매는 겨울이 지나서 타원형의 핵과로 여문다.

| **작용** | 항암 작용 · 진통 작용 · 혈압 강하 작용 **효능** | 주로 암 · 운동계 · 소화기 질환에 효험이 있다. 암 · 강정제 · 고혈압 · 경련 · 골절증 · 기관지염 · 통풍 · 요통 · 현훈증

참나무겨우살이는 참나무, 밤나무, 구실잣밤나무, 동백나무, 후박나무, 생달나무, 배나무의 중간 혹은 끝 가지에 붙어서 기생하며 겉모습이 마치 보리수처럼 생겼다. 참나무겨우살이는 식용, 약용으로 가치가 높다. 잎과 가지는 차로 먹는다. 한방에서 고혈압, 기관지염에 다른 약재와 처방한다. 약초 만들 때는 겨울과 봄에 잎과 줄기를 채취하여 햇볕에 말려 쓴다.

내 몸을 살리는 약용 나무

이용법

- 암-잎과 가지를 햇볕에 말린 후 2～3g을 물에 달여 하루 3번 나누어 복용한다.
- 고혈압-말린 전초를 물에 달여 대용차처럼 마신다.

관절염·당뇨병·염증성 질환에 효능이 있는 # 인동덩굴

생약명: 금은화(金銀花)꽃을 말린 것 · 인동등(忍冬藤)-잎이 붙은 덩굴을 말린 것 **약성:** 차고 달다 **이용 부위:** 꽃 · 잎이 붙은 덩굴 **1회 사용량:** 잎 · 줄기 10~15g **독성:** 없다

생육 특성

인동덩굴은 인동과의 갈잎덩굴나무로 길이는 5m 정도이고, 긴 타원형의 잎이 마주 나며, 가장자리가 밋밋하고 털이 있다. 가지는 붉은 갈색이고 속은 비어 있다. 줄기가 다른 물체를 오른쪽으로 감고 올라간다. 꽃은 5~6월에 잎 겨드랑이에서 2송이씩 흰색으로 피었다가 나중에는 노란색으로 피고, 열매는 9~10월에 검고 둥글게 여문다.

| 작용 | 항균 작용 · 혈당강하 작용 · 항염증 작용 · 백혈구의 탐식 작용을 촉진 · 중추신경 계통의 흥분 작용 **| 효능 |** 주로 비뇨기 · 운동계 · 소화기 질환에 효험이 있다. 꽃(이질 · 장염 · 종기 · 감기 · 나력 · 중독), 덩굴(근골동통 · 소변 불리 · 황달 · 간염 · 종기), 관절염 · 관절통 · 당뇨병 · 대상포진 · 대장염 · 숙취 · 신부정 · 음부 소양증 · 피부염 · 황달 · 위궤양

　인동덩굴은 겨울에 이파리 몇 개로 겨울에도 잘 참고 견딘다 하여 '인동덩굴', 꽃은 '금은화(金銀花)'라 부른다. 인동덩굴은 식용, 약용, 밀원용으로 가치가 높다. 잎은 차로 마시고, 잎과 줄기를 인동이라 하여 약재로 쓴다. 모든 염증성 질환과 체내에 쌓인 독을 풀어준다. 종기 · 부스럼 · 여드름 · 습진 · 땀띠에 좋다. 약초 만들 때는 꽃을 6~7월에 채취하여 그늘에, 가을에 잎과 줄기를 채취하여 햇볕에 말려 쓴다.

이용법

- 황달 · 간염-말린 줄기 덩굴을 4~10g을 물에 달여 하루에 3번 복용한다.
- 어혈 · 종기-말린 꽃이나 잎을 가루 내어 물에 개어서 환부에 바른다.

내 몸을 살리는 약용 나무

145

부종·월경불순·당뇨병에 효능이 있는 **으름덩굴**

생약명: 목통(木通)—줄기를 말린 것, 구월찰(九月札)—열매를 말린 것, 연복자(燕覆子)—말린 씨 **약성:** 평온하고 쓰다 **이용 부위:** 씨·줄기 **1회 사용량:** 줄기 5~7g **독성:** 없다 **금기 보완:** 임산부·설사를 하는 사람, 입과 혀가 마르는 사람은 복용을 금한다

생육 특성

으름덩굴은 으름덩굴과의 낙엽활엽덩굴나무로 길이는 6~8m 정도이고, 새 가지 잎은 어긋나고 묵은 가지에서는 모여 나는 손바닥 모양의 겹잎이다. 작은 잎은 타원형으로 5개씩 모여 달려 손바닥 모양을 이루고 가장자리는 밋밋하다. 줄기는 다른 나무를 감고 올라간다. 꽃은 암수 한 그루로 5월에 잎 겨드랑이에서 총상꽃차례를 이루며 수꽃은 작고 많이 피고, 암꽃은 크고 적게 자줏빛을 띠는 갈색으로 피고, 열매는 10월에 길이 6~10cm의 타원형의 장과로 여문다.

| **작용** | 혈당 강하 작용 | **효능** | 주로 부인과·순환기계·신경기계 질환에 효험이 있다. 부종·신경통·관절염·당뇨병·월경불순·해수·유즙 불통·빈뇨·배뇨 곤란·불면증·이명·진통·창종

산에서 나는 3대 과일은 머루, 다래, 으름이다. 으름덩굴은 열매는 남성을 상징하고, 익으면 껍질이 갈라져 가운데가 벌어지는데 그 모양이 여성의 음부(陰部)와 비슷해 '임하부인'이라 하였다. 으름덩굴은 식용, 약용, 관상용으로 가치가 높다. 어린순은 나물로, 익은 열매의 과육을 먹는다. 검은 씨앗은 기름을 짠다. 한방에서 뿌리껍질은 목통, 줄기를 통초라 하여 순환기 질환에 다른 약재와 처방한다. 약초 만들 때는 봄 또는 가을에 줄기를 잘라 겉껍질을 벗기고 적당한 길이로 잘라 햇볕에 말려 쓴다.

이용법

- 당뇨병·급성 신장염—말린 줄기를 1회 2~6g씩 물에 달여 하루 3번 나누어 복용한다.
- 악창·종기—생잎을 짓찧어 즙을 환부에 붙인다.

내 몸을 살리는 약용 나무

146

통풍·수은중독·금연에 효능이 있는 # 청미래덩굴

생약명: 토복령(土茯苓)−뿌리를 말린 것, 금강엽(金剛葉)−잎을 말린 것, 금강과(金剛果)−열매를 말린 것, 중국에서는 발계(菝葜) **약성:** 평온하고 달다 **이용 부위:** 뿌리·열매 **1회 사용량:** 뿌리 10~20g **독성:** 없다 **금기 보완:** 장복하면 떫은맛이 있어 변비가 생길 수 있다

생육 특성

청미래덩굴은 백합과의 낙엽활엽덩굴나무로 길이는 2~3m 정도이고, 돌이 많은 야산이나 산기슭에 바위틈이나 큰 나무 사이에 뿌리를 잘 내린다. 잎은 어긋나고 타원형이며 끝이 뾰쪽하며 가장자리는 밋밋하다. 줄기에 갈고리 같은 가시가 있다. 꽃은 4~5월에 잎 겨드랑이에 모여 산형 꽃차례를 이루며 황록색으로 피고, 열매는 9~10월에 둥근 장과로 여문다.

| **작용** | 살충 작용 | **효능** | 주로 염증·부종에 효험이 있다. 중독(수은·약물)·매독·임질·암·악성 종양·관절염·근골 무력증·대하증·부종·소변 불리·야뇨증·요독증·타박상·통풍·피부염·이뇨·근육 마비

청미래덩굴의 열매로 병을 고쳤다 하여 '명과(明果)', 넉넉한 요깃거리가 된다 하여 '우여량(禹餘糧)', 병에 걸려 죽게 된 사람이 먹고 병이 나아 산에서 돌아왔다 하여 '산귀래(山歸來)'라 부른다. 청미래덩굴은 식용, 약용, 장식용으로 가치가 높다. 어린순은 나물로, 열매를 먹는다. 한방에서 수은 중독, 약물 중독에 다른 약재와 처방한다. 약초 만들 때는 여름에 잎을, 가을에 열매와 뿌리를 채취하여 햇볕에 말려 쓴다. 잎을 담배처럼 말아 불을 붙여 한두 달 정도 피우면 금단 현상 없이 금연을 할 수 있다.

이용법

• 무릎 관절염−뿌리 15g+목단 5g을 배합해서 물에 달여 하루에 3번 나누어 복용한다.
• 화상−생잎을 짓찧어 즙을 환부에 붙인다.

내 몸을 살리는 약용 나무

당뇨병·근육통·관절염에 효능이 있는 **담쟁이덩굴**

생약명: 지금(地錦)—줄기의 속껍질을 말린 것 **약성:** 따뜻하고 약간 쓰다 **이용 부위:** 줄기의 속 껍질 1회 사용량: 온포기 4~8g **독성:** 없다 **금기 보완:** 도심지나 도로가에서 시멘트 벽을 타고 올라간 것은 쓰지 않는다

생육 특성

담쟁이덩굴은 포도과의 덩굴성 여러해살풀로 높이는 3~4m 정도이고, 잎은 3갈래로 갈라지는 홑잎이거나 잔잎 3개로 이루어진 겹잎이고 서로 어긋난다. 줄기마다 다른 물체에 달라붙는 흡착근이 있어 바위나 나무를 기어오른다. 꽃은 6~7월에 잎 겨드랑이나 가지 끝에 황록색으로 피고, 열매는 8~9월에 머루송이처럼 흑색 장과로 여문다.

| **작용** | 피부에 생기는 육종 · 양성 종양에 좋다. 혈당 강하 · 지혈 작용 | **효능** | 주로 신경계 · 부인과 질환에 효험이 있다. 암 예방과 치료 · 당뇨병 · 근육통 · 관절염 · 활혈 · 거풍 · 지통 · 양기 부족 · 백대하

담쟁이덩굴은 땅, 바위, 나무를 감고 비단금침에 수를 놓기 때문에 땅을 덮는 비단이라는 '지금(地錦)'이라 부른다. 돌담이나 바위 또는 가지 줄기에 붙어 자란다 하여 '담쟁이'라 부른다. 덩굴손은 잎과 마주 나와 갈라져서 끝에 둥근 흡착근이 벽, 나무가지에 붙으면 잘 떨어지지 않는다. 담쟁이덩굴은 식용, 약용, 관상용으로 가치가 높다. 바위나 나무를 감고 올라가 붙은 것이 약효가 좋다. 어린순은 나물로 먹거나 차로 마신다. 약초 만들 때는 산 속에서 소나무나 참나무를 타고 올라가는 것을 겨울에 줄기는 겉껍질을 벗겨 버리고 속 껍질과 열매, 뿌리를 캐서 햇볕에 말려 쓴다.

이용법

- 암 예방과 치유—말린 줄기의 속껍질 4~8g을 물에 달여 하루 3번 나누어 복용한다.
- 당뇨병—말린 열매 10g을 물에 달여 하루 3번 나누어 복용한다.

내 몸을 살리는 약용 나무

간경화·복수(간)·요도염에 효능이 있는 # 개오동나무

생약명: 재백피(梓白皮)—뿌리껍질을 말린 것, 재엽(梓葉)—잎을 말린 것, 재실(梓實)—열매를 말린 것, 재복(梓木)—줄기를 말린 것 **약성:** 평온하고 달다 **이용 부위:** 열매 · 나무껍질 **1회 사용량:** 열매 · 나무껍질 5~8g **독성:** 없다

생육 특성

개오동나무는 능소화과의 낙엽활엽교목으로 높이는 10~20m 정도이고, 잎은 마주 나고 넓은 달걀 모양이며 잎자루는 자줏빛을 띤다. 꽃은 6~7월에 가지 끝에 모여 노란빛을 띤 흰색으로 피고, 열매는 10월에 긴 선형 삭과로 여문다.

| **작용** | 항염 작용, 혈압 강하 작용 **효능** | 주로 간 · 비뇨기 · 순환계 질환에 효험이 있다, **잎**(피부 가려움증 · 소아장열 · 종독 · 피부소양증 · 화상), **열매**(만성 신염 · 부종 · 소백뇨 · 요도염 · 이뇨), **수피**(간경화 · 황달 · 간염 · 반위 · 고혈압), **가지**(수족 통풍 · 곽란으로 토하지 않고 내려가지 않는 증상)

개오동나무 열매가 노인의 수염처럼 길게 늘어진다 하여 '노끈나무', 노인을 비유하여 '노나무', 오동나무와 닮아 '취오동'이라 부른다. 개오동나무는 식용, 약용으로 가치가 높다. 배당체에는 시리진과 파울로우진 등의 성분이 함유되어 있어 종기를 완화하여 준다. 약초 만들 때는 가을에 열매가 익었을 때, 가을부터 이른 봄 사이에 잎, 뿌리껍질, 줄기를 채취하여 잘게 썬 후 햇볕에 말려 쓴다.

이용법

• 간염 · 간에 복수가 찰 때—말린 줄기껍질 5~8g+굼벵이 20마리를 물에 달여 하루 3번 일주일 이상 하루 3번 복용한다.
• 만성신염 · 부종—말린 열매 5~10g을 물에 달여 하루 3번 나누어 복용한다.

간염·숙취해소·간 질환에 효능이 있는 **헛개나무**

생약명: 지구자(枳椇子)—익은 열매를 말린 것, 지구목피(枳椇木皮)—줄기의 껍질을 말린 것 **약성**: 평온하고 달다 **이용 부위**: 열매 · 줄기껍질 **1회 사용량**: 열매 · 줄기껍질 10～20g **독성**: 없다 **금기 보완**: 해롭지는 않으나 병이 치유되는 대로 중단한다

생육 특성

헛개나무는 갈매나뭇과의 갈잎큰키나무로 높이는 10m 이상 자라고, 잎은 어긋나고 넓은 달걀모양이고 가장자리에 톱니가 있다. 꽃은 5～7월에 가지 끝에 취산화서 녹색으로 피고, 열매는 8～10월에 핵과로 여문다.

| **작용** | 이뇨 작용 | **효능** | 주로 해독 · 간 질환에 효험이 있다, 술로 인한 간 질환 · 간염 · 황달 · 숙취 해소 · 알코올 중독 · 딸꾹질 · 구갈, 열매는 이뇨 · 부종 · 류머티즘, 줄기껍질은 혈액순환

헛개나무에서 나는 꿀이라 하여 '목밀(木蜜)', 돌같이 희고 단단하다 하여 '백석목(白石木)'이라 부른다. 헛개나무는 식용, 약용으로 가치가 높다. 잎에는 루틴, 사포닌, 열매에는 포도당, 카탈라제, 페록시다아제, 줄기에는 호베니산이 함유되어 있다. 중국 이시진이 저술한 『본초강목』에 "헛개나무가 술독을 푸는데 으뜸"이라고 기록돼 있다. 한방에서 간 질환에 다른 약재와 처방한다. 약초 만들 때는 가을에 검게 익은 열매를, 연중 줄기껍질을 수시로 채취하여 얇게 썰어 햇볕에 말려 쓴다.

이용법

- 알코올 중독—말린 약재 10～20g을 물에 달인 후 찌꺼기는 버리고 따뜻하게 하루 3번 나누어 복용한다.
- 간 질환—얇게 썬 줄기를 물에 달여 대용차처럼 마신다.

내 몸을 살리는 약용 나무

간염·숙취·간 질환에 효능이 있는 **벌나무**

생약명: 청해축(靑楷槭)—잎과 줄기를 말린 것 **약성:** 서늘하고 쓰다 **이용 부위:** 목질부 **1회 사용량:** 목질부 5~10g **독성:** 없다 **금기 보완:** 해롭지는 않으나 치유 되는대로 중단한다

생육 특성

벌나무는 단풍나뭇과의 낙엽활엽교목으로 높이는 10~15m 정도이고, 잎은 넓고 어린 줄기는 연한 녹색이고 줄기가 매우 연하여 잘 부러진다. 꽃은 5~7월에 연한 황록색으로 피고, 열매는 9~10월에 시과로 여문다.

| **작용** | 지혈 작용 | **효능** | 주로 간 질환에 효험이 있다. 간염 · 황달 · 숙취 · 신체 허약 · 자양 강장 · 종기 화상

　벌나무에 벌이 많이 찾는다 하여 '벌나무', '봉목', 늘 푸르다 하여 '산청목' 또는 '산겨릅나무'라 부른다. 줄기가 늘 푸르고 독특한 향이 난다. 벌나무는 식용, 약용으로 가치가 높다. 어린순은 나물로 먹는다. 한방에서 간 질환에 다른 약재와 처방한다. 약초 만들 때는 연중 내내 가지와 줄기를 채취하여 적당한 크기로 잘라 햇볕에 말려 쓴다. 마치 벌나무가 헛개나무처럼 간에 좋은 것으로 알려져 있지만 경상대학교 건강과학원에서 4주간 암에 걸린 쥐에게 생리식염수만을 먹인 후 종양이 더 커진 것으로 확인되었다.

이용법

• 간 질환—말린 가지를 달인 물을 먹었다.
• 피부병—생잎을 짓찧어 환부에 붙인다.

내 몸을 살리는 약용 나무

당뇨병·진통·순환기 질환에 효능이 있는 **황칠나무**

생약명: 풍하이(楓荷梨)—뿌리줄기를 말린 것 · 황칠(黃漆)—수액 **약성:** 따뜻하고 맵고 쓰다 **이용 부위:** 뿌리줄기 **1회 사용량:** 나무껍질 4~8g **독성:** 없다 **금기 보완:** 임산부, 복용 중 닭백숙을 금한다.

생육 특성

황칠나무는 두릅나뭇과의 상록활엽교목으로 높이는 15m 정도이고, 잎은 어긋나고 난형 또는 타원형이며 가장자리는 밋밋하다. 꽃은 6월에 가지 끝에 1개씩 녹황색으로 피고, 열매는 10월에 타원형의 핵과로 여문다.

┃ **작용** ┃ 혈압 강하 작용 · 혈당 강하 작용 ┃ **효능** ┃ 주로 간경 · 소화기 · 순환계 질환에 효험이 있다. 자양 강장 · 당뇨병 · 고혈압 · 신경통 · 편두통 · 월경불순 · 면역증강 · 변비 · 우울증

예부터 '옻칠 천 년 · 황칠 만 년'이라는 말이 있듯이 신(神)이나 황제의 옷인 곤룡포, 용상, 나전칠기에 헌정품으로 사용했다. 고려 시대에는 옻칠보다 황칠이 우수해 불상, 나전칠기에 사용했다. 황칠나무는 식용, 약용, 공업용, 관상용으로 가치가 높다. 황칠은 옻칠과 같이 나무에 상처를 내어 수액을 받아 사용한다. 약초 만들 때는 약초로 쓸 때는 줄기와 뿌리를 캐서 햇볕에 말려 쓴다.

이용법

• 간 질환 · 간염—말린 뿌리 10g을 물에 달여 하루 3번 나누어 복용한다.
• 변비—말린 잎 10g을 물에 달여 하루 3번 나누어 복용한다.

암·피부소양증·종기에 효능이 있는 **느릅나무**

생약명: 유근피(榆根皮)·유백피(榆白皮)—뿌리껍질을 말린 것 **약성:** 평온하고 달다 **이용 부위:** 뿌리껍질 **1회
사용량:** 뿌리껍질 10~15g **독성:** 없다

생육 특성

느릅나무는 느릅나뭇과의 낙엽활엽교목으로 높이는 20~30m 정도이고, 잎은 어긋나고 긴 타원형이
며, 양면에 털이 있고 가장자리에 예리한 겹톱니가 있다. 꽃은 3~5월에 잎보다 먼저 다발을 이루며
가지 끝에서 녹색으로 피고, 열매는 4~6월에 타원형의 시과로 여문다.

| **작용** | 항암 작용 | **효능** | 주로 호흡기 및 순환계 질환에 효험이 있다. 뿌리껍질은 암·종기·종창·
옹종·화상·요통·간염·근골 동통·인후염·장염·해수·천식·타박상·토혈, 열매는 회충·요
충·촌충·기생충·피부소양증

느릅나무는 옛날에 사용한 얇은 동전과 닮아 '유전(榆錢)', 또는 '유협전(榆莢錢)'이라 부
른다. 느릅나무는 식용, 약용으로 가치가 높다. 어린잎은 먹고, 나무껍질은 약재로 쓴
다. 최근 동물 실험에서 위암·폐암에 80%의 항암 효능이 있는 것으로 밝혀졌다. 한
방에서 암과 종기에 다른 약재와 처방한다. 약초 만들 때는 봄부터 여름 사이에 뿌리
를 캐서 물로 씻고 껍질을 벗겨서 겉껍질을 제거하고 햇볕에 말려 쓴다. 외상에 짓찧
어 붙인다.

이용법

• 위암–말린 느릅나무 10g+오동나무 10g를 물에 달여 하루 3번 복용한다.
• 종기·옹종·화상–생뿌리껍질을 짓찧어 즙을 환부에 붙인다.

내 몸을 살리는 약용 나무

고혈압·신경통·관절염에 효능이 있는 # 만병초

생약명 | 석남엽(石南葉)—잎을 말린 것 약성: 평온하고 맵고 쓰다 이용 부위: 전초 1회 사용량: 온포기 4~6g
독성: 강한 독이 있다 금기 보완: 잎에는 안드로메도톡신의 독성이 있기 때문에 한의사 처방 없이는 먹지
않는다

생육 특성

만병초는 진달랫과의 상록활엽관목으로 높이는 4m 정도이고, 잎은 어긋나고 가지 끝에서는 5~7개
가 모여 나고 타원형 또는 피침형이며 가장자리는 밋밋하다. 꽃은 7월에 가지 끝에 10~20개가 달리
고 7~8월에 흰색·붉은색·노란색으로 피고, 열매는 9~10월에 삭과로 여문다.

| 작용 | 혈압 강하 작용·항염 작용 | 효능 | 주로 허약체질·순환계·호흡기 질환에 효험이 있다. 신
경통·고혈압·생리통·월경 불순·관절염·관절통·요배 산통·불임증·월경 불순·이뇨·진
통·양기 부족

예부터 만병초는 '만 가지 병'을 고친다 하여 '만병초(萬病草)', 꽃향기가 칠 리(七里)를
간다 하여 '칠리향'이라 부른다. 만병초는 사계절 녹색을 유지하고 겨울에는 잎을 둥글
게 말아 자신을 보호한다. 잎의 안드로메도톡신 성분은 독성이 강해 한꺼번에 과량 섭
취하면 치명적이지만, 소량을 복용하면 혈압을 낮춰 준다. 한방에서 순환기 질환에 다
른 약재와 처방한다. 약초 만들 때는 연중 잎을 따서 햇볕에 말려 쓴다.

이용법

• 고혈압—말린 전초 2~4g씩 물에 달여 식후에 3번 나누어 복용한다.
• 관절통·요배 산통—욕조에 잎을 넣고 달인 물로 목욕을 한다.

내 몸을 살리는 약용 나무

시력·암·신체 허약에 효능이 있는 **블루베리**

생약명: 외국명(biueberry)—열매, 하이부시(highbush) 블루베리, 로부시(lowbush) 블루베리 외 20여 종이 있다 **약성:** 따뜻하고 달다 **이용 부위:** 열매 **1회 사용량:** 열매 20~30g **독성:** 없다

생육 특성

블루베리는 진달랫과의 산앵두나뭇과의 관목성의 식물로 높이는 0.5~2m 정도이고, 잎살은 두껍고, 달걀 모양으로 가장자리가 밋밋하다. 꽃은 4~5월에 작은 종 모양의 흰색으로 피고, 열매는 6~7월에 구형으로 표면에 회백색으로 덮고 진한 흑청색으로 여문다.

| **작용** | 혈당 강하 작용 **효능** | 주로 순환기 및 안과 질환에 효험이 있다. 암 · 시력 회복 · 치매 · 당뇨병 · 신체 허약 · 동맥 경화

　블루베리는 미국 〈TIME〉지에서 10대 건강식품 중 하나로 선정되어 미국 · 프랑스 · 일본 등에서 블루베리에 함유된 성분을 추출하여 의약품으로 시판하고 있다. 블루베리는 식용, 약용, 관상용으로 가치가 높다. 열매를 식용으로 먹는다. 열매의 배당체에는 안토시아닌(anthocyanin) 색소채 '로돕신'은 시력을 좋게 한다. 하이부쉬 블루베리는 비타민 A의 함유량이 사과의 5배, 비타민 C는 사과의 4배이고 섬유를 다량 함유하고 있다. 한방에서 시력을 회복에 다른 약재와 처방한다. 약초 만들 때는 6~7월에 익은 열매를 따서 냉동 보관하여 쓴다.

이용법

• 시력을 회복하고자 할 때—7~8월에 검게 익은 열매를 따서 용기에 재료의 양만큼 설탕을 붓고 100일 정도 발효시킨 후에 발효액 1에 찬물 3을 희석해서 장복한다.
• 신체 허약—익은 열매를 냉동하여 생으로 먹는다.

내 몸을 살리는 약용 나무

소화불량·당뇨병·비만에 효능이 있는 **키위**

생약명: 양다래-익은 열매 약성: 평온하고 달다 이용 부위: 열매·줄기껍질 1회 사용량: 열매 20g, 줄기껍질 10g 독성: 없다

생육 특성

키위나무는 다랫나뭇과의 덩굴성 갈잎떨기나무로 길이는 5~7m 정도이고 줄기는 다른 물체를 감거나 기댄다. 잎은 어긋나고 넓은 타원형이며 가장자리에 톱니가 있다. 꽃은 암수 딴 그루로 6~7월에 잎 겨드랑이에서 흰색으로 피고, 열매는 8~10월에 둥근 장과로 여문다.

| 작용 | 혈압 강하 작용·혈당 강하 작용 | 효능 | 주로 순환기계 및 소화기계 질환에 효험이 있다. 신체 허약·소화 불량·변비·당뇨병·고혈압·노인성 안질환·관절염·통풍·비만

키위는 식용, 약용, 관상용으로 가치가 높다. 미네랄, 비타민, 식이섬유, 항산화 성분이 풍부하다. 한 개에는 비타민 C가 75mg이 함유되어 있어 하루의 권장량을 채울 수 있다. 키위에 함유되어 있는 '액티니딘(actinidin)'은 소화를 촉진해 위(胃)와 장(腸)에 좋고, 루테인은 노인성 안 질환을 예방해 준다. 한방에서 소화기 질환에 다른 약재와 처방한다. 약초 만들 때는 여름에서 가을 사이에 향기가 나고 손으로 쥐었을 때 탄력이 있는 것을 쓴다.

이용법

- 류마티스성 관절염·관절통-말린 줄기껍질 10을 물에 달여 하루에 3번 나누어 복용한다.
- 통풍·결석-여름~가을에 익은 열매를 2~4등분하여 용기에 넣고 재료의 양만큼 설탕을 붓고 100일 정도 발효시킨 후에 발효액 1에 찬물 3을 희석해서 장복한다.

암·종기·변비에 효능이 있는 # 무화과나무

생약명: 무화과(無花果)—열매와 잎을 말린 것 **약성:** 평온하고 달다 **이용 부위:** 잎·열매 **1회 사용량:** 잎 3~5g, 열매 10~15g **독성:** 없다 **금기 보완:** 유액을 쓸 때 환부 이외의 피부에 피부염이나 풀독 감염·가려움이 생길 수 있다

생육 특성

무화과나무는 뽕나뭇과의 낙엽활엽관목으로 높이는 3~4m 정도이고, 잎은 어긋나고 달걀꼴이고 손바닥처럼 3~5갈래로 갈라지고 가장자리에 물결 모양의 톱니가 있다. 꽃은 암수 딴 그루로 6~7월에 잎 겨드랑이에서 꽃턱이 항아리 모양으로 비대해져 그 안쪽에 흰색의 작은 꽃이 빽빽이 달리면서 은두 꽃차례를 이룬다. 열매는 8~10월에 달걀 모양으로 여문다.

| **작용** | 항암 작용·미숙한 열매는 육종·성선암·골수성 백혈병·림프 육종에 억제 작용 | **효능** | 주로 피부과·소화기·순환계 질환에 효험이 있다. 암(위암)·종기·옹창·장염·이질·변비·주근깨·담석증·류머티즘·무좀·사마귀·식욕 부진·인후염·협심증·대장염

무화과는 꽃이 열매 속에서 꽃이 핀다 하여 '무화과(無花果)', 하늘에 있는 생명의 열매라 하여 '천생자(天生子)'라 부른다. 무화과는 식용, 약용, 관상용으로 가치가 높다. 열매를 생식하거나 건과, 잼, 와인으로 먹는다. 열매의 배당체에는 피신(ficin)은 소화를 촉진한다. 식이섬유, 칼슘, 칼륨 등이 함유되어 있다. 한방에서 장염, 이질, 변비, 치질, 치창(痔瘡), 종기에 다른 약재와 처방한다. 약초 만들 때는 7~9월에 잎을 채취하여 햇볕에, 여름에 익은 열매를 따서 햇볕에 말려 쓴다.

이용법

- 신경통·류머티즘—욕조에 잎이나 가지를 넣고 달인 물로 목욕을 한다.
- 종기·치질—생열매를 짓찧어 환부에 붙이고, 사마귀에는 하얀 즙을 바른다.

비염·천식·기관지염에 효능이 있는 **마가목**

생약명: 정공피(丁公皮)—줄기를 말린 것, 천산화추(天山花楸)—씨를 말린 것, 마아피(馬牙皮)—나무껍질을 말린 것 **약성:** 평온하고 맵고 쓰고 시다 **이용 부위:** 열매·나무껍질 **1회 사용량:** 열매·나무껍질 4∼6g **독성:** 없다

▶ **생육 특성** ▷

마가목은 장밋과의 낙엽활엽소교목으로 높이는 6∼8m 정도이고, 잎은 어긋나고 9∼13개의 작은 잎으로 구성된 깃꼴겹잎이며 가장자리에 톱니가 있다. 꽃은 5∼6월에 가지 끝에 겹산방의 꽃차례를 이루며 흰색으로 피고, 열매는 9∼10월에 둥근 이과로 여문다.

┃작용┃ 항염 작용·진해 작용·거담 작용 **┃효능┃** 주로 신경계·운동계·호흡기 질환에 효험이 있다. 기관지염·기침·해수·천식·거담·신체 허약·요슬산통·위염·백발 치료·관상동맥 질환·동맥 경화·방광염·소갈증·폐결핵·정력 강화·수종

  마가목의 잎이 이른 봄에 싹이 틀 때 말의 이빨과 같고 줄기껍질이 말가죽을 닮아 '마가목(馬加木)'이라 부른다. 마가목은 식용, 약용으로 가치가 높다. 어린순은 식용한다. 꽃·잎·줄기·뿌리껍질·열매 모두를 쓴다. 한방에서 천식, 기관지염, 비염, 잦은 기침, 관절염에 다른 약재와 함께 처방한다. 약초 만들 때는 가을에 익은 열매를 따서 햇볕에 말려 쓴다.

이용법

• 천식—말린 가지 4∼6g을 물에 달여 하루에 3번 나누어 복용한다.
• 잦은 기침—가을에 익은 열매를 따서 용기에 넣고 재료의 양만큼 설탕을 붓고 100일 정도 발효시킨 후에 발효액 1에 찬물 3을 희석해서 장복한다.

내 몸을 살리는 약용 나무

자양 강장·부종·이명에 효능이 있는 # 산수유나무

생약명: 산수유(山茱萸)·삭조(石棗)—열매를 말린 것 **약성:** 약간 따뜻하고 시고 떫다 **이용 부위:** 열매 1회 사용량: 씨를 빼고 말린 건과육 5~8g **독성:** 씨에 독이 있기 때문에 제거한 후에 먹는다 **금기 보완:** 복용 중에 도라지와 황기는 금한다

생육 특성

산수유나무는 층층나뭇과의 낙엽활엽소교목으로 높이는 4~7m 정도이고 잎은 마주 나고 달걀 모양이며 가장자리는 밋밋하다. 꽃은 양성화로 3~4월에 잎보다 먼저 사판화 20~30개가 산형꽃차례를 이루어 노란색으로 피고, 열매는 10~11월에 타원형의 핵과로 여문다.

| 작용 | 항균 작용·혈압 강하 작용·부교감신경 흥분 작용 **| 효능 |** 주로 자양 강장·신경기계·신장에 질환에 효험이 있다. 원기 부족·부종·빈뇨·이명·요슬산통·현훈·유정·월경 과다·식은 땀·기관지염·소변 불통·양기 부족·요실금·전립선염·자양 강장·음위

산수유나무 한 그루로 자식을 대학에 보낼 수 있다 하여 '대학나무(大學木)', 대추씨를 닮았다 하여 '석조(石棗)', 산에서 자라는 열매가 대추처럼 생겼다 하여 '산대추'라 부른다. 산수유나무는 식용, 약용, 관상용, 공업용으로 가치가 높다. 씨를 뺀 열매는 차로 먹는다. 한방에서 신장 질환에 다른 약재와 처방한다. 약초 만들 때는 가을에 익은 열매를 따서 씨를 제거하고 햇볕에 말려 쓴다.

이용법

- 남성의 전립성염이나 여성의 요실금—말린 열매를 물에 달여 대용차처럼 마신다.
- 원기 회복·자양 강장—늦가을에 빨갛게 익은 열매를 따서 꼭지를 떼어 내고 씨를 제거한 후에 용기에 넣고 19도의 소주를 부어 밀봉하여 2개월 후에 식사할 때 반주로 마시거나 잠들기 전에 한두 잔 마신다.

내 몸을 살리는 약용 나무

식체·장염·소화기 질환에 효능이 있는 **산사나무**

생약명: 산사자(山査子)-익은 열매를 말린 것 약성: 약간 따뜻하고 시고 달다 이용 부위: 열매 1회 사용량: 열매 5~7g 독성: 비위가 약한 사람은 금한다. 생것을 많이 먹으면 치아(齒牙)가 상한다

생육 특성

산사나무는 장밋과의 낙엽활엽소교목으로 높이는 6~7m 정도이고, 잎은 어긋나고 넓은 달걀 모양이고 깃 모양으로 갈라지고 가장자리에 불규칙하고 뾰쪽한 톱니가 있다. 꽃은 5월에 가지 끝에 산방 꽃차례로 흰색으로 피고, 열매는 9~10월에 붉게 둥근 이과로 여문다.

| 작용 | 혈압 강하 작용 | 효능 | 주로 통증·순환기계·소화기계 질환에 효험이 있다. 소화 불량·고혈압·동맥 경화·심장병·고지혈증·고지방혈증·이질·식체·장염·요통·월경통·진통·복부 팽만·복통·어혈·현기증·갈증

산사나무 열매가 작은 배(梨)처럼 생겼다 하여 '아가위나무', 작은 당구공 같다 하여 '당구자(棠毬子)', 호젓한 산길에 붉은 열매가 달린다 하여 '산리홍(山裏紅)'이라 부른다. 산사나무는 식용, 약용, 관상수, 정원수, 조경수로 가치가 높다. 열매는 그대로 먹거나 화채로 먹는다. 한방에서 소화기 질환에 다른 약재와 처방한다. 약초 만들 때는 9~10월에 익은 열매를 따서 햇볕에 말려 쓴다.

이용법

- 소화 불량·고기를 먹고 체했을 때-9~10월에 익은 열매를 따서 그대로 물에 달여 먹거나, 압착을 하여 햇볕에 말린 후 물에 달여 마신다.
- 고혈압·동맥 경화-말린 약재를 1회 2~5g씩 달여 복용한다.

비색증(코막힘)·축농증·비염에 효능이 있는 # 목련

생약명: 신이(辛夷)—피지 않은 꽃봉오리를 말린 것, 목란피(木蘭皮)—나무껍질 약성: 서늘하고 맵다 이용 부위: 꽃봉오리(신이) 1회 사용량: 꽃봉오리 4∼6g 독성: 수피와 나무껍질 속에는 사리시보린의 유독이 있다 금기 보완: 복용 중에 황기·석곡·황련은 금한다

생육 특성

목련은 목련과의 낙엽활엽교목으로 높이는 10m 정도이고, 잎은 어긋나고 잎자루는 위로 올라갈수록 짧아진다. 꽃은 4월 중순에 잎이 돋기 전에 흰색으로 피고, 열매는 9∼10월에 원통형의 분과로 여문다.

| 작용 | 혈압 강하 작용·소염 작용·비염에 수렴 작용·진통 작용·진정 작용 | 효능 | 주로 신경계·순환계·이비인후과 질환에 효험이 있다. 비염·축농증·비색증·비창·치통·타박상·고혈압·거담·두통·발모제·소염제

　꽃눈이 붓을 닮아 '목필(木筆)', 꽃봉오리가 피려고 할 때 끝이 북녘을 향한다 하여 '북향화(北向花)', 꽃 하나하나가 옥돌 같다 하여 '옥수(玉樹)', 꽃에 향기가 있다 하여 '향린(香鱗)', 꽃이 옥처럼 생겼다 하여 '옥란(玉蘭)', 향기가 나는 난초라 하여 '목란(木蘭)', 눈이 오는데도 봄을 부른다 하여 '근설영춘(近雪迎春)'이라 부른다. 목련은 식용, 약용, 관상용으로 가치가 높다. 꽃은 차로 먹고, 한방에서 신이(辛夷)를 약재로 비염·부비동염·과민성 비염에 쓴다. 약초 만들 때는 겨울이나 이른 봄에 개화 직전의 꽃봉오리를 따서 햇볕에 말려 쓴다.

이용법

- 비염·축농증—꽃봉오리 4∼6g을 물에 달여 하루 3번 나누어 복용한다.
- 복통—4월에 활짝 핀 꽃을 따서 깨끗이 손질하여 설탕에 겹겹이 재어 15일 후에 마신다.

기침·해수·천식에 효능이 있는 **산초나무**

생약명: 산초(山椒)-열매껍질을 말린 것 **약성:** 따뜻하고 맵다 **이용 부위:** 열매 **1회 사용량:** 열매 2~3g **독성:** 미량의 독이 있다

생육 특성

산초나무는 운향과의 낙엽활엽관목으로 높이는 2~3m 정도이고, 잎은 어긋나고 13~21개의 작은 잎으로 구성된 1회 홀수 깃꼴겹잎이다. 가장자리에 물결 모양의 잔톱니가 있다. 꽃은 7~8월에 가지 끝에 산방 꽃차례로 황록색으로 피고, 열매는 9~10월에 둥근 삭과로 여문다.

| **작용** | 진통 작용 | **효능** | 주로 건위제·통증 질환에 효험이 있다. 기침·해수·소화 불량·위하수·구토·설사·이질·치통·음부 소양증·유선염·종기·타박상·편도선염

산초나무는 줄기의 껍질·열매·잎에서 매운맛과 독특한 향기가 나기 때문에 산에서 나는 후추라 하여 '산초(山椒)'라 부른다. 식용·약용·관상용으로 가치가 크다. 잎은 국에 넣어 먹고, 열매로 기름을 짜고 향신료와 장아찌로 먹는다. 10월에 익은 열매의 씨로 기름을 짠다. 약초 만들 때는 가을에 열매가 익어 갈라질 무렵에 채취하여 씨를 제거하고 햇볕에 말려 쓴다. 산초나무나무는 가시가 어긋나며, 작은 잎은 긴 타원형이고 드문드문 둔한 톱니가 있다. 초피나무는 가시가 마주 나고, 잎 중앙부에 옅은 황록색의 반점이 있다.

이용법

- 기관지염-말린 열매 10개+귤껍질 4g+소엽 4g+생강 3쪽을 1회 용량으로 하여 물에 달여 하루 3번 나누어 복용한다.
- 음부소양증-생가지를 채취하여 적당한 크기로 잘라 물에 달여 환부를 씻는다.

이뇨·진통·해수에 효능이 있는 # 초피나무

생약명: 산초(山椒)−열매껍질을 말린 것 **약성:** 따뜻하고 맵다 **이용 부위:** 열매 **1회 사용량:** 열매 2~3g **독성:** 가지에는 미량의 독이 있다 **금기 보완:** 경련을 일으키는 성분이 있기 때문에 용량을 지킨다

생육 특성

초피나무는 운향과의 낙엽활엽관목으로 높이는 3~7m 정도이고, 잎은 어긋나고, 9~23개의 작은 잎으로 구성된 홀수 1회 깃꼴겹잎이다. 가장자리에 둔한 톱니가 있다. 꽃은 5~6월에 잎 겨드랑이에서 총상 꽃차례를 이루며 황록색으로 피고, 열매는 9월에 적갈색의 삭과로 여문다. 흑색의 씨앗이 들어 있다.

| **작용** | 진통 작용 · 해독 작용 | **효능** | 주로 소화기계 · 호흡기계 질환에 효험이 있다. 어독 · 살충 · 해독 · 소염 · 이뇨 · 향신료 · 지통 · 소화 불량 · 음부 소양증 · 해수 · 대머리 · 진통 · 치통 · 해수

초피나무의 열매껍질에서 향기가 나기 때문에 '산초' 또는 '초피'라 부른다. 열매에 정유 성분이 있다. 천(川)에서 물고기를 잡을 때 잎 · 줄기 · 열매를 짓찧어서 물에 푼다. 초피나무는 식용, 약용으로 가치가 높다. 잎을 식용하고 열매로 추어탕이나 생선 요리에 독성과 비린내를 없애는 향신료로 쓴다. 한방에서 소화기 질환에 다른 약재와 처방한다. 약초 만들 때는 봄에 잎을, 가을에 열매를 따서 과피와 씨앗을 분리하거나 함께 가루 내어 쓴다.

이용법

• 생선 독(毒)에 중독되었을 때−잎이나 열매 5g을 물에 달여 복용한다.
• 축농증−열매 과피(果皮) 5g을 물에 달여 하루 3번 복용한다.

내 몸을 살리는 약용 나무

신경통·타박상·여성 산후통에 효능이 있는 # 생강나무

생약명: 삼찬풍(三鑽風)—나무껍질을 말린 것, 단향매(檀香梅)·황매목(黃梅木)—줄기의 잔가지를 말린 것 약성: 따뜻하고 맵다 이용 부위: 잔가지 1회 사용량: 어린가지 10~20g 독성: 없다

생육 특성

생강나무는 녹나뭇과의 낙엽활엽관목 또는 소교목으로 높이는 3~5m 정도이고, 잎은 어긋나고, 윗부분이 3~5갈래로 둔하게 갈라지고, 뒷면에 털이 있고 가장자리는 밋밋하다. 꽃은 3월에 암수 딴 그루이며 잎이 나기 전에 잎 겨드랑이에서 나온 짧은 꽃대에 작은 꽃들이 모여 산형 꽃차례를 이루며 노란색으로 피고, 열매는 9월에 둥글고 녹색에서 붉은색으로 변했다가 검은색으로 여문다.

|작용| 진통 작용 |효능| 주로 신경계 및 순환기계 질환에 효험이 있다. 오한·복통·신경통·타박상·염좌·어혈·산후통·뼈마디가 쑤실 때·어혈 동통·해열·통증·중독증

생강나무 가지를 자르거나 잎을 손으로 비비면 생강(生薑) 냄새와 비슷하여 '생강나무', 어린싹이 참새의 혓바닥을 닮았다 하여 '작설차(雀舌茶)'라 부른다. 조선 시대 사대부의 부인이나 이름난 기생(妓生)들은 검은 열매로 기름을 짜서 머릿기름으로 썼다. 생강나무는 식용, 약용으로 가치가 높다. 어린싹은 차로 마신다. 열매에는 60%의 유지(油脂)가 들어 있어 기름을 짠다. 한방에서 산후 후유증에 다른 약재와 처방한다. 약초 만들 때는 연중 내내 수시로 가지를 채취하여 잘게 썰어 햇볕에 말려 쓴다. 유사종으로는 둥근잎생강나무는 잎이 전혀 갈라지지 않고, 고로쇠생강나무는 잎이 5개로 갈라지고, 털생강나무는 잎의 뒷면에 긴 털이 나 있다.

이용법

- 어혈 종통·타박상—생잎을 짓찧어 즙을 내어 환부에 붙인다.
- 복통·신경통·산후통—잎과 잔가지를 채취하여 10~20g물에 달여 하루에 3번 일주일 정도 복용한다.

당뇨병·신장병·천식에 효능이 있는 **두릅나무**

생약명: 총목피(楤木皮)—줄기껍질을 말린 것, 자노아(刺老鴉)—뿌리껍질을 말린 것 **약성:** 평온하고 맵다 **이용 부위:** 나무껍질 **1회 사용량:** 나무껍질·뿌리 10~15g **독성:** 미량의 독이 있다 **금기 보완:** 한꺼번에 많이 먹으면 설사를 한다

🌱 생육 특성

두릅나무는 두릅나뭇과의 낙엽활엽관목으로 높이는 3~4m 정도이고, 잎은 어긋나고, 잎자루와 작은 잎에 가시가 있고, 가장자리는 고르지 못한 톱니 모양이고, 줄기에는 억센 가시가 있다. 꽃은 7~9월에 여러 송이가 가지 끝에 흰색으로 피고, 열매는 10월에 납작하고 둥근 모양의 검은색으로 핵과(核果)가 여문다.

| 작용 | 혈압 강하 작용·혈당 강하 작용 **| 효능 |** 주로 운동계·신경기계·소화기계 질환에 효험이 있다. 류마티스성 관절염·간병변·만성 간염·위장병·당뇨병·기허증·고혈압·신경쇠약·골절증·복통·위염·타박상

두릅나무 끝에 야채(野菜)가 난다고 하여 '목말채(木末菜)', 나무껍질을 말린 것을 '총목피'라 부른다. 두릅나무 식용, 약용으로 가치가 높다. 가시가 억세어서 먹을 수 없기 때문에 어린 새순이 10㎝ 미만일 때 따서 식용한다. 새순에는 정유 성분의 독특한 향이 있다. 한방에서 소화기 질환에 다른 약재와 처방한다. 약초 만들 때는 봄에 뿌리의 껍질 또는 줄기의 껍질을 벗겨 잡물질을 제거하고 햇볕에 말려 쓴다.

이용법

- 당뇨병에—말린 줄기껍질이나 뿌리껍질 10~15g을 물에 달여 하루 3번 나누어 복용한다.
- 류마티스 관절염—줄기껍질을 달인 물로 욕조에 넣고 목욕을 한다.

내 몸을 살리는 약용 나무

신경통·요통·견비통에 효능이 있는 음나무

생약명: 해동피(海桐皮)—나무껍질을 말린 것, 해동수근(海桐樹根)—뿌리를 말린 것 **약성:** 평온하고 쓰고 약간 맵다 **이용 부위:** 나무껍질 **1회 사용량:** 나무껍질 8~10g, 뿌리껍질 4~6g **독성:** 없다 **금기 보완:** 해롭지는 않으나 병이 치유되면 중단한다

생육 특성

음나무는 두릅나뭇과의 낙엽활엽교목으로 높이는 20~30m 정도이고, 잎은 어긋나고 원형으로서 가장자리가 손바닥 모양으로 5~9개로 깊게 갈라진다. 가장자리에 톱니가 있다. 줄기에는 억센 가시가 있다. 꽃은 7~9월에 햇가지 끝에 겹산형 꽃차례를 이루며 황록색으로 피고, 열매는 10월에 둥근 핵과로 여문다.

| **작용** | 중추신경을 진정시키는 작용 | **효능** | 주로 운동기계 · 소화기계 · 신경기계 질환신경통 · 요통 · 관절염 · 구내염 · 타박상 · 종기 · 창종 · 견비통 · 당뇨병 · 신장병 · 위궤양 · 진통 · 풍치

음나무의 가지에 달린 가시가 날카롭다 하여 '엄나무', 잡귀를 막는 나무로 여겨 '도깨비 방망이', 어린순을 두릅나무순처럼 먹기 때문에 '개두릅'이라 부른다. 식용, 약용, 관상용으로 가치가 크다. 어린순을 나물로 먹는다. 한방에서 신경통에 다른 약재와 처방한다. 약초 만들 때는 봄부터 여름 사이에 줄기를 채취하여 겉껍질과 하얀 속껍질을 긁어 내고 햇볕에 말려 쓴다.

이용법

- 신경통 · 요통—닭의 내장을 빼내 버리고 그 속에 음나무를 넣고 푹 고아서 그 물을 먹는다.
- 근육통 · 관절염—음나무를 달인 물을 욕조에 넣고 목욕을 한다.

내 몸을 살리는 약용 나무

관절염·근골 동통·당뇨병에 효능이 있는 # 옻나무

생약명: 건칠(乾漆)-껍질을 말린 것, 칠엽(漆葉)-잎을 말린 것 · 칠수자(漆樹子)-씨 **약성:** 따뜻하고 맵다 **이용 부위:** 나무껍질 **1회 사용량:** 나무껍질 2~3g **독성:** 수액에는 우루시올이라는 유독 성분이 있어 만지면 옻이 오른다 **금기 보완:** 임산부 · 알레르기 체질 · 허약한 사람, 복용 중 차조기 · 계피는 금한다

생육 특성

옻나무는 옻나뭇과의 낙엽활엽교목으로 높이는 12~20m 정도이고, 잎은 어긋나고 9~11개의 작은 잎으로 구성된 홀수 1회 깃꼴겹잎이며 가지 끝에 모여 달린다. 달걀꼴로서 끝이 뾰족하고 밑은 다소 둥굴며 가장자리가 밋밋하다. 꽃은 5~6월에 잎 겨드랑이에 1 송이씩 원추 꽃차례로 밑으로 늘어지며 녹황색으로 피고, 열매는 10월에 둥글납작한 등황색의 핵과로 여문다.

| 작용 | 항균 작용 · 살충 작용 · 항암 작용 · 혈당 강하 작용 **| 효능 |** 주로 통증 · 소화기계 질환에 효험이 있다. 수지(어혈 · 월경 폐지 · 소적), 줄기 껍질 뿌리(접골 · 혈액 순환 · 동통), 잎(외상 · 출혈 · 창상), 관절염 · 근골 동통 · 당뇨병 · 암(전립선암 · 직장암 · 피부암)염증 · 요 · 위장염 · 위통

옻나무는 식용, 약으로 공업용 도료로 가치가 높다. 나무껍질에 상처를 내면 70% 정도의 옻진(수액)이 나온다. 건조시켜 굳혀 쓴다. 예로부터 사찰의 스님들은 동구 밖에 옻나무를 심었다. 옻을 칠한 목기(木器)에 밥을 담아 놓으면 곰팡이균을 억제하는 살균 작용이 있어 밥이 쉽게 상하지 않는다. 한방에서 소화기 질환에 다른 약재와 처방한다. 약초 만들 때는 4~5월경에 가지를, 여름에 잎을, 껍질은 수시로 채취하여 햇볕에 말려 쓴다.

이용법

- 어혈-말린 나무껍질 2~3g 물에 달여 하루 3번 나누어 복용한다.
- 접골 · 외상 출혈-생뿌리를 짓찧어 즙을 내어 환부에 바른다.

위장병·신장병·당뇨에 효능이 있는 다래나무

생약명: 미후리(獼猴梨)·미후도(獼猴桃)—열매를 말린 것, 목천료(木天蓼)—충영(나무벌레의 혹) **약성:** 평온하고 약간 떫다 **이용 부위:** 열매·가지·잎·뿌리 **1회 사용량:** 열매 20g, 가지·잎·뿌리 4~6g **금기 보완:** 비위가 약한 사람, 설사를 하는 사람, 냉한 사람은 복용을 금한다

생육 특성

다래나무는 다래나뭇과의 덩굴성 갈잎떨기나무로 길이는 5~10m 정도이고, 타원형의 잎은 어긋나고 넓은 타원형이며 가장자리에 날카로운 톱니가 있고, 줄기는 다른 물체를 감거나 기댄다. 꽃은 암수 딴 그루로 5~6월에 잎 겨드랑이에 모여 3~6송이 모여 흰색으로 피고, 열매는 9~10월에 타원형이나 불규칙한 타원형의 황록색 원형의 장과로 여문다.

|작용| 혈당 강하 작용 **|효능|** 주로 소화기 및 호흡기 질환에 효험이 있다. **잎**(소화불량·황달·류마티스 관절통·구토·당뇨병), **열매**(요통·석림), **뿌리**(이뇨·통경), **충영**(수족 냉증·요통·류마티스·신경통·통풍), **수액**(위장병·신장병)

다래나무는 원숭이 "미(獼)"에 "후(猴)" 자를 써서 "미후도" 또는 "미후리(獼猴梨)"라 부른다. 우리나라에는 조선 시대 허준이 쓴 『동의보감』에 "다래나무는 심한 갈증과 가슴이 답답하고 열이 나는 것을 멎게 한다"고 기록돼 있다. 다래나무는 식용, 약용으로 가치가 높다. 어린잎은 나물로 먹는다. 열매를 생식하거나 과실주, 과즙, 잼으로 먹는다. 다래 수액 받을 때는 경칩을 전후해서 다래나무 밑동에 구멍을 내고 호스를 꽂아 받는다. 한방에서 통풍에 다른 약재와 처방한다. 약초 만들 뜰 때는 가을에 열매(충영)을 따서 햇볕에 말려 쓴다.

이용법

- 류마티스성 관절염·관절통에는 다래나무 껍질을 채취하여 물에 달여서 하루에 3번 공복에 복용한다.
- 통풍, 결석—봄에는 잎을 채취하여 마르기 전에 용기에 넣고 재료의 양만큼 설탕을 붓고 100일 정도 발효시킨 후에 발효액 1에 찬물 3을 희석해서 장복한다.

내 몸을 살리는 약용 나무

헬리코박터·신경통·위장병에 효능이 있는 # 고로쇠나무

생약명: 골리수(骨利樹)—수액 **약성:** 평온하고 달고 쓰다 **이용 부위:** 수액 **1회 사용량:** 수액 100~200ml **독성:** 없다 **금기 보완:** 수액은 상온에서 쉽게 편하기 때문에 냉동이 아닌 것은 마시지 않는다

생육 특성

고로쇠나무는 단풍나뭇과의 낙엽활엽교목으로 높이는 20m 정도이고, 잎은 마주 나고 둥글며 손바닥 모양이고 끝은 뾰쪽하고 톱니는 없다. 꽃은 양성화로 5월에 잎보다 먼저 잎 겨드랑이에 산방 꽃차례를 이루며 연노란색으로 피고, 열매는 9월에 시과로 여문다. 프로펠러 같은 날개가 있다.

| 작용 | 항균 작용 **| 효능 |** 주로 신경통·소화기계 질환에 효험이 있다. 헬리코박터·신경통·위장병·허약 체질·골다공증·타박상·관절염·부종·숙취·식체(고구마·보리밥)

　고로쇠나무는 식용, 약용으로 가치가 높다. 수액은 알칼리성으로 1.5~2.0%의 당분이 들어 있다. 한방에서 위장병에 다른 약재와 처방한다. 수액은 낮과 밤의 기온 차가 심한 우수~경칩 사이에 채취한다. 고로쇠 채취 규정은 산림청과 한국수액협회에서는 높이 1.2m, 지름 10~20cm이면 구멍을 한개, 21~30cm면 둘, 30cm이면 셋까지 뚫을 수 있다. 채취가 끝나면 살균과 생장 촉진 성분을 가진 유합(癒合) 촉진제로 구멍의 안쪽을 발라 구멍이 원상회복되도록 해야 한다.

이용법

- 신경통·관절염-줄기껍질 10g을 물에 달여 하루 3번 나누어 복용한다.
- 위장병-24절기 중 우수~경칩 사이에 수액을 받아 마신다.

내 몸을 살리는 약용 나무

통풍·기관지염·신장병에 효능이 있는 자작나무

생약명: 백화피(白樺皮)─줄기와 껍질을 말린 것, 화수액(樺水液)─수액 **약성:** 차고 쓰다 **이용 부위:** 나무껍질
1회 사용량: 나무껍질 10~15g **독성:** 없다 **금기 보완:** 해롭지는 않으나 병이 치유되는 대로 중단한다

생육 특성

자작나무는 자작나뭇과의 낙엽활엽교목으로 높이는 20m 정도이고, 잎은 짧은 가지에서는 어긋나고 긴 가지에서는 2개씩 나온다. 잎몸은 삼각형 또는 마름모 모양의 달걀꼴로서 끝이 뾰쪽하고 가장자리에 거칠고 불규칙한 톱니가 있다. 꽃은 4~5월에 잎이 나오기 전 또는 잎과 함께 연한 분홍색으로 피고, 열매는 9~10월에 원통 모양의 견과로 여문다.

| 작용 | 진통 작용 · 진해 작용 · 거담 작용 · 연쇄상 구균에 발육 억제 작용 **| 효능 |** 주로 비뇨기 · 이비인후과 · 소화기계 질환에 효험이 있다. 통풍 · 간염 · 편도선염 · 자양 강장 · 강장 보호 · 기관지염 · 류머티즘 · 방광염 · 설사 · 습진 · 신장병 · 종독 · 진통 · 피부병 · 해수

자작나무는 나무껍질을 태울 때 자작자작하는 소리가 난다 하여 '자작나무'라 부른다. 나무껍질은 흰빛을 띠며 옆으로 얇게 종이처럼 벗겨진다. 자작나무는 식용보다는 약용, 관상용, 공업용으로 가치가 높다. 수액은 식용하거나 술을 만들어 먹는다. 한방에서 나무껍질을 화피(樺皮)라 하여 염증 질환에 다른 약재와 처방한다. 약초 만들 때는 연중 나무껍질을 채취하여 벗겨 햇볕에 말려 쓴다.

이용법

- 통풍─자작나무의 채취하여 수액을 대용차처럼 마신다.
- 자양 강장─나무껍질 10~15g을 물에 달여 하루 3번 나누어 복용한다.

내 몸을 살리는 약용 나무

위염·위궤양·장염에 효능이 있는 # 가래나무

생약명: 추목피(楸木皮)—나무껍질이나 뿌리를 껍질을 말린 것 **약성:** 차고 쓰다 **이용 부위:** 나무껍질 **1회 사용량:** 잎 · 나무껍질 · 열매 4~6g **독성:** 없다

생육 특성

가래나무는 가래나뭇과의 낙엽활엽교목으로 높이는 20m 정도이고, 잎은 어긋나고 홀수 깃꼴겹잎으로 긴 타원형이며 잔톱니가 있다. 꽃은 4~5월에 암수 딴 그루로 수꽃은 잎 겨드랑이에 암 꽃은 가지 끝에 피고, 열매는 9월에 원형 또는 달걀 모양의 핵과로 여문다.

| 작용 | 항염 작용 **| 효능 |** 주로 안과·신경기계 질환에 효험이 있다. 강장 보호 · 구충 · 백전풍 · 설사 · 소화 불량 · 습진 · 악창 · 안질 · 요독증 · 요통 · 위염 · 위궤양 · 십이지장궤양 · 이질 · 장염 · 창종

강원도에서는 산추자라 부른다. 가래나무 열매를 '가래' 또는 '추자(楸子)'라 부른다. 가래나무는 약용, 식용으로 가치가 높다. 열매를 그대로 먹거나 요리에 쓰고 기름을 짜서 먹는다. 유사종으로 긴가래나무와 왕가래나무가 있다. 한방에서는 신경계 질환에 다른 약재와 처방한다. 약초 만들 때는 봄~가을에 잎은 그늘에, 나무 속껍질은 햇볕에, 열매를 채취하여 말려 쓴다.

이용법

• 습진—열매의 과즙을 내서 환부에 바른다.
• 위염—잎이나 나무껍질 4~6g을 물에 달여 하루 3qjs 나누어 복용한다.

내 몸을 살리는 약용 나무

보리수나무

생약명: 우내자(牛奶子)·호퇴자(胡頹子)—익은 열매를 말린 것 **약성:** 서늘하고 달고 시다 **이용 부위:** 열매
1회 사용량: 열매 5~10g **독성:** 미량의 독성이 있다 **금기 보완:** 열매를 한꺼번에 많이 먹지 않는다

생육 특성

보리수나무는 보리수나뭇과의 낙엽활목관목으로 높이는 3~4m 정도이고, 잎은 어긋나고 긴타원형이며 은백색의 비늘털로 덮이고 가장자리가 밋밋하다. 꽃은 5~6월에 잎 겨드랑이에서 1~7송이가 산형 꽃차례를 이루며 연한 황색으로 피고, 열매는 10월에 둥근 장과로 여문다.

|작용| 항염 작용 **|효능|** 주로 혈증 및 통증 질환에 효험이 있다. 기침·천식·해수·통풍·대하증·이질·설사·치창·타박상·복통·과식·진통

우리나라의 보리수나무와는 다르다. 인도에서 석가가 사찐(보리수나무) 아래서 득도(得道)를 했다 하여 '각수(覺樹)', 도(道)를 닦고 얻은 나무라 하여 '도수(道樹)', 나무 아래서 생각하는 나무라 하여 '사유수(思惟樹)'라 부른다. 보리수나무는 식용, 약용, 관상용, 밀원용으로 가치가 높다. 익은 열매는 생식한다. 잼·파이의 원료로 쓴다. 한방에서 통풍에 다른 약재와 처방한다. 약초 만들 때는 가을에 익은 열매를 따서 햇볕에 말려 쓴다.

이용법

- 통풍·통증—가을에 익은 열매를 따서 용기에 넣고 재료의 양만큼 설탕을 붓고 100일 정도 발효시킨 후에 발효액 1에 찬물 3을 희석해서 장복한다.
- 기침과 천식—5~6월에 꽃을 따서 그늘에 말린 후 찻잔에 넣고 뜨거운 물에 우려낸 후 마신다.

혈전용해·동맥 경화·중금속의 해독에 효능이 있는 소나무

생약명: 생 송지(生松脂)—정제를 하지 않은 송진 · 송엽(松葉) · 송침(松針)—솔잎을 말린 것, 송절(松節)—가지와 줄기를 말린 것, 송화분(松花粉)—송홧가루를 말린 것 **약성:** 따뜻하고 쓰다 **이용 부위:** 송진 · 솔잎가지와 줄기송홧가루를 말린 것 **1회 사용량:** 전체 2~4g, 송진 1~2g, 솔잎 생즙 15~20g **독성:** 없다 **금기 보완:** 솔잎 효소를 복용할 때는 송진을 제거한 후 마신다. 복령을 먹을 때는 신맛이 있는 것은 먹지 않는다

생육 특성

소나무는 소나뭇과의 상록침엽교목으로 높이는 20~35m 정도이고, 잎은 바늘 모양이고 짧은 가지위에 2개씩 뭉쳐 나와 이듬해 가을에 잎과 함께 떨어진다. 꽃은 5월에 암수 한 그루로 피며, 수꽃은 타원형으로 새 가지 밑부분에 노란색으로 피고, 암꽃은 새 가지 끝에 자주색으로 핀다. 열매는 이듬해 9월에 달걀 모양으로 여문다.

| **작용** | 혈압 강하 작용 | **효능** | 주로 신진 대사 · 소화기계 · 순환기계 질환에 효험이 있다. 고혈압 · 골절 · 관절염 · 동맥 경화 · 중풍 · 구완와사 · 불면증 · 원기 부족 · 좌섬요통 · 타박상 · 신경통 · 설사

소나무에 대한 우리 민족의 사랑은 유별나다. 나무의 이름을 '으뜸'을 뜻하는 '솔'이라 했다. 식용·약용·관상용·정원수·건축재·공업용·신탄재로 가치가 크다. 꽃가루와 잎은 식용하고, 송진은 공업용으로 쓰고, 복령 · 송이버섯이 난다. 한방에서 동맥경화에 다른 약재와 처방한다. 약초 만들 때는 송홧가루를 채취하여 그늘에, 연중 소나무 가지의 관솔 부위나 줄기에서 흘러나온 수지를 채취하여 햇볕에 말려 쓴다.

이용법

- 관절염 · 요통—솔잎 10g+꽃가루 6g을 물에 달여 하루 3번 나누어 복용한다.
- 치주염 · 치은염—벌어지지 않은 솔방울을 따서 물에 달인 물로 입 안을 수시로 가글을 하거나 양치질 한다.

자양 강장·고혈압·원기 부족에 효능이 있는 **잣나무**

생약명: 해송자(海松子)―씨 **약성:** 따뜻하고 달다 **이용 부위:** 씨껍질을 벗긴 알맹이 **1회 사용량:** 씨껍질을 벗긴 알맹이(잣) 8~15g, 잣송이가 5~8개 **독성:** 없다

생육 특성

잣나무는 소나뭇과의 상록침엽교목으로 높이는 20~30m 정도이고, 잎은 솔잎보다 굵으면서 세모진 바늘잎이 짧은 가지 끝에 5개씩 모여 달린다. 가장자리에 톱니가 있고, 3년 동안 붙어 있다. 꽃은 5월에 암수 한 그루로 새 가지 밑쪽에는 붉은색의 수꽃이, 암꽃 이삭은 달걀 모양의 노란색으로 피고, 열매는 9월에 긴 달걀꼴 솔방울 같은 구과(毬果)를 맺는데 솔방울보다 크다.

| **작용** | 혈압 강하 작용 | **효능** | 주로 건강 증진·호흡기계 질환에 효험이 있다. 중풍·자양 강장·허약한 체질, 종자(풍비·두현·조해·토혈·변비), 뿌리(감기·기침·천식·해열), 고혈압·관절통·기관지염·비만증·빈혈증·시력 감퇴·원기 부족·허약 체질

중국에서 신라 때 들어왔다 하여 '신라송', 목재가 붉다 하여 '홍송'이라 부른다. 식용·약용·관상용으로 가치가 크다. 씨(잣)는 식용·약용으로 쓴다. 씨에는 지방유 74%, 단백질 15%가 함유되어 있다. 맛이 고소해서 날것으로 먹거나 각종 요리에 쓴다. 한방에서 호흡기계 질환에 다른 약재와 처방한다. 약초 만들 때는 9월에 솔방울 같은 구과를 따서 겉죽을 덮은 실편(實片 비늘조각의 끝이 길게 자라 젖혀진것)을 제거한 후에 씨를 햇볕에 말린 후 씨껍질을 벗겨 알갱이를 쓴다. 연중 내내 뿌리를 수시로 캐어 햇볕에 말려 쓴다.

이용법

- 자양 강장, 허약한 체질―9월에 잣송이(솔방울 같은 구과)를 따서 통째로 용기에 넣고 19도의 소주를 부어 밀봉하여 3개월 후에 마신다.
- 중풍―잣나무잎 한 묶음과 대파 뿌리 한 묶음을 달여서 먹는다.

암·당뇨병·신장병에 효능이 있는 **주목**

생육 특성

주목은 주목과의 상록활엽교목으로 높이는 20m 정도이고, 잎은 선형이며 깃처럼 2줄로 배열한다. 꽃은 암수 한 그루로 4월에 잎 겨드랑이에 1송이씩 피며, 수꽃은 갈색이고 비늘 조각에 싸이며, 암꽃은 달걀 모양의 1~2개씩 녹색으로 핀다. 열매는 9월에 달걀 모양의 핵과로 여문다.

| **작용** | 항암 작용·혈당 강하 작용 | **효능** | 주로 항암 의약품, 비뇨기계 질환에 효험, 암(대장암·방광암·식도암·위암·유방암·자궁암·전립선암·폐암·피부암), 당뇨병·신장병·소변 불리·부종·월경 불순·유종·이뇨·통경

주목은 '살아서 천 년, 죽어서 천 년을 산다'는 장수목(長壽木)으로 해발 1,000m 넘는 정상이나 능선에서 자란다. 나무의 줄기가 붉은색을 띠어 붉을 '朱' 자에 나무 '木' 자를 쓰기 때문에 '주목(朱木)'이라 부른다. 주목은 약용으로 가치가 높다. 열매는 식용한다. 한방에서 씨를 주목실(朱木實)이라 하여 약재로 쓴다. 잎에서 항암제인 성분이 '탁솔(taxol)'을 추출한다. 한방에서 암에 다른 약재와 처방한다. 약초 만들 때는 가을에 잎과 가지를 채취하여 햇볕에 말려 쓴다.

이용법

- 위암—햇순이나 덜 익은 열매를 채취하여 1회 8~10g씩 물에 달여 10일 이상 하루 2~3회 복용한다.
- 당뇨병—껍질을 말린 약재를 1회 3g을 물에 달여 하루에 3~4회 나누어 복용한다.

내 몸을 살리는 약용 나무

암(대장암·신장암·유방암)·당뇨병·월경 불순에 효능이 있는 **화살나무**

생육 특성

화살나무 노박덩굴과의 낙엽활엽관목으로 높이는 1~3m 정도 되고, 잎은 마주 나고 타원형으로 가장자리에 잔톱니가 있다. 꽃은 5~6월에 잎 겨드랑에서 나온 꽃이삭에 취산 꽃차례를 이루며 3송이씩 황록색으로 피고, 열매는 10월에 타원형의 삭과로 여문다.

| **작용** | 혈압 강하 작용 · 혈당 강하 작용 | **효능** | 주로 통증 질환에 효험이 있다. 암(대장암 · 신장암 · 유방암) 예방과 치료 · 당뇨병 · 월경불순 · 생리통 · 동맥경화 · 고혈압 · 정신병 · 대하증

화살나무는 가지에 날개가 달린 모양이 화살과 비슷하다 하여 '화살나무', 참빛과 비슷하다 하여 '참빛나무', 가지의 날개를 태운 재를 가시 박힌 곳에 바르면 가시가 쉽게 빠져 '가시나무'라 부른다. 화살나무는 식용, 약용, 관상용으로 가치가 높다. 어린잎은 식용한다. 한방에서 암에 다른 약재와 처방한다. 약초 만들 때는 연중 수시로 어린 가지에 붙은 날개를 채취하여 햇볕에 말려 쓴다.

이용법

- 암─가지에 붙은 날개(코르크질)를 말린 후 1일 20~30g을 물에 달여 일주일 이상 하루에 3번 복용다.
- 당뇨병─잔가지와 뿌리 20~40g을 달여서 먹는다.

지혈·이뇨·부종에 효능이 있는 **산딸나무**

생약명: 야여지(野荔枝)—꽃과 잎을 말린 것 **약성:** 평온하고 달다 **이용 부위:** 꽃·잎 **1회 사용량:** 열매 5~10g
독성: 없다

생육 특성

산딸나무는 층층나뭇과의 갈잎큰키나무로 높이는 10m 정도이고, 잎은 어긋나고 넓은 달걀꼴로서 가장자리가 손바닥 모양으로 갈라진다. 끝이 뾰쪽하고 가장자리에 겹톱니가 있다. 꽃은 6월에 잎 겨드랑이나 가지 끝에 오판화로 연한 흰색으로 피고, 열매는 7~8월에 적색으로 여문다.

| **작용** | 이뇨 작용 **| 효능 |** 주로 소화기계 질환에 효험이 있다. 소화불량·위염·수렴·지혈·장출혈·혈변·이뇨·부종

　산딸나무 가지 끝에 꽃잎으로 보이는 총포 조각 4장이 짝수로 하트 모양이 십자가 모양을 닮았고 탐스럽고 청아하여 예수님이 십자가에 못 박혀 돌아가실 때 이 나무로 십자가를 만들었다 하여 기독교인들은 성스러운 나무로 여긴다. 식용·약용·관상용으로 가치가 크다. 어린순은 나물로 식용한다. 한방에서 소화기 질환에 다른 약재와 처방한다. 약초 만들 때는 여름에 꽃과 잎을 따서 그늘에, 가을에 열매를 따서 햇볕에 말려 쓴다.

이용법

- 지혈—꽃과 잎을 10g을 달여서 먹는다.
- 이뇨, 지혈—생전초를 짓찧어 즙을 내어 환부에 붙인다.

내 몸을 살리는 약용 나무

관절염·근육통·피부병에 효능이 있는 누리장나무

생약명: 취오동(臭梧桐)—어린 가지와 잎을 말린 것 **약성:** 차고 쓰다 **이용 부위:** 잎·가지 **1회 사용량:** 어린가지·잎·뿌리 6~9g **독성:** 미량의 독성이 있다

생육 특성

누리장나무는 마편초과의 낙엽활엽관목으로 높이는 2m 정도이고, 잎은 마주 나고 달걀꼴로 잎의 끝은 뾰쪽하고 밑은 둥굴며 가장자리는 밋밋하거나 큰 톱니가 있다. 꽃은 새 가지 끝에 취산 꽃차례로 8~9월에 홍색으로 피고, 열매는 10월에 하늘색의 둥근 핵과로 여문다.

| 작용 | 혈압 강하·진정 작용·진통 작용 **| 효능 |** 주로 신경계·순환계 질환에 효험이 있다. 관절염·옴·고혈압·반신 불수·근육통·동맥 경화·소염·피부병

누리장나무는 어린싹이 나올 때부터 잎에서 누린내가 난다 하여 '향추' 또는 '개똥나무', 오동나무를 닮았지만 냄새가 난다고 하여 '취오동(臭梧桐)'이라 부른다. 누리장나무는 식용, 약용, 관상용으로 가치가 높다. 어린잎을 식용한다. 열매는 염료로 쓴다. 한방에서 순환계 질환에 다른 약재와 처방한다. 약초 만들 때는 봄에 꽃이 피기 전에 잎을, 꽃은 여름에, 가을에 열매를, 가지와 뿌리는 수시로 채취하여 햇볕에 말려 쓴다.

이용법

• 옴·습진·무좀·피부병—생잎을 짓찧어 즙을 내어 환부에 바른다.
• 손발 마비, 근육통—말린 잎 6~9g을 물에 달여 하루 3번 나누어 복용한다.

심신 불안·불면증·우울증에 효능이 있는 **자귀나무**

생약명: 합환피(合歡皮)—나무껍질을 말린 것, 합환화(合歡花)—꽃을 말린 것 **약성:** 평온하고 달다 **이용 부위:** 꽃·나무껍질 **1회 사용량:** 꽃 5~8g, 나무껍질·뿌리껍질 2~6g **독성:** 없다 **금기 보완:** 해롭지는 않으나 병이 치유되는 대로 중단한다

생육 특성

자귀나무는 콩과의 낙엽활엽소교목으로 높이는 3~6m 정도이고, 잎은 어긋나고 2회 깃꼴겹잎으로 각각 20~40쌍씩 작은 잎이 달리고 가장자리가 밋밋하다. 꽃은 6~7월에 가지 끝이나 잎 겨드랑이에 15~20개 정도인 붉은 수술이 산형 꽃차례를 이루며 연분홍색으로 핀다. 열매는 9~10월에 긴 타원형의 편평한 협과가 여문다. 꼬투리 속 1개에 5~6개의 씨가 들어 있다.

│작용│ 진통 작용 **│효능│** 주로 부인과·신경기계·이비인후과 질환에 효험이 있다. 꽃은 불면증·건망증·요슬 산통·옹종·가슴이 답답한 증세·임파선염·인후통, 줄기껍질은 심신 불안·우울 불면·나력·골절상·습진·종기·관절염·창종·진통

자귀나무는 밤중에 잎이 접히는 모습이 부부 금실을 상징한다 하여 '음양합일목(陰陽合一木)', 또는 '합환수(合歡樹)', 소가 잘 먹는다 하여 '소쌀나무' 또는 '소밥나무', 콩깍지 같은 열매가 바람이 불면 흔들려 시끄러운 소리를 내기 때문에 '여설수'라 부른다. 자귀나무는 식용보다는 약용, 관상용으로 가치가 높다. 한방에서 나무껍질을 불면증에 다른 약재와 처방한다. 약초 만들 때는 여름에 꽃을 채취하여 그늘에, 여름부터 가을 사이에 줄기와 가지의 껍질을 벗겨 햇볕에 말려 쓴다.

이용법

- 불면증·우울증—말린 5g을 물에 달여 하루에 3번 나누어 복용한다.
- 어혈, 타박상—생줄기를 짓찧어 즙을 내어 환부에 바른다.

내 몸을 살리는 약용 나무

고혈압·혈전 제거·동맥 경화에 효능이 있는 **은행나무**

생약명: 백과(白果)-씨를 말린 것, 백과엽(白果葉)-잎을 말린 것 **약성:** 평온하고 달고 쓰고 떫다 **이용 부위:** 잎·껍질을 벗긴 알갱이 **1회 사용량:** 잎·햇순 2~6g, 씨(은행) 5~12개 **독성:** 열매와 씨에는 독성이 있다 **금기 보완:** 열매를 한 번에 20개 이상 먹거나 날것으로 먹으면 위장(胃腸)을 해치거나, 복통·발열·구토·설사·경련을 일으킨다

생육 특성

은행나무는 은행나뭇과의 낙엽활엽교목으로 높이는 5~10m 정도이고, 잎은 어긋나고 부채꼴이며 잎맥은 2개씩 달리고, 잎의 가장자리가 밋밋한 것이 많다. 꽃은 암수 딴 그루로 4월에 짧은 가지에 잎과 암수꽃은 미상 꽃차례를 이루며 녹색으로 피고, 열매는 10월에 둥근 핵과로 여문다. 열매의 겉껍질에서는 역한 냄새가 난다.

|작용| 혈압 강하 작용, 혈당 강하 작용 **|효능|** 주로 성인병·순환기계·호흡기계 질환에 효험이 있다. 혈전 용해·심장병·고혈압·당뇨병·관상동맥 질환·거담·뇌졸중·대하증·말초 혈관 장애·식체·야뇨증·요도염·위염·종독·치매·협심증·해수·천식

중국에서는 살구(杏·행)를 닮고 중과피(中果皮)가 희다(銀·은) 하여 "은행(銀杏)", 잎이 오리발을 닮았다 하여 "압각수(鴨脚樹)"라 부른다. 은행나무는 식용, 약용, 관상용, 가로수, 방화수로 가치가 높다. 씨는 껍질을 까서 알갱이를 구워 먹는다. 열매의 과육을 제거할 때 과육에 들어 있는 긴토톡신이 피부에 묻으면 피부염을 일으킨다. 잎에서 혈액 순환제인 '징코민'을 추출한다. 한방에서 순환기 질환에 다른 약재와 처방한다. 약초 만들 때는 봄에 어린 햇순을 그늘에, 가을에 익은 열매를 따서 과육을 제거한 후에 물로 씻은 후 햇볕에 말려 쓴다.

이용법

- 고혈압·당뇨병-말린 잎을 1회 2~4g씩 물에 달여 하루에 3번 나누어 복용한다.
- 기침·천식-껍질을 벗긴 은행 알을 후라이펜에 볶아 10개 정도를 먹는다.

위염·소화 불량·식욕 부진에 효능이 있는 **매실나무**

생약명: 오매(烏梅) · 매실(梅實)—열매를 가공한 것 **약성:** 따뜻하고 시다 **이용 부위:** 열매 **1회 사용량:** 열매 5~10개 **독성:** 씨앗에는 유독 물질인 "아미그달린(amygdalin)"이 함유되어 있다 **금기 보완:** 위산 과다인 경우 복용을 금한다. 매실을 날것으로 먹으면 신맛 때문에 진액이 빠져 나가고 치아가 상한다

생육 특성

매실나무는 장밋과의 갈잎큰키나무로 높이는 4~6m 정도이고, 잎은 어긋나고 달걀 모양이며 가장자리에 잔톱니가 있다. 꽃은 2~4월에 잎이 나기 전에 잎 겨드랑이에 1~3개씩 흰색 또는 담홍색으로 피고, 열매는 6~7월에 둥근 핵과로 여문다.

| 작용 | 항진균 작용 · 살충 작용 **| 효능 |** 주로 해독 · 건위제 · 소화기 질환에 효험이 있다. 감기 · 기침 · 천식 · 인후염 · 위염 · 월경 불순 · 이질 · 치질 · 구토 · 구내염 · 당뇨병 · 동맥 경화 · 식욕 부진

매실은 식용, 약용, 관상용으로 가치가 높다. 『민간 의학』에 "덜 익은 매실을 따서 씨는 버리고 과육만을 갈아서 불에 조려 매실고(梅實膏)를 만들어 소화 불량·설사 등에 구급약으로 사용했다"고 기록돼 있다. 매실고(梅實膏)는 6월에 청매실을 따서 씨는 버리고 과육만을 갈아서 잔잔한 불로 진하게 달인다. 백매(白梅)는 소금에 절였다가 햇볕에 말린 것이고, 오매(烏梅)는 열매의 껍질을 벗기고 씨를 발라낸 뒤 짚불 연기에 그슬려 만든다. 약초 만들 때는 6~7월에 청매실 따서 채반에서 노랗게 변하면 햇볕에 말려 쓴다.

이용법

- 식욕부진 · 위염—6월 중순에 푸른 청매실을 따서 물로 씻고 채반에 놓고 물기를 완전히 뺀 다음 3일 정도 그대로 두면 황록색으로 변했을 때 용기에 넣고 재료의 양만큼 설탕을 붓고 100일 정도 발효시킨 후에 발효액 1에 찬물 3을 희석해서 장복한다.
- 복통과 이질—오매를 3~6g씩을 물에 달여 하루에 3번 나누어 복용한다.

기침·폐렴·해수에 효능이 있는 모과나무

생약명: 모과(木瓜)-열매를 말린 것 약성: 따뜻하고 시다 이용 부위: 열매 1회 사용량: 열매 10~20g 독성: 없다

생육 특성

모과나무는 장밋과의 갈잎중키나무로 높이는 10m 정도이고, 나무껍질이 벗겨져서 구름 무늬 모양이 된다. 잎은 어긋나고 달걀 모양 또는 긴 타원형이고 가장자리에 잔톱니가 있다. 꽃은 5월에 가지 끝에 1 송이씩 연한 홍색으로 피고, 열매는 9월에 둥근 이과로 여문다.

| 작용 | 항염 작용 | 효능 | 주로 소화기계·호흡기계 질환에 효험이 있다. 천식·해수·기관지염·폐렴·신경통·근육통·빈혈증·이뇨·이질·설사·구역증·식체(살구)·진통·창종·요통

모과(木瓜)는 참외를 닮았으나 나무에 달렸기 때문에 '나무 참외', 꽃이 아름다워 '화리목(花梨木)', 옛날 모과가 떨어진 순간 다리를 건넜다 하여 '호성과(護聖瓜)'라 부른다. 모과는 식용, 약용, 관상용으로 가치가 높다. 칼슘·칼륨·철분·무기질이 풍부하다. 과육은 목질처럼 단단하며 향기가 좋고, 신맛이 강해서 생으로 먹을 수 없다. 한방에서 호흡기 질환에 다른 약재와 처방한다. 약초 만들 때는 9월에 노랗게 익은 열매를 따서 물에 5~10시간 담갔다가 건져서 잘게 썰어 햇볕에 말려 쓴다.

이용법

- 천식·기관지염-말린 약재 10g씩 물에 달여 하루 3번 나누어 복용한다.
- 원기 회복·자양 강장·식욕 증진-9월에 노랗게 익은 열매를 따서 잘게 썰어서 용기에 넣고 소주 19도를 부어 밀봉하여 3개월 후에 식사 때 반주로 마시거나 잠들기 전에 한두 잔 마신다.

내 몸을 살리는 약용 나무

고혈압·당뇨·기관지염에 효능이 있는 뽕나무

생약명: 상엽(桑葉)—잎을 말린 것, 상백피(桑白皮)—뿌리껍질을 말린 것, 상지(桑枝)—가지를 말린것, 상심자(桑椹子)—덜 익은 열매를 말린 것 **약성:** 약간 차고 달다 **이용 부위:** 잎·가지·뿌리 **1회 사용량:** 열매·잎·가지·꽃·뿌리껍질 각 2~6g **독성:** 없다 **금기 보완:** 비위 허한증으로 설사를 할 때는 쓰지 않는다. 복용 중에 도라지·복령·지네는 금한다

생육 특성

뽕나무 뽕나뭇과의 낙엽활엽교목 또는 관목으로 높이는 5~10m 정도이고, 잎은 어긋나고 달걀 모양의 원형 또는 긴 타원 모양의 달걀꼴로서 3~5갈래로 갈라지며 가장자리에 둔한 톱니가 있고 끝이 뾰쪽하다. 꽃은 암수 딴 그루 또는 암수 한 그루이고 6월에 햇가지 잎의 겨드랑이에서 꼬리처럼 생긴 미상 꽃차례로 달려 밑으로 처져 연두색으로 피고, 열매는 6월에 원형 또는 타원형의 검은 자주색으로 여문다.

| 작용 | 혈압 강하 작용·혈당 강하 작용 **| 효능 |** 주로 소화기·순환기계·신경기계·호흡기계 질환에 효험이 있다. **잎**(고혈압·구갈·기관지 천식·불면증·피부병·류머티즘), **열매**(소갈·이명·관절통·변비·어혈·이뇨), **가지**(관절염·류머티즘·수족 마비·피부 소양증), **뿌리껍질**(고혈압·기관지염·부종·소변불리·자양 강장·천식·피부 소양증·황달·해수)

뽕나무 열매(오디)를 한꺼번에 많이 먹으면 방귀가 잘 나온다 하여 "뽕나무", 산에서 잘 자란다 하여 "산뽕나무"라 부른다. 뽕나무는 식용, 약용, 공업용, 양잠으로 가치가 높다. 어린잎은 나물로 먹고 익은 열매를 식용한다. 야생의 산뽕나무 고사목에서 나는 상황버섯을 차로 먹거나 암에 쓴다. 한방에서 순환기 질환에 다른 약재와 처방한다. 약초 만들 때는 가을에 흙 밖으로 나온 뿌리는 쓰지 않고, 땅 속의 잔 뿌리껍질을 캐어 속껍질만을 따로 떼어 햇볕에 말려 쓴다.

이용법

- 암—뽕나무에서 나오는 상황버섯이나 겨우살이를 채취하여 잘게 썰어 물에 달여서 하루에 3번 공복에 복용한다.
- 고혈압·당뇨병—뿌리 10~15g을 물에 달여 하루에 3번 나누어 복용한다.

내 몸을 살리는 약용 나무

당뇨병·타박상·변비에 효능이 있는 앵두나무

생약명: 앵도(櫻桃)—열매 약성: 평온하고 맵고 쓰고 시다 이용 부위: 잎 · 잔가지 · 씨 1회 사용량: 씨껍질을 벗긴 알맹이 5~6g, 잎 · 잔가지 6~8g 독성: 미량의 독이 있다 금기 보완: 한꺼번에 많이 먹지 않는다

생육 특성

앵두나무는 장밋과의 낙엽활엽관목으로 높이는 3m 정도이고, 잎은 어긋나고 달걀꼴 또는 타원형으로서 끝이 뾰쪽하고 밑이 둥글며 가장자리에 톱니가 있다. 꽃은 4월에 잎이 나기 전 또는 잎과 같이 잎 겨드랑이에서 나와 1~2개씩 연한 홍색으로 피고, 열매는 6월에 둥근 핵과로 여문다.

| 작용 | 혈당 강하 작용 **| 효능 |** 주로 비뇨기 · 소화기 질환에 효험이 있다. 열매(당뇨병 · 복수 · 생진), 속씨(해수 · 타박상 · 변비), 외상 소독 · 유정증 · 이뇨 · 통경 · 환각증 · 황달

옛날부터 울 안에 한두 그루 심어 뱀 종류를 막았다. 앵두나무는 식용 · 약용 · 관상용으로 가치가 크다. 빨갛게 익은 열매를 먹거나 잼으로 식용한다. 가지를 태운 재를 술에 타서 마시면 복통과 전신통에 쓴다. 한방에서 소화기 질환에 다른 약재와 처방한다. 약초 만들 때는 6월에 익은 열매를 따서 과육과 씨를 제거하고 속씨를 취하여 햇볕에 말려 쓴다.

이용법

- 당뇨병—말린 잔가지 6~8g을 물에 달여 하루 3번 나누어 복용한다.
- 해수 · 변비—씨껍질을 벗긴 알맹이 5~6g을 물에 달여 하루 3번 나누어 복용한다.

내 몸을 살리는 약용 나무

불면증·고혈압·당뇨병에 효능이 있는 # 차나무

생약명: 다엽(茶葉)—어린 싹을 말린 것, 다자(茶子)—열매를 말린 것 약성: 서늘하고 달고 쓰다 이용 부위: 새 싹 1회 사용량: 찻잎 0.5~1.0g 독성: 없다 금기 보완: 지나치게 많이 마시면 몸 안의 체액이 감소되어 잠을 못 이룰 수도 있다

생육 특성

차나무는 차나뭇과의 상록활엽관목으로 높이는 2~3m 정도이고, 잎은 어긋나고 긴 타원형으로 가장 자리에 둔한 톱니가 있다. 꽃은 10~11월에 잎 겨드랑이나 가지 끝에서 1~3 송이씩 밑을 향해 흰색 으로 피고, 열매는 10월에 꽃이 핀 이듬해 둥글게 여문다.

| 작용 | 혈압 강하 작용 · 혈당 강하 작용 · 중추 신경 계통에 작용, 원기 회복 작용 · 이뇨 작용 · 수렴 작용 | 효능 | 주로 순환계 및 소화기계 질환에 효험이 있다, 간염 · 고혈압 · 구내염 · 기관지염 · 당뇨 병 · 불면증 · 두통 · 소화 불량 · 천식 · 해수 · 지방간 · 콜레스테롤 억제

   차나무는 식용, 약용으로 가치가 높다. 조선 시대 허준이 저술한 『동의보감』에 "차를 지속적으로 마시면 심장이 강해지고, 갈증의 해소와 소화를 돕는다"고 기록돼 있다. 식재한 후 3년부터 수확한다. 잎은 연 4회 딴다. 어린순과 잎을 채취하여 차의 원료로 쓴다. 열매에는 방향이 있어 기름을 짜서 쓴다. 녹차 만들 때는 찻잎을 찜통에 넣고 30~40초 동안 찐 다음 선풍기 등을 사용하여 식힌 후 배로(焙爐) 위에 가열된 시루에 담고 손으로 비벼 가면서 가마솥에서 구증구포(九蒸九曝)를 반복하며 채반에 말린다. 약초 만들 때는 봄에 어린순, 가을에 열매, 뿌리를 연중 내내 채취하여 그늘에 말려 쓴다.

이용법

- 거담 · 천식—말린 열매 5g을 물에 달여 하루에 3번 나누어 복용한다.
- 두통—막 나온 새싹을 말린 후 0.5~1.0g 물에 달여 대용차(茶)로 마신다.

자양 강장·우울증·기관지염에 효능이 있는 **호두나무**

생약명: 호도인(胡桃仁)·호도육(胡桃肉)―익은 씨를 말린 것 **약성:** 따뜻하고 달다 **이용 부위:** 열매 **1회 사용량:** 호두 알갱이 5~15개 **독성:** 껍질을 벗긴 알갱이에 미량의 독이 있다 **금기 보완:** 끈적한 가래와 기침이 나고 숨이 차는 증세에는 쓰지 않는다

생육 특성

호두나무는 가랫나뭇과의 낙엽활엽교목으로 높이는 20m 정도이고, 잎은 어긋나고 5~7개의 깃꼴겹잎이며 작은 잎은 타원형으로 가장자리는 밋밋하거나 뚜렷하지 않은 톱니가 있고 끝은 뾰족하다. 꽃은 4~5월에 암수 한 그루로 수꽃은 잎 겨드랑이에서 미상 꽃차례로 암꽃은 1~3개가 수상꽃차례를 이루며 황갈색으로 피고, 열매는 9월~10월에 둥근 핵과로 여문다.

| **작용** | 살균 작용 | **효능** | 주로 피부과 및 호흡기계 질환에 효험이 있다. 천식·기관지염·우울증·자양 강장·이뇨·원기 회복·담석증·액취증·요로 결석·요통·피부염·종독·창종

호두나무는 식용·약용·공업용으로 가치가 크다. 호두나무씨를 호두라 한다. 식용하거나 약재로 사용한다. 호두 알갱이는 40~50%의 지방유·단백질·탄수화물·칼슘·인·철·카로틴·비타민·미네랄·지방·단백질과 소량의 무기질이 함유되어 있다. 한방에서 호흡기 질환에 다른 약재와 처방한다. 약초 만들 때는 9~10월에 열매를 따서 단단한 외피를 깨고 겉열매살을 제거하고 알맹이를 햇볕에 말려 쓴다.

이용법

- 우울증·불면증―딱딱한 껍질을 벗긴 알갱이를 먹는다.
- 심장병·자양 강장―호두 20개+대추살 20개를 찧어 잘게 부수고 꿀에 넣어 고약처럼 끓여 매회 한 숟갈 먹는다.

피부소양증·대하증·당뇨병에 효능이 있는 **벗나무**

생약명: 화피(樺皮)-가지의 껍질을 말린 것 **약성:** 차고 쓰다 **이용 부위:** 나무껍질 **1회 사용량:** 나무껍질 6~8g, 열매 15~25g **독성:** 없다

생육 특성

벗나무는 장밋과의 낙엽활엽교목으로 높이는 6~20m 정도이고, 잎은 어긋나고 달걀꼴로서 끝이 급하게 뾰족해지고 가장자리에 잔톱니가 있다. 꽃은 4~5월에 잎보다 먼저 잎 겨드랑이에 달려 총상꽃차례를 이루며 분홍색 또는 흰색으로 피고, 열매는 6~7월에 둥글게 흑색으로 여문다.

| **작용** | 혈당 강하 작용 · 해독 작용 **효능** | 주로 피부과 · 호흡기 질환에 효험이 있다. 열매(당뇨병 · 복수 · 생진), 속씨(해수 · 타박상 · 변비), 대하증 · 무좀 · 부종 · 식체(과일 · 어류) · 심장병 · 어혈 · 중독(과일 중독) · 진통 · 치은염 · 치통 · 피부소양증

벗꽃은 동시에 피었다가 일주일 안에 한꺼번에 모두 떨어지기 때문에 단결력과 희생 정신의 표상을 상징한다. 꽃에는 방향성이 있어 벗꽃길을 산책하면 머리가 맑아진다. 식용 · 약용 · 관상용으로 가치가 크다. 열매를 식용한다. 한방에서 호흡기 질환에 다른 약재와 처방한다. 약초 만들 때는 봄부터 가을 사이에 가지를 잘라 껍질을 벗겨내고 햇볕에 말려 쓴다.

이용법

• 변비-속씨 4~8g을 물에 달여 하루 나누어 복용한다.
• 피부소양증-말린 나무껍질 6~8g을 물에 달여 하루 3번 나누어 복용한다.

내 몸을 살리는 약용 나무

근육통·근골 동통·근골 허약에 효능이 있는 **두충나무**

생약명: 두충(杜冲)—줄기와 껍질을 말린 것, 두충실(杜冲實)—씨, 두충엽(杜冲葉)—잎을 말린 것 **약성:** 따뜻하고 달고 약간 맵다 **이용 부위:** 나무껍질 **1회 사용량:** 나무껍질 8~10g **독성:** 없다 **금기 보완:** 기(氣)가 허약한 사람은 복용을 금한다

▶ **생육 특성**

두충나무는 두충과의 낙엽활엽교목으로 높이는 8~10m 정도이고, 잎은 어긋나고 타원형으로 끝이 좁고 뾰쪽하고 날카로운 톱니가 있다. 꽃은 암수 딴 그루로 4~5월에 오래 묵은 나무의 잎 겨드랑에서 엷은 녹색의 잔꽃이 피는데 꽃잎은 없다. 수꽃은 적갈색으로 암꽃은 새 가지 밑에 핀다. 열매는 9월에 긴 타원형의 편평한 열매로 여문다.

| **작용** | 혈압 강하 작용 | **효능** | 주로 비뇨기·신경계·운동계 질환에 효험이 있다. 근육통·근골동통·근골 위약·고혈압·동맥 경화·진통·관절통·요통·유산 방지·기력 회복·정력 증강·이뇨·비만증·소변 불통·신경통

중국의 두충이 이 나무로 약을 지어 먹은 후 득도를 했다 하여 '두충'이라는 이름이 붙여졌다. 잎과 가지와 나무껍질을 천천히 잡아당기면 가는 실오라기처럼 생긴 은빛의 섬유질이 떨어지지 않고 붙어 있다. 식용·약용·관상용으로 가치가 크다. 한방에서 나무껍질을 말린 것을 주로 근육통·근골통·근골 허약에 사용한다. 한방에서 운동계 질환에 다른 약재와 처방한다. 약초 만들때는 봄~여름 사이에 나무껍질을 채취하여 겉껍질을 벗겨 내고 햇볕에 말려서 쓴다.

▶ **이용법**

· 고혈압—껍질 8~10g을 물에 달여 하루 3번 나누어 복용한다.
· 관절통·요통—가을에 15년 이상 된 나무껍질을 채취하여 용기에 넣고 19도의 소주를 부어 밀봉하여 3개월 후에 식사할 때 반주로 마시거나 잠들기 전에 한두 잔 마신다.

숙취·당뇨병·여성 갱년기에 효능이 있는 **칡**

생약명: 갈근(葛根)-뿌리를 말린 것, 갈화(葛花)-개화하기 전의 꽃을 말린 것, 갈등(葛藤)-줄기를 말린 것
약성: 평온하고 달고 약간 맵다 **이용 부위:** 뿌리 **1회 사용량:** 뿌리 20~40g, 열매 10~20g **독성:** 없다 **금기**
보완: 복용 중에 살구씨를 금한다

생육 특성

칡은 콩과의 갈잎덩굴나무로 길이는 10m 이상이고, 잎은 어긋나고, 잎자루가 길고 3개의 작은 잎이
달린다. 줄기는 다른 물체를 감고 올라간다. 꽃은 8월에 잎 겨드랑이에 붉은빛이 도은 보라색으로 피
고, 열매는 9~10월에 길쭉한 꼬투리의 협과(莢果)로 여문다.

| **작용** | 혈당 강하 작용 · 관상 동맥 확장 작용 · 뇌혈관 개선 작용 · 혈압 강하 작용 · 해열 작용 · 경련
완화 작용 | **효능** | 주로 소화기 · 신경계 · 순환계 질환에 효험이 있다. 숙취 · 여성 갱년기 · 당뇨병 ·
위궤양 · 식욕 부진 · 고혈압

칡에는 석류에 함유되어 있는 여성호르몬인 에스트로겐이 580배가 들어 있어 여성
갱년기에 좋다. 중국 이시진이 저술한 『본초강목』에 "갈근(葛根)은 술독을 풀어주고, 갈
꽃(葛花)은 장풍(腸風)을 다스린다"고 기록돼 있다. 칡은 식용, 약용으로 가치가 높다. 어
린순은 나물로 먹고, 뿌리로 만든 녹말을 갈분(葛粉)은 떡이나 과자를 만들어 먹는다.
한방에서 소화기 질환에 다른 약재와 처방한다. 약초 만들 때는 가을 또는 봄에 뿌리
를 캐서 하룻밤 소금물에 담근 후 겉껍질을 벗긴 다음 잘게 쪼개어 햇볕에 말려 쓴다.

이용법

· 숙취 제거-칡꽃 20g+귤껍질 10g+ 생강 10g을 물에 달여 복용한다.
· 소화 불량-이른 봄에 싹이 나올 때 채취하여 그늘에 말려 두었다가 물에 달여 대용차로 마신다.

고혈압·관절염·대하증에 효능이 있는 작약

생약명: 목단피(牧丹皮)—뿌리껍질을 말린 것 **약성:** 서늘하고 맵고 쓰다 **이용 부위:** 뿌리 **1회 사용량:** 뿌리 4~6g **독성:** 없다 **금기 보완:** 복용 중에 새삼·폐모·하눌타리·황금은 금한다

생육 특성

작약은 미나리아재빗과의 낙엽활엽관목으로 높이는 2m 정도이고, 잎은 어긋나고 잎자루가 길고 2회 깃꼴겹입으로 작은 잎은 달걀꼴 또는 댓잎피침형이며 앞면에는 털이 없으나 뒷면에는 잔털이 있고 흔히 흰빛이 돈다. 꽃은 5월에 새 가지 끝에 여러 겹의 꽃이 백색·황색·홍색·담홍색·주홍색·녹 홍색·자색·홍자색으로 피고, 열매는 9월에 둥근 분과로 여문다.

| 작용 | 혈압 강하 작용·진통 작용·진정 작용·해열 작용·항경련 작용·항염증 작용·혈전 형성 억재 작용·알레르기 작용·위액 분비 억제 작용·항균 작용 **| 효능 |** 주로 신진 대사·부인과 질환에 효험이 있다. 고혈압·각혈·간질·경련·관상동맥 질환·관절염·대하증·주통·비혈·복통·부 인병·암(자궁암)·야뇨증·어혈·옹종·타작상·편두통·위·십이지장 궤양 예방·이질

작약의 굵은 뿌리 위에서 새싹이 돋아나는 모습이 수컷의 형상을 닮았다 하여 '모(牧)' 자를 붙였다. 꽃은 아침에 피기 시작하여 정오에 절정에 달한다. 식용·약용·관상용 으로 가치가 크다. 4~5년 된 뿌리를 약재로 쓴다. 한방에서 부인과 질환에 다른 약재 와 처방한다. 약초 만들 때는 5월에 꽃을, 꽃이 진 후에 뿌리껍질을 캐어 그늘에 말려 쓴다.

이용법

- 고혈압—뿌리껍질 4~6g을 물에 달여 하루 3번 나누어 복용한다.
- 타박상—꽃을 짓찧어 즙을 내어 환부에 붙인다.

내 몸을 살리는 약용 나무

어혈·월경 불통·대하증에 효능이 있는 **해당화**

생약명: 매괴화(玫瑰花)-꽃을 말린 것, 매괴근(玫瑰根)-뿌리를 말린 것 **약성:** 따뜻하고 달고 약간 쓰다 **이용 부위:** 꽃·뿌리 **1회 사용량:** 꽃 4~6g, 뿌리 5~8g, 건과 5~8g **독성:** 없다 **금기 보완:** 산림청 보호 산야초 이다

생육 특성

해당화는 장밋과의 낙엽활엽관목으로 높이는 0.5~1.5m 정도이고, 잎은 어긋나고 5~9개의 작은 잎으로 구성되는 홀수 깃꼴겹잎이다. 작은 잎은 두텁고 타원형으로 가장자리에 잔톱니가 있다. 꽃은 5~7월에 새로 나온 가지 끝에 분홍색 또는 홍자색으로 피고, 열매는 8월에 황적색의 둥근 수과로 여문다.

| 작용 | 해독 작용, 혈당 강하 작용 **| 효능 |** 주로 혈증·운동계·부인과 질환에 효험이 있다. 당뇨병·어혈·불면증·빈혈·저혈압·월경 불통·대하증·토혈·관절염

바닷가(海) 모래땅에서 잘 자란다 하여 '해당화(海棠花)'라 부른다. 식용·약용·관상용·밀원용·공업용으로 가치가 크다. 어린순은 나물로 먹는다. 꽃은 향수의 원료로 쓰고, 열매는 식용 또는 약으로 쓰고, 뿌리는 염료로 쓴다. 한방에서 부인과 질환에 다른 약재와 처방한다. 약초 만들 때는 5~7월에 꽃이 피기 전에 꽃봉오리를 따서 꽃자루와 꽃받침을 제거한 후에 그늘에서 말려 쓴다.

이용법

- 당뇨병-뿌리 4~6g을 물에 달여 하루 3번 나누어 복용한다.
- 불면증과 저혈압-여름에 익은 열매를 따서 용기에 넣고 19도의 소주를 부어 밀봉하여 3개월 후에 식사할 때 반주로 마시거나 잠들기 전에 한두 잔 마신다.

내 몸을 살리는 약용 나무

191

월경 불순·치질·통풍에 효능이 있는 개나리

생약명: 연교(連翹)-열매를 말린 것 약성: 서늘하고 쓰다 이용 부위: 열매 1회 사용량: 열매 4~6g 독성: 없다
금기 보완: 한꺼번에 너무 많이 쓰지 않는다

생육 특성

개나리는 물푸레나뭇과의 낙엽활엽관목으로 높이는 3m 정도이고, 잎은 마주 나고 달걀 모양의 댓잎
피침형 타원형으로 끝이 뾰쪽하고 중앙부 이상의 가장자리에 톱니가 있다. 꽃은 4월에 잎보다 먼저 잎
겨드랑이에서 1~3개씩 밑을 향해 노란색으로 피고, 열매는 9월에 달걀 모양의 검은 삭과로 여문다.

| 작용 | 항균 작용 · 암 세포 성장을 억제 · 항염증 작용 · 혈압 강하 작용 · 해열 작용 · 이뇨 작용 · 소
염 작용 | 효능 | 주로 해독 · 강심제 · 피부과 질환에 효험이 있다. 열매(청열 · 해독 · 산결 · 소종 · 옹창 종
독 · 나력), 줄기와 잎(심폐 적열), 강심제 · 견비통 · 담 · 심장병 · 월경 불순 · 이뇨 · 종기 · 종창 · 중이
염 · 창종 · 치질 · 통풍 · 피부병 · 피부염

개나리의 열매는 연밥에서 유래된 것으로 연밥처럼 생겼다 하여 '연교(連翹)'라 부른
다. 개나리는 식용, 약용, 관상용, 울타리용으로 가치가 높다. 꽃은 화채, 어린잎은 나
물로 먹는다. 열매껍질에는 항균 성분이 있다. 한방에서 피부과 질환에 다른 약재와
처방한다. 약초 만들 때는 줄기와 잎을 수시로, 가을에 열매를 따서 그늘에 말려 쓴다.

이용법

• 옹창 · 종독 · 나력-말린 열매 4~6g을 물에 달여 하루 3번 나누어 복용한다.
• 피부염생잎을 짓찧어 즙을 내어 환부에 바른다.

혈액 순환·고혈압·월경 불순에 효능이 있는 # 진달래

생약명: 두견화(杜鵑花)—꽃을 말린 것 **약성:** 따뜻하고 시고 달다 **이용 부위:** 꽃 **1회 사용량:** 꽃 · 뿌리 3~5g
독성: 없다 **금기 보완:** 한 번에 많이 먹지 않는다

생육 특성

진달래는 진달랫과의 낙엽활엽관목으로 높이는 2~3m 정도이고, 잎은 어긋나고 긴 타원형 또는 거꾸로 된 댓잎피침형으로서 양끝이 좁고 가장자리에 톱니가 없다. 꽃은 3~4월에 잎보다 먼저 가지 끝 곁눈에서 연분홍색으로 피고, 열매는 10월에 원통형의 삭과로 여문다.

| **작용** | 해독 작용 · 혈압 강하 작용 · 혈당 강하 작용 | **효능** | 주로 순환계 · 호흡기 · 부인과 질환에 효험이 있다. 꽃(혈액 순환 · 고혈압 · 월경 불순 · 월경 불통 · 관절염 · 신경통 · 담 · 기침), 잎과 줄기(화혈 · 산어 · 토혈 · 이질 · 혈붕 · 타박상), **당뇨병 · 타박상**

진달래는 우리 민족의 정서를 대변하는 꽃이다. 진달래는 먹을 수 있는 꽃이라 하여 '참꽃' · '꽃달래' · '온달래'라 불렸고, '만산홍(滿山紅)' 등 멋진 별명도 있다. 진달래는 식용, 약용, 관상용으로 가치가 높다. 꽃잎은 생식하거나 화전을 만들어 만들거나 떡에 넣어 먹는다. 술에 담가 마신다. 한방에서는 진달래꽃을 말려 혈액 순환 · 기침 · 신경통 · 염증에 다른 약재와 처방한다. 약초 만들 때는 봄에 꽃을 통째로 따서 꽃술을 떼어 내고 그늘에 말려 쓴다. 두견주 만들 때는 3~4월에 꽃잎을 따서 찹쌀밥을 겹겹이 넣어 청주에 담가 밀봉하여 백 일 만에 마신다.

이용법

- 고혈압—말린 뿌리 3~5g을 물에 달여 하루 3번 나누어 복용한다.
- 혈액 순환—3~4월에 꽃잎을 따서 꽃술을 떼어 낸 후 찻잔에 3~4개를 넣고 뜨거운 물을 부어 1~2분 후에 꿀을 타서 마신다.

내 몸을 살리는 약용 나무

딸꾹질·숙취 해소·야뇨증에 효능이 있는 # 감나무

생약명: 시체(柿蒂)—감꼭를 말린 것 **약성:** 평온하고 씁쓸하고 떫다 **이용 부위:** 감꼭지 **1회 사용량:** 열매 2개, 감꼭지 6개, 잎 5~6개, 곶감 3~4개 **독성:** 없다 **금기 보완:** 복용 중에 대극·원추리·게를 먹지 않는다, 쑥·참기름과 같이 쓰지 않는다, 감을 한꺼번에 많이 먹으면 변비 증세가 생긴다

생육 특성

감나무는 감나뭇과의 낙엽 활엽 교목으로 높이 6~14m 정도이고, 잎은 어긋나고 가죽질이며 타원 모양 또는 달걀꼴의 넓은 타원형이다. 표면은 윤기가 나고 가장자리에 톱니가 없고 끝이 뾰족하다. 꽃은 5~6월에 양성 또는 단성화로 잎 겨드랑이에서 황백색으로 피고, 열매는 10월에 붉은색 원형의 장과로 여문다.

┃작용┃ 거담 작용·지혈 작용·혈압 강하 작용·관상 동맥의 혈류량 증가 **┃효능┃** 주로 순환기계·신경기계 질환에 효험이 있다, 딸꾹질·숙취 해소·구토·야뇨증·혈당·고혈압·이뇨·중풍 예방과 치료·지사·설사·동맥 경화

    감나무 고목은 득남(得男)과 자손의 번창을 상징한다. 감꽃을 실에 꿰어 목걸이를 하고 다니면 득남을 한다는 속설이 있다. 감나무의 칠덕(七德)은 '수명이 길고, 녹음이 좋고, 날짐승들이 집을 짓지 않고, 벌레가 없고, 단풍잎이 아름답고, 과일이 좋고, 낙엽은 거름이 된다' 등이다. 감나무는 식용, 약용으로 가치가 높다. 한방에서 지혈에 다른 약재와 처방한다. 약초 만들 때는 감꼭지를 서리 맞은 후에 채취하여 햇볕에 말려 쓴다. 감식초 만들 때는 단감 또는 홍시 100%를 용기에 넣고 6개월 숙성시킨다.

이용법

• 딸꾹질—감꼭지 6개+감초 1g을 물에 달여 대용차처럼 마신다.
• 야뇨증—감꼭지 6개+솔잎 5g을 물에 달여 하루에 3번 나누어 복용한다.

고혈압·딸꾹질·야뇨증에 효능이 있는 # 고욤나무

생약명: 군천자(裙欓子)-열매를 말린 것 **약성:** 서늘하고 달다 **이용 부위:** 열매 **1회 사용량:** 잎 3~6g, 열매 적당량 **독성:** 없다 **금기 보완:** 복용 중에 대극 · 원추리는 금한다

생육 특성 ▶

고욤나무는 감나뭇과의 낙엽활엽교목으로 높이는 10m 정도이고, 잎은 어긋나고 타원형 또는 긴 타원형으로 끝이 급히 좁아지고 뾰쪽하고 가장자리는 밋밋하다. 꽃은 암수 딴 그루로 6월에 새 가지 밑부분의 잎 겨드랑에 황색으로 피고, 열매는 10월에 둥글며 황흑색 장과로 여문다.

| **작용** | 혈압 강하 작용 | **효능** | 주로 호흡기계 · 혈증 질환에 효험이 있다. 고혈압 · 딸꾹질 · 백전풍 · 야뇨증 · 어혈 · 주독 · 출혈 · 토혈 · 해수 · 지갈 · 한열

고욤나무는 감나무와 비슷하나 크기는 작다. 고욤나무는 식용 · 약용 · 공업용(목재) · 접목용(감나무)으로 가치가 높다. 열매를 식용한다. 덜 익은 열매는 염료로 쓴다. 감나무를 접목에 쓴다. 한방에서 열매를 고혈압, 당뇨병에 다른 약재와 처방한다. 약초 만들 때는 10~11월에 악은 열매를 따서 햇볕에 말려 쓴다. 감식초 만들 때는 10~11월에 익은 열매를 따서 60일 숙성시킨다.

이용법

- 지갈, 한열-생열매를 짓찧어 즙을 내어 마신다.
- 고혈압-말린 잎 3~6g을 물에 달여 하루 3번 나누어 복용한다.

내 몸을 살리는 약용 나무

거담·기관지염·인후염에 효능이 있는 살구나무

생약명: 행인(杏仁)—씨껍질을 벗겨낸 씨알맹이 **약성:** 따뜻하고 쓰고 맵다 **이용 부위:** 씨알맹이 **1회 사용량:** 씨알맹이 2~4g **독성:** 씨알갱이 꼭지에는 미량의 독이 있다 **금기 보완:** 복용 중에 칡과 황기는 금한다

생육 특성

살구나무는 장밋과의 낙엽활엽소교목으로 높이는 5~7m 정도이고, 잎은 어긋나고 달걀꼴 또는 넓은 타원형으로 끝이 뾰쪽하고 가장자리에 불규칙한 톱니가 잇다. 꽃은 잎보다 먼저 4월에 지난해 나온 가지에 연분홍색으로 피고, 꽃대는 없다. 열매는 7월에 황적색으로 둥글게 핵과로 여문다.

| 작용 | 거담 작용 · 항암 작용 · 혈당 강하 작용 **| 효능 |** 주로 이비인후과 · 호흡기 질환에 효험이 있다, 암(골수암 · 뇌암 · 방광암 · 폐암 · 후두암) · 감기 · 거담 · 기관지염 · 인후염 · 해수 · 천식 · 진해 · 변비 · 당뇨병 · 식체(소고기) · 음부소양증 · 피부미용

　살구나무는 식용, 약용, 관상용, 공업용으로 가치가 높다. 열매는 맛이 시고 달아 생식하거나 통조림 · 잼 · 건과 등으로 가공하여 쓴다. 봄에 꽃을 따서 찻잔에 넣고 뜨거운 물을 부어 1~2분 후에 꿀을 타서 마신다. 한방에서 알맹이는 호흡기 질환에 쓴다. 약초 만들 때는 6~7월에 익은 열매를 따서 과육과 단단한 가종피를 벗긴 후 뾰쪽한 끝을 제거하고 햇볕에 말려 쓴다.

이용법

- 각종 암—6~7월에 익은 열매를 따서 용기에 넣고 재료의 양만큼 설탕을 붓고 100일 정도 발효시킨 후에 발효액 1에 찬물 3을 희석해서 장복한다.
- 기관지염 · 해수 · 천식—씨알갱이 4g을 물에 달여 하루 3번 나누어 복용한다.

불면증·대하증·당뇨병에 효능이 있는 # 자두나무

생약명: 이핵인(李核仁)—씨, 이자(李根)—뿌리를 말린 것 약성: 차고 쓰다 이용 부위: 씨·뿌리 1회 사용량: 씨 4~6g 독성: 없다 금기 보완: 복용 중에 창출·닭고기·오리알·꿀·참새고기·노루고기를 금한다

생육 특성

자두나무는 장밋과의 낙엽활엽교목으로 높이는 5~10m 정도이고, 잎은 어긋나고 긴 달걀 모양 또는 타원의 모양이고 끝이 뾰쪽하고 가장자리에 둔한 톱니가 있다. 꽃은 4월에 잎보다 먼저 가지에 흰색으로 피고, 열매는 6~7월에 핵과로 여문다.

| 작용 | 혈당 강하 작용 | 효능 | 주로 소화기계·피부염 질환에 효험이 있다. 열매(당뇨병·복수·생진), 속씨(해수·타박상·변비), 구내염·기미(주근깨)·대하증·불면증·숙취·식체(술)·편도선염·피부 소양

자두나무 자연생은 약 5m 정도 된다. 씨방과 열매에 털이 없고 꽃이 작은 점이 매실나무와 다르다. 자두나무는 식용, 약용, 관상용으로 가치가 높다. 방향성이 있다. 열매는 시고 단맛이 있어 생으로 먹거나 잼·주스·건과 등으로 이용된다. 한방에서 소화기 질환에 다른 약재와 처방한다. 약초 만들때는 6~7월에 익은 열매를 따서 과육과 핵각을 제거하고 속씨를 햇볕에 말려 쓴다.

이용법

- 당뇨병—4월에 꽃을 따서 찻잔에 3~4개를 넣고 뜨거운 물을 부어 1~2분 후에 꿀을 타서 마신다.
- 기침·천식·해수—씨 4~6g을 물에 달여 하루 3번 나누어 복용한다.

내 몸을 살리는 약용 나무

197

신경통·불면증·고혈압에 효능이 있는 **대추나무**

생약명: 대조(大棗)−익은 열매를 말린 것 **약성:** 따뜻하고 달고 약간 쓰다 **이용 부위:** 열매 **1회 사용량:** 잎·말린 열매 15∼20g **독성:** 없다 **금기 보완:** 복용 중에 파·현삼·민물고기는 금한다

생육 특성

대추나무는 갈매나뭇과의 낙엽활엽교목으로 높이는 10∼15m 정도이고, 잎은 어긋나고 달걀꼴 또는 긴 달걀꼴로서 광택이 있고 끝이 뾰쪽하며 밑이 둥글고 가장자리에 뭉뚝한 톱니가 있다. 잎자루에는 가시로 된 턱잎이 있다. 꽃은 5∼6월에 잎 겨드랑이에서 취산 꽃차례를 이루며 황록색으로 피고, 열매는 9∼10월에 적갈색 또는 암갈색 핵과로 여문다.

|작용| 혈압 강하 작용·진정 완화 작용·항알레르기 작용 **|효능|** 주로 허약 체질·호흡기 질환에 효험이 있다. 신경통·불면증·고혈압·우울증·정신불안·심계 항진·강장·빈혈

　대추나무의 열매가 붉다 하여 '홍조(紅棗)'라 부른다. 우리 속담에 '양반 대추 한 개가 아침 해장, 대추 세 개면 한 끼의 요기가 되어 대추씨를 물고 30십 리를 간다'는 말이 있을 정도로 대추는 영양가가 풍부하다. 대추나무는 식용, 약용으로 가치가 높다. 열매를 날것으로 먹거나 요리·단자 등에 사용한다. 한방에서 건강 증진, 불면증에 다른 약재와 처방한다. 약초 만들 때는 봄에는 잎, 가을에는 열매를 따서 햇볕에 말려 쓴다.

내 몸을 살리는 약용 나무

이용법

· 불면증−말린 산조인 10g을 물에 달여 하루 3번 나누어 복용한다.
· 신체 허약−말린 대추 10개를 생강 10g을 배합해서 다관이나 주전자에 넣고 약한 불로 끓여서 건더기는 건져 내고 국물만 용기에 담아 냉장고에 보관하여 대용차처럼 마신다.

소화 장애·고혈압·기관지염에 효능이 있는 **굴나무**

생약명: 진피(陳皮)-껍질을 말린 것 **약성:** 따뜻하고 쓰고 시다 **이용 부위:** 열매껍질 **1회 사용량:** 열매껍질 8~12g **독성:** 없다 **금기 보완:** 땀이 많은 사람은 복용을 금한다

생육 특성

굴나무는 운향과의 상록활엽소교목으로 높이는 3~5m 정도이고, 잎은 어긋나고 타원형이고 가죽질로 가장자리가 밋밋하거나 물결 모양의 톱니가 있으며 끝이 뾰쪽하다. 꽃은 6월에 잎 겨드랑이에 1송이씩 흰색으로 피고, 열매는 10월에 둥글납작형 편구형의 장과로 여문다.

| 작용 | 항염증 작용 · 혈압 강하 작용 **| 효능 |** 주로 건위 · 호흡기계 질환에 효험이 있다. 감기 · 거담 · 소화 장애 · 구토 · 설사 · 소염 · 진해 · 고혈압 · 기관지염 · 기미 · 주근깨 · 식욕 부진 · 식적 창만 · 식체(어류) · 위염 · 자한 · 주독 · 진통

굴나무는 식용, 약용, 관상용으로 가치가 높다. 꽃에서는 향기가 있고, 열매에는 방향성이 있다. 열매를 식용한다. 덜 익은 열매의 껍질을 '청피(靑皮)', 익은 열매의 껍질을 '진피(陳皮)'라 부른다. 한방에서 호흡기계 질환, 감기에 다른 약재와 처방한다. 약초 만들 때는 익은 열매껍질을 쌀뜨물에 담갔다가 햇볕에 말려 쓴다.

이용법

- 감기-익은 열매껍질을 쌀뜨물에 담갔다가 햇볕에 말린 후 물에 우려내어 대용차처럼 마신다.
- 소화 장애 · 거담에는 귤껍질 4~12g을 달여서 먹는다.

위염·식체·주독에 효능이 있는 유자나무

생약명: 등자(橙子)-덜 익은 열매 껍질을 말린 것 **약성:** 서늘하고 시다 **이용 부위:** 열매껍질 **1회 사용량:** 열매껍질 6~12g **독성:** 없다 **금기 보완:** 신맛이 강해 한꺼번에 많이 먹지 않는다

생육 특성

유자나무는 운향과의 상록활엽교목으로 높이는 4m 정도이고, 잎은 어긋나며 달걀 모양의 긴 타원형으로 끝이 뾰쪽하고 가장자리에 둔한 톱니가 있다. 꽃은 5~6월에 작은 오판화가 잎 겨드랑이에 한 송이씩 흰색으로 피고, 열매는 9~10월에 둥굴납작한 장과로 여문다.

|작용| 항염 작용, 혈압 강하 작용 **|효능|** 주로 체증·순환기계 질환에 효험이 있다. 열매 및 열매 껍질(구토·숙취·급체), 과핵(산기·임병·요통), 감기·고혈압·냉병·방광염, 식체(닭고기·어류·물고기·가루 음식·수수 음식), 신경통·요통·위염·주독·진통·치통·편도선염

유자나무는 식용, 약용, 관상용, 향신료로 가치가 높다. 열매는 부드럽고 연하여 향기가 좋아 요리에 사용되고 유자차(茶)로 먹는다. 열매껍질과 과핵을 약용으로 쓴다. 한방에서 감기, 호흡기 질환에 다른 약재와 처방한다. 유자청 만들 때는 유자 채의 부피가 100이라고 할 때 설탕을 녹인 시럽 70에 꿀 30을 솥에 넣고 약한 불로 1시간 이상 걸쭉할 때까지 저으며 끓인다. 약초 만들 때는 가을에 줄기를, 겨울에 뿌리를 캐어 햇볕에 말려 쓴다.

이용법

- 닭고기·어류·물고기·가루 음식·수수 음식을 먹고 체했을 때-말린 열매 6g을 물에 달여 하루 3번 나누어 복용한다.
- 감기·기관지염-유자 열매 씨를 버리고 채로 썰어 유리병에 차곡차곡 넣고 설탕을 1:1로 버무려 15일 숙성을 시킨 후 찻잔에 따뜻한 물에 타서 대용차로 마신다.

어혈·건선·혈액 순환에 효능이 있는 **동백나무**

생약명: 산다화(山茶花)─꽃을 말린 것 약성: 차고 쓰다 이용 부위: 꽃 1회 사용량: 잎·꽃·열매 4~6g 독성: 없다 금기 보완: 해롭지는 않으나 한꺼번에 많이 쓰지 않는다

생육 특성

동백나무는 차나뭇과의 상록활엽교목으로 높이는 7~10m 정도이고, 잎은 어긋나고 타원형 또는 긴 타원형으로 가장자리에 물결 모양의 잔톱니가 있다. 앞면은 윤기가 있고, 뒷면은 윤기가 없다. 꽃은 2~4월에 잎 겨드랑이에서 1개씩 붉은색으로 피고, 열매는 10~11월에 둥글게 광택이 나는 홍갈색의 삭과로 여문다.

|작용| 종양 억제 작용 **|효능|** 주로 운동계·외상 질환에 효험이 있다. 어혈·건선·혈액 순환·지혈·산어·소종·토혈·장출혈·타박상·화상·월경 불순·이뇨·인후염·인후통

　동백나무는 동박새가 꽃의 꿀을 먹는 사이에 꽃가루받이가 이루어진다는 조매화(鳥媒花)이다. 동백나무는 식용, 약용, 관상용, 공업용으로 가치가 높다. 정제된 기름은 식용유 로 쓴다. 열매에서 추출하는 동백유(油)는 머릿기름·화장품 원료·물유(物油)·고약(膏藥)·등유(燈油) 등으로 쓴다. 한방에서 외상 질환에 다른 약재와 처방한다. 약초 만들 때는 2~4월에 꽃을 따서 그늘에 말려 쓴다.

이용법

• 어혈·혈액 순환─꽃 4~6g을 물에 달여 하루 3번 나누어 복용한다.
• 화상─꽃가루를 식용유에 개어 환부에 바른다.

신진 대사·탈모·신체 허약에 효능이 있는 **밤나무**

생약명: 율자(栗子)—열매를 말린 것 **약성:** 따뜻하고 달다 **이용 부위:** 알밤의 겉껍질 **1회 사용량:** 적당량 **독성:** 없다 **금기 보완:** 복용 중 소고기는 금한다

생육 특성

밤나무는 참나뭇과의 낙엽활엽교목으로 높이는 10~15m 정도이고, 잎은 어긋나고 곁가지에는 2줄로 늘어선다. 긴 타원형으로 끝이 뾰쪽하고 밑이 둥글며 가장자리에 물결 모양의 톱니가 있다. 꽃은 5~6월에 암수 한그루로 이삭 모양의 미상 꽃차례를 이루며 달려 핀다. 흰색의 수꽃은 새 가지의 잎 겨드랑이에서 나온 꼬리 모양의 긴 꽃 이삭이 많이 달려 곧게 선다. 암꽃은 수꽃 이삭의 밑에 보통 2~3개씩 모여 달려 꽃턱잎으로 싸인다. 열매는 9~10월에 긴 가시가 고슴도치처럼 많이 돋은 밤송이 속에 다갈색의 속껍질에 싸여 1~3개씩 들어 있다.

| 작용 | 항균 작용 **| 효능 |** 주로 순환기계 · 피부과 질환에 효험이 있다, 꽃(신진 대사 · 설사 · 이질 · 혈변), 속껍질(가래), 태운 재(헐어 버린 입 안 · 옻 · 타박상), 강장보호 · 자양 강장 · 근골 동통 · 기관지염 · 위장 · 요통 · 신체 허약 · 원기 부족 · 지혈 · 발모제 · 화상 · 피부 윤택

밤은 예부터 밥처럼 중요한 먹거리로 "밥나무"로 불리던 것이 "밤나무", 꽃이 한창 필 때 향이 독특해 "양향(陽香)"이라 부른다. 밤나무는 식용, 약용, 공업용, 가구용으로 가치가 높다. 생밤은 구워 먹거나 쪄서 먹는다. 탄수화물, 당분, 무기질, 비타민이 풍부하다. 약초 만들 때는 꽃은 5~6월에, 가을에 밤송이를 제거한 후에 알밤의 겉껍질을 깎아 그늘에 말려 쓴다. 밤묵을 만들 때는 가을에 밤송이를 껍질을 제거한 후에 알밤만을 통째로 갈아 도토리묵을 만드는 것처럼 만든다.

이용법

- 신체 허약—껍질을 제거한 밤을 수시로 먹는다.
- 원형 탈모나 대머리—밤송이 10개를 태워 가루를 참기름에 개어 하루에 3번 이상 머리에 문질러 3개월 정도 머리에 바른다.

내 몸을 살리는 약용 나무

거담·고혈압·기관지염에 효능이 있는 **배나무**

생약명: 이과(梨果)—열매 **약성:** 따뜻하고 달다 **이용 부위:** 열매 **1회 사용량:** 적당량 **독성:** 없다 **금기 보완:** 해롭지는 않으나 한꺼번에 많이 먹으면 속해 냉해지므로 임산부는 많이 먹지 않는 게 좋다

생육 특성

배나무는 장밋과의 낙엽활엽소교목으로 높이는 5~10m 정도이고, 잎은 어긋나고 달걀꼴 또는 넓은 달걀꼴로서 끝이 길게 뾰쪽하며 심장 모양이고 가장자리에 바늘 모양의 톱니가 있다. 꽃은 4~5월에 잎과 같이 오판화의 흰색으로 피고, 열매는 9월에 둥글며 핵과로 여문다. 껍질은 연한 갈색으로 속살은 희고 달다.

| **작용** | 혈압 강하 작용 · 혈당 강하 작용 **효능** | 주로 호흡기계 질환에 효험이 있다. 기침 · 거담 · 고혈압 · 기관지염 · 당뇨병 · 백전증 · 비만증 · 이뇨 · 해열 · 토사곽란 · 변비 · 옴 · 복통 · 설사 · 암(예방) · 중독(과일) · 피부미용(피부 보습) · 피부병

배나무는 식용, 약용으로 가치가 높다. 열매의 과육에는 돌세포가 들어 있어 먹을때 그 알맹이가 씹힌다. 열매에는 당분이 10~14%, 칼륨 · 비타민 C가 함유되어 있다. 배는 당분과 수분의 함량이 많아 주로 생과로 이용되고 통조림 · 넥타 · 잼으로 먹는다. 약초 만들 때는 가을에 익은 열매, 열매의 껍질을 깎아 그늘에 말려 쓴다. 전통적인 이강고 만들 때는 배+생강+꿀을 배합하여 만든다.

이용법

- 기관지염—가을에 익은 열매를 따서 반으로 잘라 용기에 넣고 재료의 양만큼 설탕을 붓고 100일 정도 발효시킨 후에 발효액 1에 찬물 3을 희석해서 장복한다.
- 고혈압—말린 배껍질을 적당량을 물에 달여 하루 3번 나누어 복용한다.

내 몸을 살리는 약용 나무

이뇨·천식·토사곽란에 효능이 있는 돌배나무

생약명: 이과(梨果)-열매 약성: 따뜻하고 약간 떫다 이용 부위: 열매 1회 사용량: 적당량 독성: 없다 금기 보완: 임산부는 금한다

생육 특성

돌배나무는 장밋과의 낙엽활엽소교목으로 높이는 10~15m 정도이고, 잎은 어긋나고 달걀꼴로 끝이 길게 뾰쪽하며 가장자리에 바늘 모양의 톱니가 있다. 꽃은 4~5월에 잎과 같이 오판화가 흰색으로 피고, 열매는 9월에 둥글게 다갈색의 핵과로 여문다.

| 작용 | 혈당 강하 작용 · 혈압 강하 작용 · 해열 작용 **| 효능 |** 주로 호흡기계 질환에 효험이 있다. 당뇨병 · 고혈압 · 기침 · 천식 · 토사곽란 · 이뇨 · 하혈 · 변비 · 생진 · 윤조 · 청열

돌배나무는 식용, 약용, 밀원용으로 가치가 높다. 열매의 과육에는 돌세포가 들어 있어 먹을 때 그 알갱이가 씹힌다. 당분이 10~14%, 칼륨 · 비타민 C · 수분이 함유되어 있다. 날것으로 먹거나 통조림 · 넥타 · 잼을 만들어 먹는다. 산돌배에는 항산화 물질과 해열 · 이뇨 · 토사곽란의 치료 물질이 들어 있다. 한방에서 호흡기 질환에 다른 약재와 처방한다. 약초 만들 때는 가을에 열매를 따서 그늘에 말려 쓴다. 식초 만들 때는 돌배 80%+설탕 15%+누룩 5%를 용기에 넣고 한 달 이상 숙성시킨다.

이용법

- 당뇨병에는 생과실을 먹거나 열매껍질과 핵을 제거하고 즙을 내어 먹는다.
- 기침 · 천식 · 기관지염-가을에 익은 열매를 따서 용기에 넣고 재료의 양만큼 설탕을 붓고 100일 정도 발효시킨 후에 발효액 1에 찬물 3을 희석해서 장복한다.

기관지염·거담·니코틴을 해독에 효능이 있는 **복숭아나무**

생약명: 도화(桃花)—꽃을 말린 것, 도인(桃仁)—씨의 알갱이를 말린 것 **약성:** 따뜻하고 달다 **이용 부위:** 씨 1회
사용량: 씨 3~4g, 잎·잔가지 적당량(외상 치료) **독성:** 없다 **금기 보완:** 복용 중에 삽주는 금한다

생육 특성

복숭아나무는 장밋과의 낙엽활엽소교목으로 높이는 3m 정도이고, 잎은 어긋나고 타원 모양의 댓잎 피침형으로 양면에 털이 없고 가장자리에 작고 뭉뚝한 톱니가 있고 끝은 점차 뾰쪽해진다. 꽃은 잎보다 먼저 4~5월에 잎 겨드랑이에 1~2송이씩 옅은 홍색 또는 흰색으로 피고, 열매는 7~8월에 둥근 핵과로 여문다.

| **작용** | 해독 작용 | **효능** | 주로 통증 및 피부 중독에 효험이 있다. 니코틴 해독 · 거담 · 기관지염 · 기미 · 주근깨 · 식체 · 요로 결석 · 장염 · 해수 · 변비 · 부기 · 어혈 · 종통 · 타박상

복숭아나무는 식용·약용·관상용·공업용으로 가치가 크다. 열매를 식용한다. 열매는 여름에 소모된 원기인 양기(陽氣)나 기력(氣力)을 회복하는 데 좋다. 비타민과 면역력 증강 요소가 풍부한 저(低)칼로리 식품으로 피부미용과 니코틴을 해독한다. 한방에서 호흡기 질환에 다른 약재와 처방한다. 약초 만들 때는 5~8월에 잎과 잔가지를, 나무의 진은 줄기와 가지에 상처를 내어 채취하여 햇볕에 말려 쓴다.

이용법

• 피부병·고운 살결을 원할 때—욕조에 활짝 핀 꽃을 넣고 목욕을 한다.
• 대하증—가지를 삶은 물로 음부를 씻는다.

내 몸을 살리는 약용 나무

기관지염·천식·통풍에 효능이 있는 돌복숭아

생약명: 도인(桃仁)—씨를 말린 것, 도화(桃花)—꽃을 말린 것 **약성:** 따뜻하고 약간 달다 **이용 부위:** 씨·꽃 1회
사용량: 씨 2~6g **독성:** 없다 **금기 보완:** 임산부는 금한다

생육 특성

돌복숭아는 장밋과의 갈잎중키나무로 높이는 3~5m 정도이고, 잎은 어긋나고 피침형이며 가장자리에 톱니가 있다. 꽃은 잎이 나기 전인 4~5월에 잎 겨드랑이에 1~2송이씩 달리며 홍색 또는 흰색으로 피고, 열매는 8~9월에 7~8월에 핵과로 여문다.

| 작용 | 항염 작용 **| 효능 |** 주로 통증, 피부과 질환에 효험이 있다. 기침·천식·기관지염, 꽃(냉증), 진(위하수·오장육부·부종·신장병·소변 불통)

돌복숭아나무는 흔히 '개복숭아'라고 불리는 '돌복숭아'의 정식 이름은 '복사나무'이다. 조선 시대 『향약집성방』의 〈신선방〉에 "복숭아나무진을 오래 먹으면 신선처럼 된다"고 기록돼 있다. 토종 돌복숭아는 과육이 단단하고 신맛이 나기 때문에 먹을 수 없으나 효소나 술에 담가 먹는다. 야생 돌복숭아진은 폐를 비롯한 오장 육부에 좋다. 한방에서 호흡기 질환에 다른 약재와 처방한다. 약초 만들 때는 여름에 잘 익은 열매를 따서 과육을 제거한 후에 씨를 분리하여 햇볕에 말려 쓴다. 돌복숭아꽃 화장수 만들 때는 돌복숭아꽃을 용기에 넣고 소주 19도를 부어 밀봉하여 2달 후에 물에 희석해서 2~3개월 꾸준히 세수를 하면 기미, 주근깨, 여드름이 개선되고 살결에 윤이 난다.

이용법

- 위가 처지는 위하수—나무의 진을 채취하여 가루 내어 복용한다.
- 잦은 기침·천식—속씨를 술에 담가 잠들기 전에 소주잔으로 한두 잔 마신다.

내 몸을 살리는 약용 나무

위염·변비·소화 불량에 효능이 있는 # 사과나무

생약명: 평과(苹果)–열매 **약성**: 평온하고 달다 **이용 부위**: 열매 **1회 사용량**: 적당량 **독성**: 없다 **금기 보완**: 사과에 씨에는 미량의 독이 있다

생육 특성

사과나무는 장밋과의 낙엽활엽교목으로 높이는 3~6m 정도이고, 잎은 어긋나고 타원형 또는 넓은 타원형으로서 끝이 짧게 꼬리처럼 길어져 뾰쪽하고 가장자리에 얕고 둔한 톱니가 있다. 꽃은 4~5월에 잎과 함께 가지 끝 부분의 잎 겨드랑이에서 나와 산형 총상 꽃차례의 분홍색으로 피고, 열매는 8~9월에 둥근 핵과로 여문다.

┃**작용**┃ 혈당 강하 작용 ┃**효능**┃ 주로 위경·췌장성 질환에 효험이 있다. 위염·폐질환·감기·강장 보호·구충(요충)·변·화상·구토·하리·당뇨병·뇌졸중·소화 불량·동맥 경화·곽란·복통·이질·불면증·암(대장암)·위궤양·위산 과다증·저혈압·치매증

　사과는 붉은색과 하트 모양을 닮았기 때문에 연인과 친구 간에 사과를 주는 행위는 사랑의 고백을 의미한다. 사과는 식용, 약용, 공업용으로 가치가 높다. 열매에는 신맛과 단맛이 있어 식용하고, 각종 음료·양조·잼·건과로 먹는다. 껍질을 그늘에 말려 반위토담(反胃吐痰)에 사용한다. 한방에서 췌장성 질환에 다른 약재와 처방한다. 식초 만들 때는 사과 80%+설탕 20%+이스트 3%를 용기에 넣고 한 달 이상 속성시킨다. 약초 만들 때는 8~9월에 익은 열매를 따서 껍질을 깎아 그늘에 말려 쓴다.

이용법

- 폐 질환–사과를 생으로 수시로 먹는다.
- 변비–사과를 강판에 갈아 즙을 내어 공복에 먹는다.

내 몸을 살리는 약용 나무

출혈·화상·피부 소양증에 효능이 있는 상수리나무

생약명: 상실(橡實)—열매 약성: 따뜻하고 쓰고 떫다 이용 부위: 열매 1회 사용량: 열매 20~30g 독성: 없다 금기 보완: 떫은맛을 제거하지 않고 먹으면 변비가 생긴다

생육 특성

상수리나무는 참나뭇과의 낙엽활엽교목으로 높이는 20~25m 정도이고, 잎은 어긋나고 긴 타원형으로서 양끝이 좁고 가장자리에 바늘 모양의 예리한 톱니가 있다. 표면은 녹색이고 광택이 있다. 꽃은 5월에 암수 한 그루로 피고, 잎 겨드랑이에서 꼬리 모양을 한 미상 꽃차례를 이루며 핀다. 수꽃 이삭은 어린 가지 밑에, 암꽃 이삭은 1~3개가 핀다. 열매는 이듬해 10월에 둥근 견과로 여문다.

| 작용 | 혈관이나 장(腸)을 수축시키는 작용 · 진통 작용 · 항균 작용 **| 효능 |** 주로 소화기계 질환에 효험이 있다. 강장 보호 · 소화 불량 · 아토피성 피부염 · 위염 · 암 예방 · 종독 · 지혈 · 출혈 · 탈항 · 화상 · 편도선염 · 피부 소양증 · 거담 · 진통

상수리나무는 식용, 약용으로 가치가 높다. 열매로 별미 건강식으로 묵을 만들어 먹는다. 술의 향기와 맛에 영향을 미치는 '모락톤'이라는 성분의 함량이 높아 오크(ock) 통에 술을 넣고 오랜 기간 숙성시킨다. 나무에 들어 있는 타닌 성분 때문에 다른 균들이 자라지 못하고 표고버섯이 잘 자란다. 간장 항아리 안에 넣어 간장 속의 해로운 물질을 없애는 데 쓴다. 한방에서 설사 · 치질 · 탈항(脫肛) · 지혈 · 거담에 다른 약재와 처방한다. 약초 만들 때는 10월에 도토리 열매를 따서 겉껍질을 벗겨 내고 햇볕에 말려 가루를 쓴다.

이용법

- 무좀—참나무를 건류하여 진액을 만들어 환부에 자주 바른다.
- 치질—생잎를 짓찧어 즙을 내어 환부에 바른다.

여성 갱년기·당뇨병·식체에 효능이 있는 # 석류나무

생약명: 석류피(石榴皮)—열매의 껍질을 말린 것, 석류근피(石榴根皮) · 석류자(石榴子)—뿌리, 줄기 또는 가지의 껍질을 말린 것 **약성**: 따뜻하고 시고 떫다 **이용 부위**: 열매껍질 **1회 사용량**: 열매껍질 5∼8g, 뿌리 · 잎 · 꽃 4∼6g **독성**: 없다 **금기 보완**: 석류나무껍질은 위점막을 자극하므로 위염 환자는 복용을 금한다

▶ 생육 특성 ◀

석류나무는 석류나뭇과의 낙엽활엽소교목으로 높이는 5∼7m 정도이고, 잎은 마주 나고 긴타원형이며 가장자리가 밋밋하다. 꽃은 5∼6월에 가지 끝에 육판화가 1∼5송이씩 차례로 붉은색으로 피고, 열매는 9∼10월에 둥근 장과로 여문다.

| 작용 | 혈당 강하 작용 **| 효능 |** 주로 소화기계 및 이비인후과 질환에 효험이 있다. 여성 갱년기 · 소갈증 · 설사 · 이질 · 대하증 · 구내염 · 신경통 · 구충 · 숙취 · 식체 · 월경 불순 · 인후염 · 치통 · 탈항 · 피임 · 출혈

　조선 시대 허준이 저술한 『동의보감』에 "석류만 생각하면 입 안에 침이 고인다"고 기록돼 있다. 씨는 다산을 상징한다. 석류나무는 식용, 약용, 관상용으로 가치가 높다. 고대 페르시아에서 생명의 과일로 여겨 중동과 이란 사람들은 석류를 10시간 이상 끓여서 음식에 넣어 먹거나 음료로 먹는다. 과실의 씨앗 1kg당 10∼18mg에 여성호르몬인 에스트로겐이 함유돼 있다. 한방에서 여성 갱년기 질환에 다른 약재와 처방한다. 약초 만들 때는 연중 내내 필요할 때 뿌리를 캐서 물로 씻고 쌀뜨물에 담갔다가 햇볕에 말린다.

이용법

- 여성 갱년기—석류껍질을 강판에 갈아 즙을 내어 복용한다.
- 설사 · 이질—열매껍질 5∼8g 물에 달여 하루 3번 나누어 복용한다.

내 몸을 살리는 약용 나무

소화 불량·식적 창만·거담에 효능이 있는 # 탱자나무

생약명: 지각(枳殼)—익은 열매를 말린 것, **지실**(枳實)—덜 익었을 때 2~3조각으로 잘라서 말린 것 **약성: 지각**(서늘하며, 쓰다) · **지실**(차며, 맵고 시다) **이용 부위: 열매 1회 사용량:** 덜 익은 열매 4~6g **독성:** 없다 **금기 보완:** 임산부, 위가 허약한 사람은 금한다

생육 특성

탱자나무는 운향과의 낙엽활목관목으로 높이는 2~4m 정도이고, 잎은 어긋나고 3개의 작은 잎으로 구성된 3출 겹잎으로 잎자루에 날개가 있다. 가장자리에 둔한 톱니가 있다. 꽃은 5월에 잎이 나기 전에 줄기 끝과 잎 겨드랑이에 1~2개씩 흰색으로 피고, 열매는 8~9월에 누렇게 둥근 장과로 여문다. 씨앗은 10개 정도 들어 있다.

| 작용 | 에탄올 추출물은 여러 암세포의 성장을 억제 **| 효능 |** 주로 소화기계 · 호흡기계 질환에 효험이 있다. 거담제 · 건위 · 소화 불량 · 식적 창만 · 기관지염 · 편도선염 · 대하증 · 변비 · 복부 팽만 · 복통 · 빈혈증 · 이뇨

탱자나무는 약용, 생울타용으로 가치가 높다. 열매는 향기는 좋으나 먹을 수 없으나 2~3 조각으로 잘라서 말려 약재로 썼다. 약으로 쓸 때는 탕으로 만들거나 환제 또는 산제로 사용하며, 술에 담가 마신다. 묘목은 귤나무 접붙이기의 접본으로 쓴다. 한방에서 호흡기 질환에 다른 약재와 처방한다. 약초 만들 때는 가을에 덜 익은 열매를 따서 2~3 조각으로 잘라서 햇볕에 말려 쓴다.

이용법

- 지통—덜 익은 열매 4~6g을 물에 달여 하루 3번 나누어 복용한다.
- 소화 불량—생열매를 짓찧어 즙을 내어 마신다.

내 몸을 살리는 약용 나무

신장병·이뇨·소변 불리에 효능이 있는 **아까시나무**

생약명: 자괴화(刺槐花)─꽃을 말린 것, 괴화엽(刺槐葉)─잎을 말린 것, 자괴근피(刺槐根皮)─줄기와 뿌리를 말린 것 **약성:** 평온하고 약간 달다 **이용 부위:** 잎 · 뿌리껍질 **1회 사용량:** 잎 · 뿌리 5~8g **독성:** 없다

생육 특성

아까시나무는 콩과의 갈잎큰키나무로 높이는 10m 정도이고, 잎은 어긋나고 깃 모양의 겹잎이고 작은 잎은 9~19개이고 타원 또는 달걀 모양이고 가장자리는 밋밋하다. 가지에는 가시가 있다. 꽃은 5~6월에 새 가지의 겨드랑이에서 술 모양의 꽃차례가 밑으로 처지며 나비 모양의 흰색으로 피고 열매는 9월에 갈색의 꼬투리로 여문다.

| **작용** | 이뇨 작용 | **효능** | 주로 소화기 질환에 효험이 있다, 신장병 · 이뇨 · 소변 불리 · 부종 · 변비 · 수종

아까시나무는 우리나라 꿀벌이 가장 좋아하는 밀원(蜜源·꿀의 원천이 되는 식물)이다. 2000년대 초반까지만 해도 아까시나무에서 우리나라 꿀 생산량의 70% 이상을 생산했다. 아까시나무 꽃 1개에서 하루 평균 2.2마이크로리터의 꿀이 생산된다. 유백색 꽃송이는 작은 흰 나비를 닮았다. 식용·약용·밀원용·관상용으로 가치가 크다. 꽃에서 꿀 향기가 나서 식용한다. 한방에서 뿌리껍질을 말린 후 변비나 오줌소태에 다른 약재와 처방한다. 약초 만들 때는 봄에 잎을, 가을에 뿌리껍질을 캐어 햇볕에 말려 쓴다.

이용법

• 변비─생뿌리껍질을 짓찧어 즙을 내어 마신다.
• 소변 불리─말인 잎을 5~8g을 물에 달여 하루 3번 복용한다.

내 몸을 살리는 약용 나무

월경불순·뇌졸중·이뇨에 효능이 있는 **이팝나무**

생약명: 탄율수(炭栗樹)−열매를 말린 것 **약성:** 서늘하고 쓰고 시다 **이용 부위:** 전초 · 열매 **1회 사용량:** 전초 5~10g, 열매 2~5g **독성:** 없다 **금기 보완:** 해롭지는 않으나 치유되면 중단한다

생육 특성

이팝나무는 물푸레나뭇과의 낙엽활엽교목으로 높이는 25m 정도이고, 잎은 마주 나고, 타원형 또는 달걀형, 첨두, 무단형, 넓은 예형으로 가장자리는 밋밋하다. 꽃은 5~6월에 암수 딴 그루로 세 가지에 흰꽃으로 피고, 열매는 9~10월 검은색의 핵과로 여문다.

| **작용** | 이뇨 작용 | **효능** | 주로 통증 · 부인병 질환에 효험이 있다. 뇌졸중 · 수족 마비 · 근골 위약 · 이뇨 · 부종 · 소변 불통 · 월경 불순 · 생리통 · 혈액 순환

이팝나무꽃이 만발할 때 사발에 담긴 쌀밥(이밥)처럼 보여 '이팝나무', 전라북도 일부 지방에서는 24절기 중 입하 때 꽃이 핀다 하여 '입하목(入夏木)', 어청도 사람들은 '뺏나무', 중국이나 일본에서 잎을 차(茶) 대용으로 쓰기 때문에 '다엽수(茶葉樹)'라 부른다. 이팝나무는 식용, 약용, 관상용으로 가치가 높다. 꽃은 차로, 어린잎은 나물로, 열매는 술에 담가 먹는다. 한방에서는 열매로 기력이 감퇴하여 일어나는 수족 마비와 이뇨제로 다른 약재와 처방한다. 약초 만들 때는 가을에 검게 익은 열매를 따서 햇볕에 말려 쓴다.

이용법

- 수족 마비−열매 2~5g을 물에 달여 하루 3번 나누어 복용한다.
- 이뇨 · 부종−말린 잎 3g을 물에 달여 하루 3번 나누어 복용한다.

내 몸을 살리는 약용 나무

이뇨·류머티즘·허약 체질에 효능이 있는 **닥나무**

생약명: 저실자(楮實子)-열매를 말린 것, 저엽(楮葉)-잎을 말린 것, 저백피(楮白皮)-줄기를 말린 것, 저경(楮莖)-가지를 말린 것 **약성:** 차고 달다 **이용 부위:** 전초 · 열매 · 뿌리 **1회 사용량:** 열매 4~6g **독성:** 없다

생육 특성

닥나무는 뽕나뭇과의 낙엽활엽관목으로 높이는 2~5m 정도이고, 잎은 어긋나는데 간혹 마주나기도 한다. 길쭉한 달걀꼴로 끝은 뾰쪽하고 밑은 둥글고 가장자리에 날카로운 톱니가 있다. 꽃은 암수 한 그루로 5월에 둥근 꽃차례를 이루며 위쪽에 잎 겨드랑이에서 암꽃은 2~4월에 잎과 같이 수꽃은 어린 가지에 피고, 열매는 9~10월에 붉은빛 둥근 핵과로 여문다.

| **작용** | 이뇨 작용 | **효능** | 주로 소화기 질환에 효험이 있다. 잎(이뇨), 열매(중풍), 뿌리껍질(거풍 · 이뇨 · 활혈 · 류머티즘 · 타박상 · 부종 · 피부염),자양 강장 · 안질 · 허약 체질

닥나무의 줄기를 꺾으면 딱 하고 소리가 나기 때문에 사람들은 생(生)을 마감할 때 자기 이름을 부른다 하여 '딱나무', 옛날에 제지 원료로 사용했다 하여 '저포'라 부른다. 조선 시대에 이 나무로 종이를 만들었다. 전주 한지가 유명하다. 닥나무는 식용, 약용, 공업용으로 가치가 높다. 어린잎은 식용한다. 한방에서 소화기 질환에 다른 약재와 처방한다. 약초 만들 때는 가을에 열매를, 연중 수시로 가지와 줄기 · 뿌리껍질을 수시로 채취하여 햇볕에 말려 쓴다.

이용법

• 이뇨-말린 잎 5g을 물에 달여 하루 3번 나누어 복용한다.
• 부종-뿌리껍질 5g을 물에 달여 하루 3번 나누어 복용한다.

내 몸을 살리는 약용 나무

구내염·부종·이뇨에 효능이 있는 등나무

생약명: 등(藤)—줄기를 말린 것 **약성:** 차고 쓰다 **이용 부위:** 줄기 **1회 사용량:** 줄기·씨 2~3g **독성:** 없다 **금기 보완:** 해롭지는 않으나 치유되는 대로 중단한다

생육 특성

등나무는 콩과의 낙엽활엽덩굴나무로 높이는 10m 정도이고, 잎은 어긋나고 11~19개의 작은 잎으로 구성된 1회 홀수 깃꼴겹잎으로 달걀을 닮은 타원형 또는 달을 닮은 긴 타원형으로 끝이 뾰쪽하고 가장자리가 밋밋하다. 꽃은 5월에 잎과 함께 꽃대에 꽃차례를 이루며 연한 자주색 또는 흰색으로 피고, 열매는 9월에 꼬투리가 달려 협과로 여문다.

| 작용 | 이뇨 작용 **| 효능 |** 주로 이뇨 질환에 효험이 있다. 구내염·소변 불통·악성 종양·자궁근종·치주염·이뇨·부종

    등나무의 줄기는 오른쪽으로, 칡은 왼쪽으로 감으면서 올라간다. 등나무는 약용, 관상용, 밀원용으로 가치가 높다. 꽃을 날것으로 먹는다. 한방에서 이뇨 질환에 다른 약재와 처방한다. 약초 만들 때는 10월에 잔가지·줄기·씨를 채취하여 햇볕에 말려 쓴다. 외상에는 등나무 달인 물로 씻는다.

이용법

- 구내염—꽃을 달인 물을 입 안에 넣고 가글을 하거나 양치질을 한다.
- 소변 불통—말린 줄기 2~6g을 물에 달여 하루 3번 나누어 복용한다.

근육통·타박상·골절상에 효능이 있는 **딱총나무**

생약명: 접 골목(接骨木)—줄기와 가지를 말린 것, 접골엽(接骨葉)—잎을 말린 것, 접골목근(接骨木根)—뿌리를 말린 것 **약성:** 평온하고 달고 쓰다 **이용 부위:** 뿌리 **1회 사용량:** 뿌리 6~9g **독성:** 없다 **금기 보완:** 임산부는 금한다

생육 특성

딱총나무는 인동과의 갈잎떨기나무로 높이는 3~5m 정도이고, 잎은 마주 나고 깃꼴겹잎이며 작은 잎은 양끝이 뾰쪽한 피침형이고 가장자리에 톱니가 있다. 꽃은 암수 딴 그루로 5~월에 가지 끝에 연한 황색 또는 연녹색으로 피고, 열매는 9~10월에 둥근 핵과로 여문다.

| 작용 | 진통 작용 **| 효능 |** 주로 동계 및 신경계 질환에 효능이 있다. 골절·근골동통·요통·관절염·신장염·각기·수종·타박상에 의한 종통·마비·근육통·사지동통

　딱총나무의 가지를 꺾으면 딱 하고 총소리가 나기 때문에 '딱총나무', 대보름에 어린아이들이 딱총을 만드는 데 썼기 때문에 '딱총', 뼈를 붙여 준다 하여 '접골목(接骨木)'이라 부른다. 딱총나무는 식용, 약용, 공업용으로 가치가 높다. 어린잎은 식용한다. 최근 약리 실험에서 골절상을 입었을 때 골질의 접합을 촉진시키는 것으로 밝혀졌다. 한방에서 골절에 다른 약재와 처방한다. 약초 만들 때는 연중 수시로 가지를 채취하여 껍질째 햇볕에 말려 쓴다.

이용법

- 골절·근골동통—말린 약재를 1회 4~6g씩 물에 달여 복용한다.
- 타박상에 의한 종통—생잎을 짓찧어 즙을 내어 환부에 붙인다.

내 몸을 살리는 약용 나무

215

월경 불순·대하증·신경통에 효능이 있는 **박태기나무**

생약명: 자형피(紫荊皮)-가지를 말린 것 **약성:** 평온하고 쓰다 **이용 부위:** 나무껍질 **1회 사용량:** 나무껍질 6~8g **독성:** 없다 **금기 보완:** 해롭지는 않으나 병이 치유되는 대로 중단한다

생육 특성

박태기나무는 콩과의 낙엽활엽관목으로 높이는 5m 정도이고, 잎은 어긋나고 가죽질 심장형으로서 가장자리가 뾰쪽하고 밋밋하다. 꽃은 4월 하순경에 잎보다 먼저 작은 꽃차례를 이루며 자홍색으로 피고, 열매는 8~9월에 꼬투리가 달린 갈색으로 편평하고 긴 선 모양의 타원형의 협과로 여문다.

| 작용 | 항바이러스 작용 · 항균 작용 **| 효능 |** 주로 부인과 · 신경계 질환에 효험이 있다. 줄기껍질(월경 불순 · 월경통 · 인후통 · 소종 · 통경 · 해독), 줄기(심복통 · 천식 · 지통), 대하증 · 산후 복통 · 신경통 · 옹종 · 타박상

   박태기나무는 줄기와 가지에 다닥다닥 꽃이 피는 모습이 마치 밥알이 붙은 주걱처럼 보인다 하여 '밥풀때기나무', 예수를 팔은 가롯 유다가 목매어 죽었다 하여 '죄인이 목맨 나무'라 부른다. 박태기나무는 식용, 약용, 관상용으로 가치가 높다. 어린순을 날로 먹고, 꽃은 차로 먹는다. 한방에서 부인과 질환에 다른 약재와 처방한다. 약초 만들 때는 7~8월에 나무껍질을 햇볕에 말려 쓴다.

이용법

- 월경통-줄기껍질 6~8g을 물에 달여 하루 3번 나누어 복용한다.
- 타박상-생잎을 짓찧어 즙을 내어 환부에 붙인다.

신경통·관절염·진통에 효능이 있는 **사철나무**

생약명: 화두충(和杜沖)—나무껍질과 뿌리를 말린 것, 왜두충(倭杜沖)—껍질을 벗겨 말린 것 **약성:** 차고 쓰다
이용 부위: 나무껍질·뿌리 **1회 사용량:** 나무껍질·뿌리 3~5g **독성:** 없다

생육 특성

사철나무는 노박덩굴과의 상록활엽관목으로 높이는 2~3m 정도이고, 잎은 마주 나고 가죽질이며 타원형으로 가장자리에 둔한 톱니가 있다. 꽃은 6~7월에 잎 겨드랑이에서 나온 꽃대 끝에 취산 꽃차례로 달려 빽빽이 황록색으로 피고, 열매는 9~10월에 붉은색으로 둥근 삭과로 여문다.

| **작용** | 소염 작용·진통 작용 **효능** | 주로 운동계·신경계·순환계 질환에 효험이 있다. 원기 부족·고혈압·신경통·요통·관절염·관절통·견비통·요통·생리통·월경 불순·소염제·진통

 사철나무는 일 년 내내 푸르름을 간직하고 있기 때문에 '동청(冬靑)'이라 부른다. 사철나무는 식용, 약용, 관상용, 울타리용으로 가치가 높다. 한방에서 나무껍질이나 뿌리를 신경통과 진통제로 다른 약재와 처방한다. 두충 대용으로 사용한다. 약초 만들 때는 연중 수시로 나무껍질, 뿌리를 채취하여 햇볕에 말려 쓴다. 유사종으로는 긴잎사철나무는 잎의 길이는 6~9cm, 너비는 2~3.5cm 정도이고, 흰점사철나무는 잎에 흰색 줄이 있고, 은태사철나무는 잎에 노란색 반점이 있고, 금사철나무는 잎의 가장자리에 노란색이 있고, 황록사철나무는 잎에 노란색과 녹색 반점이 있다.

이용법

- 생리통·월경 불통—뿌리 3~5g을 물에 달여 하루 3회 나누어 복용한다.
- 관절통·신경통—뿌리껍질을 달인 물로 욕조에 넣고 목욕을 한다.

내 몸을 살리는 약용 나무

해열·대하증·어혈에 효능이 있는 조팝나무

생약명: 목상산(木常山)-뿌리를 말린 것 약성: 차고 시고 쓰고 맵다 이용 부위: 꽃·줄기 1회 사용량: 꽃·줄기 4~8g 독성: 없다 금기 보완: 해롭지는 않으나 치유되는 대로 중단한다

생육 특성

조팝나무는 장밋과의 낙엽활엽관목으로 높이는 1~2m 정도이고, 잎은 어긋나고 타원형으로 가장자리에 잔톱니가 있고 끝이 뾰족하다. 꽃은 4~5월에 위쪽의 짧은 가지에 4~6개씩 산형 꽃차례로 흰색으로 피고, 열매는 9월에 털이 없는 골돌로 여문다.

| 작용 | 항염 작용 | 효능 | 주로 열증 질환에 효험이 있다. 감기·대하증·어혈·학질·해열·인후종통·신경통·설사

조팝나무는 꽃이 만발한 모양이 마치 튀긴 좁쌀처럼 생겼다 하여 '조팝나무'라 부른다. 지난해 나온 가지에서 생긴 위쪽의 짧은 곁가지에는 모두 꽃이 핀다. 조팝나무는 식용, 약용, 밀원용, 관상용으로 기치가 높다. 어린순은 나물로 먹는다. 한방에서 열증 질환에 다른 약재와 처방한다. 약초 만들 때는 봄에 잎을 따서 쓰고, 가을에 뿌리를 캐어 햇볕에 말려 쓴다.

이용법

- 설사·대하-뿌리 4~6를 물에 달여 하루 3번 나누어 복용한다.
- 어혈·타박상-생잎을 짓찧어 즙을 내어 환부에 붙인다.

내 몸을 살리는 약용 나무

치통·신경통·진통에 효능이 있는 **능수버들**

생약명: 유지(柳枝)—잔 가지를 말린 것 **약성:** 차고 쓰다 **이용 부위:** 잔가지 **1회 사용량:** 잎·잔가지 8~15g **독성:** 없다 **금기 보완:** 해롭지는 않으나 병이 치유되는 대로 중단한다

생육 특성

능수버들은 버드나뭇과의 낙엽활엽교목으로 높이는 20m 정도이고, 잎은 어긋나고 댓잎피침형으로 양끝이 뾰쪽하고 가장자리에 잔톱니가 있다. 꽃은 암수 딴 그루로 4월에 미상 꽃차례를 이루며 노란색으로 피고, 열매는 여름에 길이 3mm 정도의 삭과로 여문다.

| **작용** | 소염 작용·해열 작용·국소 마취 작용·진통 작용·혈압 강하 작용 | **효능** | 주로 비뇨기·피부과·순환기계 질환에 효험이 있다. 가지(이뇨·지통·류머티즘에 의한 비통·소변 불통·충치), 줄기껍질(류머티즘·지통·황달·치통), 잎(이뇨·청열·유선염·갑상선종), 뿌리(이수 거풍·임병·류머티스성 동통), 간염(B형 간염)·황달·소염제·신경통·옹종·진통·고혈압·해수·가래·천식

　버드나무는 물가나 산기슭, 밭둑 어디서든 잘 자란다. 우리 조상들은 '매화를 선녀(仙女), 벚꽃을 숙녀(淑女), 해당화를 기녀(妓女), 버드나무를 재녀(才女)'라고 비유했다. 버드나무는 식용, 약용, 가로수, 충치수로 가치가 높다. 꽃은 식용하고, 한방에서 열매의 솜털을 지혈제로 쓴다. 한방에서 진통에 다른 약재와 처방한다. 약초 만들 때는 연중 잎·가지·줄기 껍질·뿌리를 수시로 채취하여 햇볕에 말려 쓴다. 1899년 독일 바이엘사는 버드나무에서 추출물로 상용화된 것이 아스피린이다.

이용법

· 류머티즘—줄기껍질 10g을 물에 달여 하루 3번 나누어 복용한다.
· 유방 옹종—생잎을 짓찧어 즙을 내어 환부에 붙인다.

내 몸을 살리는 약용 나무

출혈·강장 보호·신체 허약에 효능이 있는 **쥐똥나무**

생약명: 수랍과(水蠟果)-열매를 말린 것 약성: 평온하고 달다 이용 부위: 열매 1회 사용량: 열매 4~6g 독성: 없다 금기 보완: 해롭지는 않으나 병이 치유되는 대로 중단한다

생육 특성

쥐똥나무는 물푸레나뭇과의 낙엽활엽관목으로 높이는 2~4m 정도이고, 잎은 마주 나고 긴타원형으로 끝이 둔하고 밑이 넓게 뾰쪽하며 가장자리가 밋밋하다. 꽃은 5~6월에 가지 끝에서 백색으로 피고, 열매는 10월에 둥근 모양의 흑색으로 여문다.

| **작용** | 강장 보호 작용 | **효능** | 주로 자양 강장 · 열증 질환에 효험이 있다. 강장 보호 · 각기 · 지혈 · 신체 허약 · 자한 · 토혈 · 출혈 · 토혈 · 혈변 · 유정증

　　쥐똥나무는 검게 다 익은 열매가 쥐똥처럼 생겼다 하여 '쥐똥나무'라 부른다. 우리나라가 원산지이다. 쥐똥나무는 식용보다는 약용, 관상용, 가로수, 생울타리용으로 가치가 높다. 한방에서 열매와 나무껍질을 자양 강장에 다른 약재와 처방한다. 약초 만들 때는 가을에 검게 익은 열매를 따서 햇볕에 말려 쓴다.

이용법

- 신체 허약-열매 4~6g을 물에 달여 하루 3번 복용한다.
- 자한(땀)-황기와 열매 각각 4~6g을 물에 달여 하루 3번 복용한다.

암·당뇨병·비만에 효능이 있는 **비파나무**

생약명: 비파엽(枇杷葉)-잎을 말린 것, 비파(枇杷)-씨 약성: 평온하고 쓰다 이용 부위: 잎 1회 사용량: 잎 5~10g 독성: 없다 금기 보완: 해롭지는 않으나 병이 치유되는 대로 중단한다

생육 특성

비파나무는 장밋과의 상록활엽소교목으로 높이는 5m 정도이고, 잎은 어긋나고 넓은 댓잎피침형으로 끝이 뾰쪽하고 가장자리에 이빨 모양의 톱니가 있다. 꽃은 10~11월에 가지 끝에 원추 꽃차례로 흰색으로 피고, 열매는 꽃이 지고 다음해 6월경에 공 모양 또는 타원형의 황색으로 여문다.

| **작용** | 항암 작용 · 혈당 강하 작용 · 진통 작용 · 혈압 강하 작용 **효능** | 주로 간경 · 방광경 · 심혈관 질환에 효험이 있다, 암(직장암 · 폐암 · 후두암) · 당뇨병 · 고혈압 · 비만 · 진통 · 간염 · 거담 · 천식 · 견비통 · 고혈압 · 부인병 · 신장병 · 위통 · 화상

비파나무는 중국 남부 지역이 원산지인 아열대 과수다. 우리나라에서는 남부 해안 지역에서 재배된다. 비파나무는 식용, 약용, 관상용으로 가치가 높다. 열매를 껍질째 먹을 수 있고, 한방에서 잎은 통증 완화에 다른 약재와 처방한다. 열매에는 당분 · 비타민 A · B · C와 눈 건강에 도움이 되는 베타카로틴, 항산화 효과가 있는 폴리페놀 · 프로시아닌, 비만 예방에 효능이 있는 에피카테틴, 심혈관에 효능이 있는 코로소린산과 케르세틴이 함유되어 있다. 약초 만들 때는 봄~여름에 잎을 따서 그늘에 말리고 가을에 열매를 따서 과육을 제거한 후에 씨를 햇볕에 말려 쓴다.

이용법

- 당뇨병-씨 5~10g을 물에 달여 하루 3번 복용한다.
- 화상-생열매를 짓찧어 즙을 내어 환부에 바른다.

내 몸을 살리는 약용 나무

저혈압·불면증·빈혈에 효능이 있는 명자나무

생약명: 노자(櫨子)·사자(樝子)—열매를 말린 것 **약성:** 따뜻하고 시다 **이용 부위:** 열매 **1회 사용량:** 열매 4~6g **독성:** 없다 **금기 보완:** 해롭지는 않으나 병이 치유되면 중단한다

생육 특성

명자나무는 장밋과의 낙엽활엽관목으로 높이는 2~3m 정도이고, 잎은 어긋나고 타원형이며 가장자리에 톱니가 있다. 꽃은 4~5월에 짧은 가지 끝에 1개 또는 여러 개가 붉은색으로 피고, 열매는 7~8월에 타원형의 이과로 여문다.

┃작용┃ 진통 작용 **┃효능┃** 주로 출혈·신경기계·소화기계 질환에 효험이 있다. 저혈압·불면증·근육 경련·수종·이질·곽란·근육통·진통·빈혈증·위염·장출혈·주독·담·해수·구토·요통·설사

　명자나무는 이름이 다양하다. 경기도에서는 '아가씨꽃' 또는 '애기씨꽃', 전라도에서는 '산당화'라 부른다. 식용·약용·관상용으로 가치가 크다. 명자나무는 열매는 식용, 약용으로 가치가 높다. 열매에는 'malic acid'라는 성분이 함유되어 있다. 한방에서 불면증에 다른 약재와 처방한다. 약초 만들 때는 7~8월에 열매가 익기 전에 푸른 열매를 따서 쪼개어 그늘에 말려 쓴다.

이용법

- 근육 경련—말린 열매 4~6g을 물에 달여 하루 3번 나누어 복용한다.
- 저혈압·자양 강장·불면증—7~8월에 익은 열매를 따서 용기에 넣고 소주(19도)를 부어 밀봉하여 3개월 후에 마신다.

근골 동통·근육 마비·소변 불통에 효능이 있는 # 후박나무

생약명: 토후박(土厚朴)—줄기 또는 뿌리의 껍질을 벗겨 말린 것 약성: 따뜻하고 떫고 쓰다 이용 부위: 나무 껍질 1회 사용량: 잎·나무껍질·열매 10g 독성: 잎에 미량의 독이 있다 금기 보완: 임산부는 복용을 금한다

생육 특성

후박나무 녹나뭇과의 상록활엽교목으로 높이는 20m 정도이고, 잎은 어긋나고 가지 끝에서는 모여 난 것처럼 보이며 타원형이고 가장자리는 밋밋하다. 꽃은 5~6월에 새잎이 나올 때 잎 겨드랑이와 가지 끝에서 원추 꽃차례를 이루며 황록색으로 피고, 열매는 8~9월에 둥근 장과로 여문다.

| 작용 | 이뇨 작용 · 진통 작용 | 효능 | 주로 소화기 질환에 효험이 있다. 자양 강장 · 강장 보호 · 거담 · 골절 번통 · 근골 동통 · 근육 마비 · 소변 불통 · 이뇨 · 양기 부족 · 중풍

일본에서는 목련을 후박나무라 부른다. 유사종으로 잎의 모양이 넓은 왕후박나무가 있다. 후박나무 식용보다는 약용, 관상용, 공업용으로 가치가 높다. 나무껍질을 염료로 쓴다. 한방에서 나무껍질은 소화기 질환에 다른 약재와 처방한다. 약초 만들 때는 5~6월에 꽃을 따서 그늘에, 8~10월에 익은 열매와 나무껍질을 채취하여 햇볕에 말려 쓴다.

이용법

- 자양 강장—열매를 10g을 물에 달여 하루 3번 복용한다.
- 근육 마비—생나무껍질을 달인 물을 욕조에 넣고 목욕을 한다.

내 몸을 살리는 약용 나무

자양강장·심장질환·동맥경화에 효능이 있는 포도

생약명: 포도(葡萄)─자흑색의 열매 약성: 따뜻하고 달다 이용 부위: 열매·줄기 1회 사용량: 뿌리 5g, 열매 30~60g 독성: 없다 금기 보완: 한꺼번에 많이 먹으면 설사를 한다

생육 특성

포도나무는 포도과의 낙엽활엽덩굴나무로 길이는 6~8m 정도이고 덩굴손으로 다른 물체를 휘감아 기어오른다. 잎은 어긋나고 둥근 심장 모양의 홑잎이고 손바닥처럼 3~5 갈래지고 가장자리에 톱니가 있다. 꽃은 5~6월에 원추 꽃차례를 이루며 작은 송이가 황록색으로 피고, 열매는 8~10월에 둥근 액과로 여문다.

| 작용 | 혈당 강하 **| 효능 |** 주로 허약체질·순환기계 질환에 효험이 있다. 주로 동맥경화·빈혈·식욕부진·당뇨병·근골 무력증·냉병·이뇨·피부소양증·허약체질·간기능 회복·권태증

포도는 과수로서 세계 1위의 생산량을 보이며 거의 전 세계에서 재배된다. 포도는 식용, 약용, 관상용으로 가치가 높다. 열매에는 단맛과 신맛이 있어 날로 먹거나 말려서 건포도·주스·잼으로 가공하여 먹는다. 알칼리식품으로 유기산, 당분, 탄수화물, 비타민 B와 C가 함유되어 있다. 백포도주는 분홍색이나 황록색으로 익은 포도를 원료로 하여 사용한 것이고, 적포도주는 흑색으로 익은 포도를 사용한 것이다.

이용법

- 동맥경화─8~9월에 자흑색의 익을 열매송이를 따서 통째로 용기에 넣고 재료의 양만큼 설탕을 붓고 100일 정도 발효시킨 후에 발효액 1에 찬물 3을 희석해 장복한다.
- 소변불리·이뇨─줄기 10g을 물에 달여 하루 3번 나누어 복용한다.

기관지염·당뇨병·천식에 효능이 있는 **머루**

생약명: 목룡(木龍)–뿌리를 말린 것 약성: 따뜻하고 달다 이용 부위: 뿌리 1회 사용량: 열매 40~60g 독성: 없다

생육 특성

머루는 포도과의 낙엽활엽덩굴나무로 높이는 8~10m 정도이고, 잎은 어긋나고 홑잎이며 심장형 또는 달걀꼴로 손바닥처럼 얕게 갈라지고 가장자리에 톱니가 있다. 꽃은 5~6월에 오판화과가 마주 나온 원추 꽃차례로 적은 송이를 이루며 녹색으로 피고, 열매는 9~10월에 둥근 장과로 여문다.

| 작용 | 혈당 강하 | 효능 | 주로 호흡기계·소화기계 질환에 효험이 있다. 주로 기관지염·당뇨병·산후 복통·폐결핵·천식·해수

머루는 산포도를 총칭한다. 머루는 다른 나무를 덩굴손으로 감고 오른다. 유사종인 왕머루와 비슷하지만 잎의 뒷면에 적갈색의 털이 촘촘히 나는 점이 다르다. 머루는 식용, 약용으로 가치가 높다. 단맛과 신맛이 난다. 어린순과 열매는 식용한다. 비타민 C가 풍부하다. 머루는 줄기의 골 속은 갈색이며 나무껍질에는 껍질눈이 없고 세로로 벗겨진다. 개머루는 줄기의 골 속은 백색이며 나무껍질에는 껍질눈이 있고 세로로 벗겨지지 않는다.

이용법

- 당뇨병–머루 80%+설탕 20%+이스트2%를 용기에 넣고 한 달 후에 식초를 만들어 찬물 3을 희석해서 음용한다.
- 기관지염–뿌리 10g을 물에 달여 하루 3번 나누어 복용한다.

이뇨·소염·지혈에 효능이 있는 개머루

생약명: 사포도(蛇葡萄)—열매를 말린 것, 사포도근(蛇葡萄根)—뿌리를 말린 것 **약성:** 따뜻하고 맵다 **이용 부위:** 열매·뿌리 **1회 사용량:** 열매 4~6g **독성:** 없다

생육 특성

개머루는 포도과의 갈잎덩굴나무로 숲 가장자리에서 3m 정도이고, 잎은 어긋나며 손바닥 모양으로 3~5 갈래로 갈라진 가장자리에 둔한 톱니가 있다. 꽃은 6~7월에 양성화 취산화 꽃차례 녹색으로 피고, 열매는 9~10월에 둥근 남색의 장과로 여문다.

| **작용** | 소염 | **효능** | 주로 간경화·호흡기 질환에 효험이 있다. 주로 이뇨·소염·지혈·폐농양·류머티즘·화상

개머루의 열매가 머루와 비슷하지만 먹지 못한다 하여 "개머루"라 부른다. 개머루는 약용, 공업용, 사료용으로 가치가 높다. 한방에서 열을 내리고 종기를 치료하는 데 다른 약재와 처방한다. 약초 만들 때는 여름에 잎, 가을에 줄기와 열매를 채취하여 그늘에, 가을에 뿌리를 캐서 햇볕에 말려 쓴다. 외상에는 달인 물로 환부를 씻는다.

이용법

- 류머티즘—말린 줄기 약재 20g을 물에 달여 하루 3번 나누어 복용한다.
- 이뇨—말린 잎 약재 5g을 물에 달여 하루 3번 나누어 복용한다.

간염·정력·신체 허약에 효능이 있는 **멍석딸기**

생약명: 원매(猿莓) · 조천자(鳥薦子)—열매를 말린 것 **약성:** 평온하고 달고 시다 **이용 부위:** 열매 **1회 사용량:** 적당량 **독성:** 없다

생육 특성

멍석딸기는 장밋과의 여러해살이로 높이는 1.5~2m 정도이고, 잎은 어긋나며 길이는 4~10cm, 너비는 3.5~8cm의 넓은 달걀꼴로서 가장자리에 손바닥 모양으로 3~5개로 갈라지고 겹톱니가 있다. 끝이 뾰쪽하고 심장 모양이다. 꽃은 4~6월에 잎 겨드랑이나 가지 끝에 흰색으로 피고, 열매는 7~8월에 수십 개의 흑색의 핵과로 여문다.

| **작용** | 이뇨 작용 | **효능** | 주로 신체 허약 · 자양 강장 질환에 효험이 있다. 간염 · 정력 증강 · 강장제 · 원기 회복 · 지사제 · 설사 · 당뇨병 · 십이지장궤양

멍석딸기는 산자락에서 잘 자라기 때문에 '산딸기'라 부른다. 멍석딸기는 식용, 약용으로 가치가 높다. 열매는 단맛이 있어 생식으로 먹는다. 한방에서 자양 강장에 다른 약재와 처벙한다. 약초 만들 때는 7월에 열매가 담홍색으로 익었을 채취하여 햇볕에 말려쓴다. 식초 만들 때는 7~8월에 익은 열매를 따서 딸기 90%+설탕 10%+식초 1/2컵을 용기에 넣고 한 달 이상 숙성시킨다. 유사종으로 잎의 뒷면에 털이 없는 멍석딸기, 줄기에 가시가 많은 사슴딸기가 있다.

이용법

• 정력 증강 · 원기 회복—7월에 잘 익은 열매를 따서 용기에 넣고 재료의 양만큼 설탕을 붓고 100일 정도 발효시킨 후에 발효액 1에 찬물 3을 희석해서 장복한다.
• 설사—생열매를 생으로 먹는다.

내 몸을 살리는 약용 나무

소변 불통·관절염·기관지염에 효능이 있는 **찔레나무**

생약명: 영실(營實)–열매를 말린 것 **약성:** 서늘하고 시고 달다 **이용 부위:** 덜 익은 열매 **1회 사용량:** 덜 익은 열매·뿌리껍질 3~8g **독성:** 없다 **금기 보완:** 뿌리껍질로 담근 약술을 과다하게 마시면 설사를 할 수 있다

생육 특성

찔레나무는 장밋과의 낙엽활엽관목으로 높이는 1~2m 정도이고, 잎은 어긋나고 깃꼴겹잎으로 타원형 또는 달걀꼴로서 끝이 뾰족하고 밑은 좁고 가장자리에 잔톱니가 있다. 꽃은 5월에 새 가지 끝에 원추 꽃차례를 이루며 연한 홍색으로 피고, 열매는 9~10월에 둥근 장과로 여문다.

| **작용** | 향염 작용 | **효능** | 주로 비뇨기·신경계·통증 질환에 효험이 있다. 강장 보호·음위증·관절염·기관지염·무좀·변비·복통·부스럼·설사·소변 불통·신장병·옹종·치통

찔레나무는 식용·약용·관상용·생울타리용으로 가치가 크다. 봄에 어린순을 채취하여 끓는 물에 살짝 데쳐서 나물로 무쳐 먹는다. 5월에 꽃을 따서 찻잔에 2~3개를 넣고 뜨거운 물을 부어 1~2분 후에 꿀을 타서 마신다. 굵은 순은 껍질을 벗겨 날것으로 먹는다. 꽃은 향수의 원료로 쓴다. 한방에서 통증 질환에 다른 약재와 처방한다. 약초 만들 때는 가을에 반 정도 익은 열매를 따서 햇볕에 말려 쓴다.

내 몸을 살리는 약용 나무

이용법

- 치통–덜 익은 열매를 짓찧어 즙을 내어 입 안에 넣고 가글을 하거나 양치질을 한다.
- 무좀과 부스럼–생전초를 짓찧어 즙을 내어 환부에 붙인다.

당뇨병·피부염·위염에 효능이 있는 **무궁화**

생약명: 목근피(木槿皮)—가지와 뿌리 껍질을 말린 것, 목근화(木槿花)—꽃을 말린 것 **약성:** 목근피(서늘하고, 달고, 쓰다) · 목근화(달고 쓰고, 차갑다) **이용 부위:** 꽃봉오리 **1회 사용량:** 반쯤 벌어진 꽃봉오리 3~6g **독성:** 없다 **금기 보완:** 해롭지는 않으나 병이 치유되는 대로 중단한다

생육 특성

무궁화는 아욱과의 낙엽활엽관목으로 높이는 3~4m 정도이고, 잎은 어긋나고 잎몸은 마름모를 달걀 꼴이고 가장자리에 불규칙한 톱니가 있다. 꽃은 7~8월에 새로 자란 가지의 잎 겨드랑이에서 1개씩 피고, 열매는 10월에 타원형의 삭과로 여문다.

| 작용 | 항균 작용 · 해독 작용 · 혈당 강하 작용 · 이질균의 발육 억제 작용 · 살충 작용 **| 효능 |** 주로 부인과 · 순환계 · 피부관 질환에 효험이 있다. 줄기 및 뿌리껍질(당뇨병 · 심번 불면 · 치질 · 탈항), 잎(해열 · 적백리 · 적체), 꽃(해열 · 살충 · 피부염 · 이질), 대하증 · 기관지염 · 비염 · 원형탈모증 · 위산과다증 · 위염 · 인후염 · 장염 · 천식

　우리나라 국화인 무궁화(無窮花)는 7월부터 10월까지 100여일 간 계속 화려하게 끊임 없이 피어나므로 '무궁화'란 이름을 갖게 되었다. 홑꽃은 새벽에 피고 저녁에는 시든 다. 무궁화는 식용, 약용, 관상용, 생울타리용으로 가치가 높다. 어린순을 식용한다. 한방에서 피부 질환에 다른 약재와 처방한다. 약초 만들 때는 늦은 봄에 잎을, 4~6월 에 가지와 뿌리를 채취하여 햇볕에 말려 쓴다.

이용법

- 이질─반쯤 벌어진 꽃봉오리 3~6g을 물에 달여 하루 3번 나누어 복용한다.
- 불면증─줄기 껍질 5g을 물에 달여 하루 3번 나누어 복용한다.

내 몸을 살리는 약용 나무

암·관절염·고혈압에 효능이 있는 오동나무

생약명: 백동피(白桐皮)—뿌리껍질을 말린 것, 동피(桐皮)—나무껍질을 말린 것, 동엽(桐葉)—잎을 말린 것, 포동화—꽃, 포동과—열매, 동목—원목 **약성:** 차고 쓰다 **이용 부위:** 열매·나무껍질·뿌리껍질 **1회 사용량:** 열매·나무껍질·뿌리껍질 8~10g **독성:** 없다 **금기 보완:** 해롭지는 않으나 병이 치유되는 대로 중단한다

생육 특성

오동나무는 현삼과의 낙엽활엽교목으로 높이는 15m 정도이고, 잎은 마주나고 달걀을 닮은 원형 또는 타원형으로 끝이 뾰쪽하고 가장 자리에 톱니가 없다. 꽃은 5~6월에 가지 끝에 원추 꽃차례 자주색으로 피고, 열매는 10월에 둥글며 끝이 뾰쪽하고 삭과로 여문다.

| 작용 | 암세포의 성장을 억제·혈압 강하 작용 **| 효능 |** 주로 체증·순환기계 질환에 효험이 있다. 암·관절염·수종·부종·설사·복통·구충·종창·사지 마비 동통·해독·류머티즘에 의한 동통·고혈압

오동나무는 우리나라 특산종이다. 옛 선비는 집 안에 오동나무를 심으면 행운이 온다 하여 뜰에 심어 놓고 달밤에 운치를 즐겼다. 딸을 낳으면 오동나무를 심어 딸이 시집갈 무렵이면 오동나무를 베어서 장롱을 만들어 주었다. 오동나무는 식용, 약용, 관상용, 업용으로 가치가 높다. 한방에서 순환기계 질환에 다른 약재와 처방한다. 약초 만들 때는 봄에 어린잎을 따서 그늘에, 가을에 줄기껍질을 햇볕에 말려 쓴다.

이용법

- 류머티즘에 의한 동통—말린 줄기 껍질 또는 잎 8~10g을 물에 달여 하루 3번 나누어 복용한다.
- 암—봄에 어린 잎을 따서 용기에 넣고 재료의 양만큼 설탕을 붓고 100일 정도 발효시킨 후에 발효액 1에 찬물 3을 희석해서 장복한다.

피부 소양증·급성 간염·황달에 효능이 있는 **송악**

생약명: 상춘등(賞春藤)-잎과 줄기를 말린 것, 상춘등자(賞春藤子)-열매를 말린 것 **약성:** 서늘하고 쓰다 **이용 부위:** 뿌리줄기·잎·열매 **1회 사용량:** 뿌리줄기·잎·열매 5~7g **독성:** 금기 **보완:** 해롭지는 않으나 병이 치유되는 대로 중단한다

생육 특성

송악은 두릅나뭇과의 상록활엽덩굴나무로 길이는 10m 정도이고, 잎은 어긋나고 가죽질에 윤기가 나며 짙은 녹색을 띤다. 끝이 뾰쪽하고 가장자리는 밋밋하며 물결 모양이다. 꽃은 10~11월에 가지 끝에서 산형 꽃차례를 이루며 황록색으로 피고, 열매는 이듬해 겨울 또는 봄에 둥근 핵과로 여문다.

｜작용｜ 항염 작용 **｜효능｜** 주로 마비 증세·위장병·간 질환에 효험이 있다. 급성간염·관절염·안질·중풍·황달·소아(백일해)·청간·비뉵혈·피부 소양증

송악을 소가 잘 먹는다 하여 '소밥나무'라 부른다. 가지와 원줄기에서 기근(氣根·공기 뿌리)이 나와 자라면서 다른 물체에 붙어 올라간다. 송악은 식용, 약용, 관상용으로 가치가 높다. 한방에서 간 질환에 다른 약재와 처방한다. 약초 만들 때는 봄에 잎을 따서 그늘에, 겨울에 열매를, 가을에 뿌리줄기를 캐어 햇볕에 말려 쓴다. 전북 고창 선운사 계곡 절벽에 송악군락 제 367호 천연기념물이 자생하고 있다.

이용법

- 간염·황달-잎+뿌리줄기+열매 각각 5~7g을 물에 달여 나누어 복용한다.
- 피부 소양증-생잎을 짓찧어 즙을 내어 환부에 붙인다.

내 몸을 살리는 약용 나무

231

거담·관절염·천식에 효능이 있는 황매화

생약명: 채당화(棣棠花)—꽃을 말린 것 **약성:** 평온하고 약간 쓰다 **이용 부위:** 꽃 **1회 사용량:** 가지·잎·꽃 6〜10g **독성:** 없다 **금기 보완:** 해롭지는 않으나 병이 치유되는 대로 중단한다

생육 특성

황매화는 장밋과의 낙엽활엽관목으로 높이는 2m 정도이고, 잎은 어긋나고 타원형으로 끝이 뾰쪽하고 가장자리에 겹톱니가 있다. 꽃은 4〜5월에 가지 끝에 한 송이씩 황색으로 피고, 열매는 8〜9월에 둥근 달걀꼴의 수과로 여문다.

| 작용 | 항염 작용·진통 작용 **| 효능 |** 주로 방광·호흡기 질환에 효험이 있다, 거담·관절염·관절통·천식·해수·건위·소화 불량·류머티즘·창독·소아의 마진·이뇨·부종

황매화는 우리나라가 원산지이다. 식용보다는 약용·관상용으로 가치가 크다. 어린 순을 식용한다. 4〜5월에 꽃을 따서 꿀에 재어 15일 후에 찻잔에 조금 넣고 뜨거운 물을 부어 1〜2분 후에 마신다. 한방에서 호흡기 질환에 다른 약재와 처방한다. 약초 만들 때는 봄에 꽃, 잎은 그늘에, 연중 줄기를 수시로 채취하여 햇볕에 말려 쓴다. 유사종으로 꽃잎이 많은 것을 '겹황매화' 또는 '죽단화'라 부른다.

이용법

- 소화 불량—꽃·줄기·잎 6〜10g을 각각 물에 달여 하루 3번 나누어 복용한다.
- 관절통—잎을 달인 물을 욕조에 넣고 목욕을 한다.

내 몸을 살리는 약용 나무

관절염·근골통·골절에 효능이 있는 # 골담초

생약명: 금작근(金雀草)—뿌리를 말린 것, 금작화(金雀花)—꽃을 말린 것 약성: 평온하고 쓰고 맵다 이용 부위: 뿌리껍질 1회 사용량: 뿌리껍질 4~6g 독성: 1회 사용량을 초과하면 피부염이 생긴다 금기 보완: 한꺼번에 너무 많이 쓰지 않는다

생육 특성

골담초는 콩과의 낙엽활엽관목으로 높이는 2m 정도이고, 잎은 어긋나고 타원형의 작은 잎이 4개 달린다. 줄기에 날카로운 가시가 있고, 무더기로 자라고 많이 갈라진다. 꽃은 5월에 잎 겨드랑이에 나비 모양으로 1 송이씩 노랑색으로 피었다가 점점 연한 노란색으로 피고, 열매는 9월에 꼬투리 모양의 협과로 여문다.

| 작용 | 혈압 강하 작용 · 진통 작용 | 효능 | 주로 순환기계 및 신경기계 질환에 효험이 있다, 꽃(해수 · 대하증 · 요통 · 이명 · 급성유선염), 뿌리(신경통 · 통풍 · 류마티즘 · 관절염 · 해수 · 기침 · 고혈압 · 대하증 · 각기병 · 습진)

골담초는 뼈(골 · 骨)를 책임을 진다는 담(擔) 자를 합해 뼈의 염증을 치료하는 약이라 하여 '골담초(骨擔草)', 꽃과 잎이 옥(玉)처럼 아름답다 하여 '선비화(仙扉花)'라 부른다. 골담초는 식용, 약용, 밀원용, 관상용으로 가치가 높다. 꽃을 식용한다. 한방에서 신경계 질환에 다른 약재와 처방한다. 약초 만들 때는 꽃은 5월에, 가을에 뿌리를 캐서 잔뿌리를 제거한 후에 햇볕에 말려 쓴다.

이용법

• 골절—말린 뿌리껍질 4~6g을 물에 달여 하루 3번 나누어 복용한다.
• 타박상 · 어혈—생뿌리를 짓찧어 즙을 내어 환부에 붙인다.

내 몸을 살리는 약용 나무

제4장

독이 있는 약용식물

관절염·타박상·신경통에 효능이 있는 **피나물**

생약명: 하청화근(荷靑花根)—뿌리를 말린 것 약성: 평온하고 쓰다 이용 부위: 뿌리 1회 사용량: 뿌리 1~1.5g
독성: 지상부에 독이 있다 금기 보완: 나물로 먹으면 호흡 중추를 일으킨다

생육 특성

피나물은 양귀비과의 여러해살이풀로 높이는 30cm 정도이고, 뿌리잎은 모여 나며 잎자루가 길고 갈라지는 깃꽃겹잎이다. 꽃은 4~5월에 줄기 끝 부분의 잎 겨드랑이에서 나온 1~3개의 긴 꽃자루 끝에 1개씩 산형 꽃차례의 노란색으로 피고, 열매는 7월에 원주형의 삭과로 여문다.

| 작용 | 항균 작용 **| 효능 |** 주로 운동기계 · 신경계 질환에 효험이 있다. 관절염 · 타박상 · 습진 · 신경통 · 옹종 · 진통 · 타박상

피나물은 꽃이 몹시 아름다워 관상용으로 가치가 높지만, 식물 전체에 맹독성이 강한 알칼로이드가 함유되어 나물로 먹을 수 없다. 봄에 꽃이 피기 전에 어린잎을 지역에 따라 독성을 제거한 후에 나물로 먹기도 하지만, 바로 먹으면 호흡 중추를 자극하여 구토, 설사를 한다. 한방에서 신경계 질환에 다른 약재와 처방한다. 약초를 만들 때는 뿌리를 캐어 햇볕에 말려 쓴다.

독이 있는 약용식물

주의

• 오래 쓰면 좋지 않다.

담·중풍·현훈에 효능이 있는 **동의나물**

생약명: 여제초(驢蹄草)─전초를 말린 것 **약성:** 따뜻하고 맵고 쓰다 **이용 부위:** 전초 **1회 사용량:** 전초 5~8g
독성: 전초에 독이 있다 **금기 보완:** 임산부는 금한다

생육 특성

동의나물은 미나리아재빗과의 여러해살이풀로 높이는 60cm 정도이고, 뿌리잎은 뭉쳐 나고 심장 모양의 원형 또는 달걀을 닮은 심원형으로 가장자리가 밋밋하거나 물결 모양의 둔한 톱니가 있다. 꽃은 4~5월에 꽃줄기 끝에서 1~2개씩 황색으로 피고, 열매는 9월에 긴 타원형의 골돌로 여문다.

| **작용** | 진통 작용 | **효능** | 주로 통증에 효험이 있다. 잎(현기증 · 전신 동통) · 뿌리(염좌 · 타박상), 담 · 진통 · 풍 · 현훈

동의나물은 우리나라의 특산종이다. 꽃이 몹시 아름다워 관상용, 약용으로 가치가 높지만, 전초에는 알칼로이드가 함유되어 있어 독성이 강해 먹을 수 없다. 지역에 따라서 봄에 어린싹을 채취하여 끓는 물에 데쳐서 유독 성분을 제거한 후에 말려서 묵나물로 먹기도 한다. 한방에서 통증 질환에 다른 약초와 처방한다. 약초를 만들 때는 여름에 잎과 줄기를 채취하여 햇볕에 말려 쓴다.

독이 있는 약용식물

주의

• 독성이 강해 미량을 사용해야 한다. 동의나물과 비슷한 산나물로는 곰취가 있다.

류머티즘·천식·타박상에 효능이 있는 수선화

생약명: 수선근(水仙根)-뿌리를 말린 것 **약성:** 따뜻하고 약간 맵다 **이용 부위:** 뿌리 **1회 사용량:** 뿌리 2~3g
독성: 식물 전체에 독이 있다 **금기 보완:** 경구 투여는 금한다

생육 특성

수선화는 수선화과의 여러해살이풀로 높이는 20~40cm 정도이고, 잎 모양의 비늘줄기에서 선형의
잎이 4~6개 나와 비스듬히 선다. 잎몸은 두텁고 좁고 길며 끝이 둔하다. 꽃은 12월부터 이듬해 3월
사이에 꽃줄기가 잎 사이에서 나와 5~6개의 산형 꽃차례의 연한 노란색으로 피고, 6개의 수술이 덧
꽃부리 밑에 달리고 암술이 1개 있으나 결실하지 않는다.

| 작용 | 진통 작용 **| 효능 |** 주로 호흡기·외상 치료에 효험이 있다. 견비통·류머티즘·안질·옹종·
창독·배농·천식·타박상

　수선화의 흰꽃덮이가 노란 덧부분을 받치고 있는 모습이 마치 은쟁반 위에 놓인 황
금잔과 같다 하여 '금잔은대(金盞銀臺)'라 부른다. 수선화는 꽃이 아름다워 관상용으로
가치가 높다. 식물 전체에 '리코린(Lycorine)'이라는 알칼로이드가 함유되어 있어 꽃대를
꺾었을 때 즙이 살갗에 닿으면 물집이 생길 정도로 맹독성이 강해서 먹을 수 없다. 한
방에서 비늘줄기를 외상에 다른 약재와 처방한다. 약초를 만들 때는 꽃을 따서 햇볕에
말려 쓴다.

독이 있는 약용식물

주의

• 수선화와 어린 가지는 '달래'와 비슷해서 냄새로 구별한다. 비슷한 식물로는 굵은 알뿌리의 '양파',
　어린 가지는 '달래'나 '무릇'과 흡사하다.

복수암·월경 불순·황달에 효능이 있는 박새

생약명: 첨피여로(尖被藜蘆)–뿌리줄기를 말린 것 **약성:** 차고 쓰고 맵다 **이용 부위:** 근경 **1회 사용량:** 근경 0.3~0.5g **독성:** 근경 및 전체에 독이 있다 **금기 보완:** 임산부는 금한다

생육 특성

박새는 백합과의 여러해살이풀로 높이는 1.5m 정도이고, 잎은 어긋나며 밑부분의 잎은 잎집만이 원줄기를 둘러싼다. 중앙 부분의 잎은 타원형 또는 넓은 타원형으로서 세로로 주름이 있다. 꽃은 7~8월에 원줄기의 끝에 연한 황색으로 피고, 열매는 7~8월에 타원형 또는 고깔 모양의 삭과로 여문다.

| 작용 | 항염 작용 · 항암 작용 · 혈압 강하 작용 · 진통 작용 **| 효능 |** 주로 순환계 · 운동계 · 이비인후과 질환에 효험이 있다. 간질 · 고혈압 · 식체(어류) · 암(복수암) · 월경 불순 · 이질 · 중풍 · 축농증 · 치통 · 살충 · 거담 · 중풍 · 담옹 · 축농증 · 황달

  박새는 초여름에 녹백색의 꽃이 피면 아름다워 관상용으로 가치가 높지만, 뿌리에 맹독성이 강해서 살충제나 농약의 원료로 쓰기 때문에 산나물로 먹을 수 없다. 최근에 비듬 제거제로 이용된다. 한방에서 순환계 질환에 다른 약재와 처방한다. 약초를 만들 때는 봄에 꽃줄기가 자라기 전에 뿌리를 캐어 햇볕에 말려 쓴다.

독이 있는 약용식물

주의

• 독성이 강해 먹는 약초로 쓰지 않는 것이 좋다. 산나물인 원추리와 비슷하다.

암·악성 종양·어혈에 효능이 있는 할미꽃

생약명: 백두옹(白頭翁)—뿌리를 말린 것 **약성:** 차고 쓰다 **이용 부위:** 뿌리 **1회 사용량:** 뿌리 5~8g **독성:** 식물 전체와 뿌리에 독이 있다 **금기 보완:** 치유되는 대로 중단한다

생육 특성

할미꽃은 미나리아재빗과의 여러해살이풀로 높이는 30~40cm 정도이고, 뿌리에서 많은 잎이 무더기로 모여 나와 비스듬히 퍼진다. 앞면은 짙은 녹색이고 털이 없지만 뒷면은 흰털이 있다. 뿌리는 굵고 진한 갈색이다. 꽃은 4~5월에 꽃줄기가 여러 대가 나오고 그 끝에서 한 송이씩 밑을 향해 붉은색으로 밑을 향해 피고, 열매는 5~6월에 긴 달걀꼴의 수과로 여문다. 꽃이 피고 지면 흰털이 노인의 백발처럼 나무끼는 열매가 결실하여 그 털로 바람에 날아간다.

| 작용 | 항암 작용 · 소염 작용, 잎은 강심 작용 **| 효능 |** 주로 신경계 · 이비인후과 · 순환계 질환에 효험이 있다. 대하증 · 두통 · 빈혈증 · 부인병 · 월경 불순 · 부종 · 암(피부암 · 폐암 · 뇌암 · 대장암 · 비암 · 자궁암 · 치암) · 악성 종양 · 어혈 · 위염 · 임파선염

할미꽃은 할머니를 연상시키고 흰털이 난 모습이 마치 백발이 성성한 할아버지 같다 하여 '백두옹(白頭翁)'이라 부른다. 꽃이 아름다워 관상용으로 가치가 높지만, 식물 전체에 맹독성이 강해 먹을 수 없다. 살갗에 닿으면 빨갛게 되고 물집이 생기기 때문에 특히 어린이는 주의를 요한다. 한방에서 순환계 질환에 다른 약재와 처방한다. 약초를 만들 때는 봄부터 가을 사이에 뿌리를 캐어 햇볕에 말려 쓴다.

주의

• 독성이 강해 한꺼번에 많이 쓰지 않는다.

독이 있는 약용식물

신진 대사·소화 불량·식적 창만에 효능이 있는 # 족두리풀

생약명: 세신(細辛)−뿌리를 말린 것 약성: 따뜻하고 맵다 이용 부위: 뿌리 1회 사용량: 뿌리 0.7～2g 독성: 식물 전체에 독이 있다 금기 보완: 기(氣)와 음(陰)이 허한 사람은 금한다

생육 특성

족두리풀은 쥐방울덩굴과의 여러해살이풀로 높이는 10～20cm 정도이고, 잎은 원줄기 끝에서 보통 2개의 잎이 나와 마주 퍼지고 잎자루가 길다. 잎몸은 심장형으로 끝이 뾰쪽하고 가장자리가 밋밋하다. 꽃은 4～5월에 잎이 나오려고 할 때 잎 사이에서 1개씩 나와 옆을 향해 붉은 자주색으로 피고, 열매는 8～9월에 타원형의 끝에 꽃받침 조각이 장과로 여문다.

| 작용 | 진통 작용 | 효능 | 주로 소화기계·호흡기계에 효험이 있다. 신진 대사·담·소화 불량·정신 분열증·진통·치통·담·풍·해수·식적 창만

족두리의 꽃 모양이 옛날 혼례 때 신부가 머리에 썼던 족두리처럼 생겼다 하여 '족두리'라 부른다. 꽃과 잎이 아름다워 관상용으로 가치가 높지만, 식물 전체에 맹독이 있어 먹을 수 없다. 입 안을 개운하게 하는 은단을 만드는 데 들어간다. 한방에서 소화기 질환에 다른 약재와 처방한다. 약초를 만들 때는 봄부터 여름 사이에 뿌리를 캐어 햇볕에 말려 쓴다.

독이 있는 약용식물

주의

• 두통이나 기침에는 쓰지 않는다.

구충·대하증·장염에 효능이 있는 관중

생약명: 관중(貫衆)-뿌리를 말린 것 약성: 차고 쓰다 이용 부위: 뿌리 1회 사용량: 뿌리 3~5g 독성: 뿌리에 독이 있다 금기 보완: 임산부는 금한다

생육 특성

관중은 면마과의 여러해살이풀로 높이는 50~90cm 정도이고, 잎은 뿌리줄기에서 돌려 나며 겹잎이다. 잎은 길이 1m 내외이고, 너비는 25cm에 정도이고, 잎자루는 길이가 10~30cm로서 잎몸보다 훨씬 짧으며 갈색의 수많은 비늘 조각으로 덮여 있다. 가장자리에 돌기가 있고 위로 올라갈수록 점차 좁아지면서 작아진다. 갓 조각은 대가 없다. 5~6월에 포자가 형성되어 9월에 여문다.

| 작용 | 자궁을 수축하는 작용·살충 작용 | 효능 | 주로 순환기계·피부과 질환에 효험이 있다. 감기·구충·지혈·대하증·이하선염·장염·출혈·토혈·해수

 관중은 소철처럼 아름다워 관상용으로 가치가 높지만, 비슷한 고사리나 고비는 먹을 수 있지만 관중은 전체에 맹독성이 강해서 먹을 수 없다. 장내(腸內)의 기생충 구제에 쓴다. 한방에서 피부과 질환에 다른 약재와 처방한다. 약초를 만들 때는 봄부터 가을에 뿌리를 캐어 잔뿌리를 제거한 후에 햇볕에 말려 쓴다.

독이 있는 약용식물

주의

• 중독시 중추 신경 장애, 경련, 마비를 일으킨다.

기관지염·타박상·해독에 효능이 있는 까마중

생약명: 용규(龍葵)-지상부와 뿌리를 말린 것 약성: 차고 잎은 쓰고 익은 열매는 달다 이용 부위: 지상부·뿌리 1회 사용량: 익은 열매 60~100g 독성: 열매에 독이 있다 금기 보완: 너무 많이 쓰면 두통, 복통, 설사, 정신착란 부작용이 있다

생육 특성

까마중은 가짓과의 한해살이풀로 높이는 20~90cm 정도이고, 잎은 어긋나고 달걀꼴이며 끝은 뾰쪽하거나 뭉뚝하고 가장자리가 밋밋하거나 물결 모양의 톱니가 있다. 꽃은 취산 꽃차례 오판화 흰색으로 피고, 열매는 9~11월에 까만 둥근 장과로 여문다.

| 작용 | 항염 작용, 혈당 강하 작용 | 효능 | 주로 소화기·순환기 질환에 효험이 있다. 감기, 고혈압, 기관지염, 대하증, 식체(개고기, 돼지고기, 쇠고기, 육류, 참외, 해삼), 신경통, 신장병, 옹종, 종독, 진통, 타박상, 황달

까마중은 열매를 터뜨리면 툭 터지기 때문에 "먹떼깔" 또는 "먹딸"이라 부른다. 까마중은 식용, 약용으로 가치가 높지만, 어린이들이 먹기도 했다. 지역에 따라서 찬물에 담근 후에 끓은 물에 살짝 데쳐서 나물로 먹는다. 어린잎은 한방에서 소화기 질환을 다른 약재와 처방한다. 약초를 만들 때는 가을에 지상부를 베어 햇볕에 말려 쓴다.

독이 있는 약용식물

주의

• 어린이는 유독이 있는 단맛이 나는 열매를 먹지 않는다.

간염·인후염·천식에 효능이 있는 **꽈리**

생약명: 산장(酸漿) · 산장근(酸漿根) · 괘금등(掛金燈)—뿌리를 말린 것 **약성:** 차고 쓰다 **이용 부위:** 열매 · 뿌리
1회 사용량: 열매 2~6g, 뿌리 3~8g **독성:** 열매와 뿌리에 독이 있다 **금기 보완:** 설사를 하는 사람, 임산부는 금한다

생육 특성

꽈리는 가짓과의 여러해살이풀로 높이는 40~90cm 정도이고, 잎은 달걀을 닮은 넓은 타원형의 모양이고, 한 마디에서 어긋나며 2개씩 난다. 꽃은 6~7월에 잎 사이에서 나온 꽃자루 끝에 1개씩 황백색으로 피고, 열매는 8~9월에 둥글게 붉은 장과로 여문다.

| 작용 | 이뇨 작용 · 해열 작용 **| 효능 |** 주로 호흡기계 · 비뇨기계 질환에 효험이 있다. 간염 · 구충(요충) · 소변 불통 · 습진 · 요통 · 월경 불순 · 인후염 · 천식 · 편도선염 · 황달

꽈리는 열매가 몹시 아름다워 관상용 · 식용 · 약용으로 가치 높지만, 식물 전체에 독성이 강해 먹을 수 없지만, 어린이들이 따서 먹지 않는 게 좋다. 지역에 따라 어린잎은 쓴맛을 제거한 후에 나물로 먹는다. 꽈리를 따서 꿀에 재어 정과로 먹는다. 한방에서 간 질환에 다른 약재와 처방한다. 약초를 만들 때는 가을에 익은 열매를 따서 햇볕에 말려 쓴다.

주의

• 기(氣)가 허(虛)한 사람은 쓰지 않는다.

간질·경련·관절염·마비·신경통에 효능이 있는 # 천남성

생약명: 천남성(天南星)—덩이 뿌리줄기를 말린 것 **약성:** 따뜻하고 맵고 쓰다 **이용 부위:** 식물전체 **1회 사용량:** 뿌리 1~3g **독성:** 식물 전체에 독이 있다 **금기 보완:** 임산부는 쓰지 않는다

생육 특성

천남성은 천남성과의 여러해살이풀로 높이는 15~30cm 정도이고, 잎은 새발 모양의 잎이 줄기에 1 개 달리는데 5~11개의 작은 잎으로 구성되고 가장자리에 톱니가 있다. 꽃은 5~7월에 암수 딴 그루 로 육수 꽃차례 줄기 끝에 보라색 또는 녹색으로 피고, 열매는 9~10월에 옥수수알처럼 빨갛게 장과 로 여문다.

| **작용** | 항균 작용 | **효능** | 주로 신경기계 질환에 효험이 있다. 간질 · 경련 · 관절염 · 류머티즘 · 마 비 · 신경통 · 요통 · 중풍

천남성의 뿌리는 희고 둥글며 노인의 머리와 닮았다 하여 '천남성(天南星)'이라 부른 다. 가을에 빨간 열매가 아름다워 관상용 · 약용으로 가치가 높지만, 식물 전체에 독이 있고 특히 뿌리에 맹독이 있기 때문에 먹을 수 없다. 한방에서 중풍 · 구안와사 · 반신 불수에 쓴다. 한방에서 약초를 만들 때는 가을에 덩이줄기를 캐어 줄기를 제거한 후에 잘게 썰어 햇볕에 말려 쓴다.

독이 있는 약용식물

주의

• 독성이 강해 반드시 법제하여 쓴다.

대하증·소변 불통·월경 불순에 효능이 있는 능소화

생약명: 능소화(凌霄花)—알뿌리줄기를 말린 것 **약성**: 차고 달고 시다 **이용 부위**: 알뿌리줄기 **1회 사용량**: 생화 3~4개, 말린 꽃 5~6개 **독성**: 꽃에 독이 있다 **금기 보완**: 1회 기준량을 지킨다

생육 특성

능소화는 능소화과의 갈잎덩굴나무로 높이는 10m 정도이고, 잎은 마주 나며 홀수 1회 깃꼴겹잎이다. 달걀 모양의 댓잎피침형이며 양끝이 날카롭고 가장자리에 톱니가 있다. 꽃은 8~9월에 가지 끝에 원추 꽃차례의 황홍색으로 피고, 열매는 10월에 갈색으로 삭과로 여문다.

| **작용** | 진통 작용 | **효능** | 주로 부인과 · 순환계 · 소화기 질환에 효험이 있다, 대하증 · 복통 · 소변 불통 · 월경 불순 · 이뇨 · 진통 · 타박상 · 어혈 · 피부 소양증

능소화는 업신여길 '능(凌)' 자에 하늘 '소(霄)' 자가 조합하여 '하늘을 섬기는 꽃'으로 부른다. 조선 시대에서는 양반과 서민을 구분할 때 쓰였다. 양반은 꽃이 너무 아름다워 정원이나 고가(古家)나 사찰 경내에 심었다. 한방에서 소화기 질환에 다른 약재와 처방한다. 약초를 만들 때는 여름에 꽃을 따서 햇볕에 말려 쓴다.

독이 있는 약용식물

주의

• 꽃이 아름답다 하여 만질 때에는 독이 있어 눈에 들어가지 않도록 주의한다.

부종·변비·진통에 효능이 있는 대극

생약명: 대극(大戟)-뿌리를 말린 것 약성: 차고 맵다 이용 부위: 뿌리 1회 사용량: 뿌리 0.5~1g 독성: 뿌리에 독이 있다 금기 보완: 허약한 사람과 임산부는 금한다

생육 특성

대극은 대극관의 여러해살이풀로 높이 80cm 정도이고, 잎은 어긋나고 긴 타원형으로 끝이 뾰쪽하고 가장자리에 잔톱니가 있다. 꽃은 6월에 잔꽃이 줄기 끝에 녹색으로 피고, 열매는 7월에 둥근 식과로 여문다.

| 작용 | 사하 작용, 혈압 강하 작용 | 효능 | 주로 피부과 · 소화기 질환에 효험이 있다, 당뇨병, 변비, 부종, 소변불통, 옹종, 임파선염, 종독, 진통, 치통

　예부터 대극은 대소변을 잘 나가게 하고 부기를 가시게 하는 풀로 썼다. 유칠, 버들 옻, 우족초라 부른다. 대극은 약용으로 가치가 높지만, 독성이 강해 먹을 수 없다. 한 방에서 소화기 질환에 다른 약재와 처방한다. 약초를 만들 때는 가을에 뿌리를 캐어 잔뿌리를 제거한 후에 햇볕에 말려 쓴다.

독이 있는 약용식물

주의

• 독성이 강해 날 것으로 복용을 금한다.

경련·골절통·요슬통에 효능이 있는 현호색

생약명: 현호색(玄胡索)─덩이뿌리를 말린 것 약성: 따뜻하고 맵고 약간 쓰다 이용 부위: 덩이뿌리 1회 사용량:
덩이뿌리 3~4g 독성: 뿌리에 독이 있다 금기 보완: 임산부는 금한다

생육 특성

현호색은 양귀비과의 여러해살이풀로 높이는 20cm 정도이고, 잎은 어긋나고 잎자루는 길며 1~2회
3개씩 갈라진다. 갈라진 조각은 달걀꼴로 위쪽이 길며 패어 들어간 모양으로 다시 갈라지고 가장자
리에 톱니가 있다. 꽃은 4월에 원줄기 끝에 총상 꽃차례로 연한 홍지색으로 피고, 열매는 6~7월에
편평하고 긴 타원형의 식과로 여문다.

| 작용 | 진통 작용 | 효능 | 주로 순환기계 · 운동기계 질환에 효험이 있다. 견비통 · 경련 · 골절통 · 요
슬통 · 심복통 · 월경 불순 · 산후 혈훈 · 진통 · 타박상

현호색의 꽃은 아름다워 관상용 · 약용으로 가치가 높지만, 식물 전체에 맹독성이
강해서 먹을 수 없다. 한방에서는 덩이줄기를 진통제로 쓴다. 모르핀(아편의 100분의 1)에
견줄 만한 정도로 강력한 통증을 진정해 준다. 현호색의 종류는 잎의 모양에 따라 대
나무잎과 닮은 댓잎현호색, 빗살 무늬가 있는 빗살현호색, 잎이 작은 애기현호색, 점
이 있는 점현호색 등이 있다. 한방에서 운동기계 질환에 다른 약재와 처방한다. 약초
를 만들 때는 5~6월에 잎이 말라 죽을 무렵 덩이줄기를 캐어 줄기와 잔뿌리를 제거한
후에 식초에 담근 후 햇볕에 말려 쓴다.

주의

• 월경이 잦은 환자는 쓰지 않는다.

독이 있는 약용식물

248

거담·구안와사·월경통에 효능이 있는 **독미나리**

생약명 | 독근근(毒近根)-뿌리를 말린 것 약성: 따뜻하고 맵다 이용 부위: 잎·뿌리 1회 사용량: 잎·뿌리 3~4g 독성: 잎과 뿌리에 독이 있다 금기 보완: 독성이 있으므로 복용할 때 주의를 요한다

생육 특성

독미나리는 미나릿과의 여러해살이풀로 높이는 1m 정도이고, 뿌리에서 돋은 잎과 밑부분의 잎은 잎자루가 길고 길이는 30~50cm의 삼각 모양을 한 달걀꼴로서 2회 깃 모양으로 갈라지고 뾰쪽한 톱니가 있다. 꽃은 6~8월에 흰꽃이 줄기 끝에 겹산형으로 피고, 열매는 10월에 납작하게 눌린 둥근 분과로 여문다.

| 작용 | 진통 작용 | 효능 | 주로 통증 질환에 효험이 있다. 거담·구안와사·담·수종·월경통·통경·중풍

독미나리는 식용인 미나리와 같은 환경에서 자라지만 어릴 때는 미나리와 흡사해서 구분이 어렵다. 식용 미나리에 비해 키가 크고 포기 전체에서 불쾌한 냄새가 나고 뿌리를 자르면 누런 즙이 나온다. 독미나리에는 강한 독성이 있어 먹게 되면 입 안이 타고 구토와 심한 경련으로 전신 마비나 호흡 곤란을 일으킨다. 한방에서 통증 질환에 다른 약재와 처방한다. 약초를 만들 때는 6~8월에 뿌리를 캐어 햇볕에 말려 쓴다.

주의

• 새싹이 나올 때는 미나리와 흡사하다.

독이 있는 약용식물

간염·편두통·기관지염에 효능이 있는 미나리아재비

생약명: 모간(毛茛)—뿌리를 제외한 지상부를 말린 것 약성: 따뜻하고 맵다 이용 부위: 씨 1회 사용량: 지상부 1.5∼3g 독성: 잎과 줄기에 독이 있다 금기 보완: 뿌리를 쓰지 않는다

생육 특성

미나리아재비는 미나리아재빗과의 여러해살이풀로 높이는 40∼50cm 정도이고, 뿌리 잎은 모여 나고, 줄기잎은 잎자루가 없고 3개로 갈라지고, 가장자리에 톱니가 있다. 꽃은 6월에 작은 꽃대에 황색으로 피고, 열매는 달걀 모양의 수과로 여문다.

| 작용 | 진통 작용 · 해열 작용 **| 효능 |** 주로 피부 질환에 효험이 있다. 간염 · 학질 · 황달 · 편두통 · 기관지염 · 악창 · 복통 · 해열

미나리아재비는 초여름에 광택이 있는 노란꽃이 아름다워 약용, 관상용으로 가치가 높지만, 잎과 줄기의 즙액에 '프로드아네모닌(Protanemonin)'이라는 배당체가 있어 피부에 닿으면 염증을 일으키고 수포가 생길 정도로 독성이 강해서 먹을 수 없다. 지역에 따라 어린순은 끓는 물에 삶은 다음 물에 담가 독을 제거한 후에 나물로 먹는다. 한방에서 피부 질환에 다른 약재와 처방한다. 약초를 만들 때는 여름에서 가을에 지상부를 채취하여 햇볕에 말려 쓴다.

주의

• 한꺼번에 복용하면 중독 반응을 일으킨다.

심내막염·심장병·심장 판막증에 효능이 있는 복수초

생약명: 복수초(福壽草)—전초와 뿌리를 말린 것 **약성:** 서늘하고 쓰다 **이용 부위:** 식물 전체 **1회 사용량:** 뿌리 0.5~1.5g **독성:** 전초와 뿌리에 독이 있다 **금기 보완:** 함부로 쓰지 않는다

생육 특성

복수초는 미나리아재빗과의 여러해살이풀로 높이는 10~30cm 정도이고, 잎은 위로 올라가면서 어긋나며 삼각형 모양의 넓은 달걀꼴이고 깃 모양으로 잘게 갈라진다. 꽃은 3월에 원줄기 끝과 가지 끝에 한 개씩 잎보다 먼저 노란색으로 피고, 열매는 6월에 꽃턱에 둥근 수과로 여문다.

| **작용** | 진통 작용 | **효능** | 주로 신경계 · 운동계 질환에 효험이 있다. 전초(강심 · 심장 기능 부전으로 인한 수종 · 심력쇠갈 · 울혈성 심장 기능저하), 강심제 · 신경 쇠약 · 심계 항진 · 심내막염 · 심신 허약 · 심장병 · 심장판막증 · 이뇨 · 진통

　　복수초를 중국에서는 뿌리를 "측금잔화"라고 한다. 꽃이 아름다워 관상용, 약용으로 가치가 높지만, 식물 전체에 맹독인 강한 알칼로이드 배당체가 함유되어 있어 잘못 먹으면 호흡 곤란을 일으켜 심하면 심장 마비를 일으킨다. 강심제의 원료로 이용하는 아도닌 성분이 있다. 뿌리를 먹으면 체내에 독성이 남는다. 한방에서 신경계 질환에 다른 약재와 처방한다. 약초를 만들 때는 봄에 꽃이 필 때 전체를 채취하여 햇볕에 말려 쓴다.

주의

- 독성이 강해 한의사 처방 후 쓴다. 수초는 꽃이 피기 전에 잎은 당근과 비슷하고, 어린순은 머위순과 비슷하다.

독이 있는 약용식물

기관지염·천식·편도선염에 효능이 있는 삿갓나물

생약명: 조휴(蚤休)—뿌리줄기를 말린 것 **약성:** 차고 쓰고 맵다 **이용 부위:** 뿌리줄기 **1회 사용량:** 종자 3~8g
독성: 뿌리에 독이 있다 **금기 보완:** 임산부는 금한다

생육 특성

삿갓나물은 백합과의 여러해살이풀로 높이는 20~40cm 정도이고, 줄기 끝에서 잎자루가 없는 6~8
개의 잎이 돌려 나며 길이는 3~10cm, 너비는 1.5~4cm의 긴 타원형 또는 넓은 댓잎과침형으로서
양끝이 뾰쪽하고 가장자리가 밋밋하다. 꽃은 6~7월에 꽃대 끝에 1개가 위를 향해 피고, 열매는 8~9
월에 둥근 장과로 여문다.

| 작용 | 항염 작용 · 진해 작용 **| 효능 |** 주로 호흡기계 · 피부염 질환에 효험이 있다. 옹종 · 나력 · 기관
지염 · 종독 · 창종 · 천식 · 편도선염 · 해수 · 후두염 · 소아기

    삿갓나물은 산나물인 우산나물과 비슷하여 오인하기 쉽다. 그 모습이 아름다워 약
용, 관상용으로 가치가 높지만, 지역에 따라서 어린순을 채취하여 끓는 물에 데쳐서
독성을 제거한 후에 나물로 무쳐서 먹기도 하지만 먹지 않는 게 안전하다. 특히 뿌리
는 독성이 몹시 강해서 먹을 수 없다. 한방에서 피부염 질환에 다른 약재와 처방한다.
약초를 만들 때는 가을에 뿌리를 캐어 햇볕에 말려 쓴다.

독이 있는 약용식물

주의

• 독성이 강해 한꺼번에 많이 쓰지 않는다.

기관지염·폐결핵, 해독에 효능이 있는 **상사화**

생약명: 상사화(相思花)—비늘줄기를 말린 것 약성: 따뜻하고 맵다 이용 부위: 알뿌리(비늘줄기) 1회 사용량: 알뿌리 2~3g 독성: 알뿌리(비늘줄기)에 독이 있다 금기 보완: 임산부는 금한다

생육 특성

상사화는 수선화과로 높이는 50~80cm 정도이고, 꽃줄기가 올라오기 전인 6~7월이면 잎이 말라 죽으므로 꽃이 필 무렵이면 살아 있는 꽃을 볼 수 없다. 꽃은 7~8월에 꽃줄기가 길게 자라 그 끝에 4~8개 정도의 산형화서(傘形花序)로 분홍색으로 피고, 열매는 맺지 못한다.

| **작용** | 항균 작용 · 해열 작용 | **효능** | 주로 통증 · 호흡기계 질환에 효험이 있다, 기관지염 · 폐결핵 · 담 · 통증 · 해열제 · 해독 · 종기 · 마비 · 가래 · 창종

상사화는 잎은 꽃을 보지 못하고, 꽃은 잎을 보지 못하는 것이 서로 그리워하면서 만나지 못하는 슬픈 연인 같다 하여 '이별초'라는 애칭이 있다. 꽃이 피는 시기에 따라 7~8월에 꽃이 피는 상사화와 9~10월에 개화하는 석산 타입으로 구분된다. 우리나라 에는 11종이 자생한다. 꽃이 아름다워 약용, 관상용으로 가치가 높지만, 비늘줄기에 알칼로이드가 함유되어 있어 먹을 수 없다. 한방에서 말린 비늘줄기를 통증에 다른 약 재와 처방한다. 약초를 만들 때는 연중 내내 필요할 때마다 알뿌리(비늘줄기)를 채취하 여 잔뿌리를 제거한 후에 햇볕에 말려 쓴다.

주의

• 한꺼번에 많이 쓰지 않는다.

독이 있는 약용식물

253

인후통·종독·창종에 효능이 있는 석산

생약명: 석산(石蒜)—비늘줄기를 말린 것 **약성:** 따뜻하고 맵다 **이용 부위:** 비늘줄기 **1회 사용량:** 비늘줄기 1~2g **독성:** 비늘줄기에 독이 있다 **금기 보완:** 임산부는 금한다

생육 특성

석산은 수선화과의 여러해살이풀로 높이는 40~60cm 정도이고, 뿌리에서 뭉쳐 나는데 길이는 30~40cm, 너비는 15mm 정도의 선형으로서 광택이 있는 녹색의 잎이 꽃이 필 때 쯤이면 말라 죽는다. 꽃은 9~10월에 잎이 없는 비늘줄기에서 나온 줄기 끝에 산형 꽃차례를 이루며 진홍색으로 피고, 열매는 맺지 못한다.

|작용| 진통 작용 **|효능|** 주로 염증·호흡기 질환에 효험이 있다. 복막염·인후통·수종·종독·창종·나력·해수

석산의 붉은꽃과 비늘줄기의 독성 때문에 죽음을 상징하기 때문에 '지옥꽃'이라 부른다. 꽃이 아름다워 관상용으로 가치가 높지만, 꽃대와 비늘줄기를 꺾었을 때 즙이 살갗에 닿으면 물집이 생길 정도로 맹독성인 '리코린(Lycorine)'이 함유되어 있다. 비늘줄기를 짓찧어 물 속에서 찌꺼기를 걷어 낸 다음 다시 물로 씻고 가라앉히는 과정을 되풀이하면 독성이 없어져 질 좋은 녹말을 얻을 수 있다. 한방에서 염증질환에 다른 약재와 처방한다. 약초를 만들 때는 가을(개화기 뒤)에 비늘줄기를 채취하여 그늘에 말려 쓴다.

주의

• 독성을 없앤 후 써야 한다. 석산의 구근(알뿌리)은 '산파'와 비슷하고, 어린 자구는 '달래'와 비슷하다.

독이 있는 약용식물

신장병·아토피성 피부염·인후염에 효능이 있는 자리공

생약명: 상륙(商陸)—뿌리를 말린 것, 상륙화(商陸花)—꽃을 말린 것 **약성**: 치고 쓰다 **이용 부위**: 뿌리 **1회 사용량**: 뿌리 4~6g **독성**: 뿌리에 독이 있다 **금기 보완**: 임산부는 금한다

생육 특성

자리공은 자리공과의 여러해살이풀로 높이는 1m 정도이고, 잎은 넓은 댓잎피침형으로서 양끝이 좁고 가장자리가 밋밋하다. 꽃은 5~6월에 가지 끝과 잎 사이에서 총상 꽃차례의 흰색으로 피고, 열매는 8월에 장과로 8개의 분과가 서로 인접하여 바퀴 모양으로 나열되어 흑색으로 여문다.

| 작용 | 항염 작용 **| 효능 |** 주로 신장병 · 피부과 질환에 효험이 있다. 신장병 · 무좀 · 부종 · 소변 불통 · 소염제 · 아토피성 피부염 · 옹종 · 이질 · 인후염 · 전립선 비대증

    자리공은 꽃이 아름다워 식용, 약용, 관상용으로 가치가 높지만, 꽃이 피기 전에 나물로 오인하여 바로 먹으면 독성이 있기 때문에 잎을 끓는 물에 데쳐 독을 우려낸 후 먹을 수 있다. 한방에서 꽃은 다망증에 쓰고, 뿌리는 인후 종통에 쓴다. 한방에서 신장병에 다른 약재와 처방한다. 약초를 만들 때는 뿌리를 쌀뜨물에 담갔다가 칼로 벗겨 햇볕에 말려 쓴다.

독이 있는 약용식물

주의

• 반드시 수화처리(水火處理)하여 쓴다.

간염·기관지염·아토피성 피부염에 효능이 있는 # 애기똥풀

생약명: 백굴체(白屈菜)—뿌리를 말린 것 **약성:** 따뜻하고 쓰고 시다 **이용 부위:** 뿌리 **1회 사용량:** 온포기 1.5~3g **독성:** 뿌리에 독이 있다 **금기 보완:** 즙이 피부에 묻으면 염증을 일으킨다

생육 특성

애기똥풀은 양귀비과의 두해살이풀로 높이는 30~80cm 정도이고, 잎은 마주 나며 끝이 둔하고 가장자리에 둔한 톱니와 함께 깊게 피어 들어간 자리가 있다. 꽃은 5~8월에 줄기 위쪽의 잎 겨드랑이에서 나온 가지 끝에 산형 꽃차례의 황색으로 피고, 열매는 7~8월에 좁은 원기둥 모양의 삭과로 여문다.

|작용| 진통 작용 **|효능|** 주로 호흡기계·피부과 질환에 효험이 있다. 간 기능 회복·간염·기관지염·백전풍·복통·아토피성 피부염·암(위암)·위궤양·위염·진통·황달·월경통

애기똥풀은 줄기에 상처를 내면 등황색의 유황 유액이 나오는데 이것이 마치 애기의 배내똥과 같다 하여 '애기똥풀'이라 부른다. 꽃이 아름다워 식용, 약용, 관상용으로 가치는 높지만, 뿌리는 강한 독성인 알칼로이드가 함유되어 있다. 지역에 따라서 어린 잎은 찬물에 담근 후 독성을 뺀 후 끓은 물에 살짝 데쳐서 먹는다. 한방에서 호흡기 질환에 다른 약재와 처방한다. 약초를 만들 때는 봄부터 가을 사이에 비상부를 베어 그늘에 말려 쓴다.

주의

• 독성이 강해 1회에 많은 양을 쓰지 않는다.

독이 있는 약용식물

신장병·부종·심장병·심내막염에 효능이 있는 **은방울꽃**

생약명: 영란(鈴蘭)—뿌리를 말린 것 약성: 따뜻하고 쓰다 이용 부위: 뿌리 1회 사용량: 뿌리 2~4g 독성: 전초 와 뿌리에 독이 있다

생육 특성 ▶

은방울꽃은 백합과의 여러해살이풀로 높이는 20~35cm 정도이고, 잎집이 둘러싼 상태에서 2개의 잎이 마주 나고 밑 부분이 서로 얼싸안아 원줄기처럼 된다. 길이는 12~18cm, 너비는 3~7cm의 긴 타원형으로서 끝이 뾰쪽하여 가장자리가 밋밋하다. 꽃은 4~5월에 잎 사이에서 나온 꽃 줄기 끝에 총상 꽃차례의 종같이 흰색으로 피고, 열매는 7월에 적색의 둥글게 장과로 여문다.

| **작용** | 진통 작용 | **효능** | 주로 순환기계 비뇨기계 질환에 효험이 있다, 신장병 · 소변 불통 · 부종 · 이뇨 · 심장병 · 심내막염 · 심계 항진 · 심장 판막증 · 타박상 · 염좌

　은방울꽃은 잎이나 꽃 모양도 아름답고 향기가 좋아 실내에서 분화용으로 관상 가치가 높다. 향기가 나는 꽃이라 하여 '향수화(香水花)', 난초처럼 품위를 지녔다 하여 '초왕란(草王蘭)'이라 부른다. 은방울꽃은 식용, 약용, 관상용으로 가치는 높지만, 열매와 뿌리는 독성이 강해 복용시 신부전증을 일으킬 수 있다. 지역에 따라 어린순을 흐르는 물에 하룻밤 담가 독성을 뺀 후 끓은 물에 살짝 데쳐서 먹는다. 한방에서 순환기 질환에 다른 약재와 처방한다. 약초를 만들 때는 봄에 꽃이 필 때 전초를 채취하여 햇볕에 말려 쓴다.

주의

• 독성이 강해 한꺼번에 많이 복용하면 심부전증을 일으킨다.

독이 있는 약용식물

소화 불량·식적 창만·대장 출혈에 효능이 있는 애기나리

생약명: 석죽근(石竹根)—뿌리를 말린 것 **약성:** 차고 쓰다 **이용 부위:** 뿌리 **1회 사용량:** 뿌리 10g **독성:** 줄기와 뿌리에 독이 있다 **금기 보완:** 임산부는 금한다

생육 특성

애기나리는 백합과의 여러해살이풀로 높이는 20~30cm 정도이고, 줄기는 높이가 20~40cm 정도로 1~2개의 가지가 있다. 잎은 어긋나고 난상의 긴 타원형이고 가장자리는 밋밋하다. 꽃은 5~6월에 가지 끝에서 1~3개가 밑을 향해 연한 녹색으로 피고, 열매는 둥글고 흑색으로 여문다.

| 작용 | 항염 작용 **| 효능 |** 주로 소화기계 질환에 효험이 있다. 대장 출혈 · 폐기종 · 소화 불량 · 식적 창만 · 폐결핵

애기나리는 군락에서 꽃이 필 때는 아름다워 관상용으로 가치가 높지만, 지역에 따라서 어린순은 끓는 물에 데쳐서 나물로 먹을 수 있지만, 줄기와 뿌리에 맹독성이 강해 먹으면 안 된다. 한방에서 말린 뿌리줄기를 소화기계 질환에 다른 약재와 함께 처방한다. 약초를 만들 때는 가을부터 겨울까지 뿌리줄기를 캐어 햇볕에 말려 쓴다.

독이 있는 약용식물

주의

• 봄에 애기나리의 새싹이 둥굴레와 흡사하기 때문에 주의를 요한다.

종독·종창·악창에 효능이 있는 괴불주머니

생약명: 국화황련(菊花黃蓮)—꽃을 말린 것 **약성**: 차고 쓰다 **이용 부위**: 꽃 **1회 사용량**: 꽃(적당량) **독성**: 뿌리에 독이 있다 **금기 보완**: 임산부는 금한다

생육 특성

괴불주머니는 양귀비과의 두해살이풀로 높이는 30~50cm 정도이고, 줄기는 연약하며 곧추서거나 비스듬히 자란다. 잎몸은 난형으로 양끝이 뾰쪽하고 가장자리는 밋밋하다. 꽃은 4~5월에 황색으로 피고, 열매는 바늘 모양의 삭과로 여문다.

| **작용** | 해독 작용 | **효능** | 주로 외상 염증 질환에 효험이 있다. 청열 · 소종 · 개선 · 종독 · 종창 · 악창 · 선창 · 종독 · 풍화안통

괴불주머니의 꽃이 아이나 여자의 주머니 끝에 매달던 작은 노리개처럼 생겼다 하여 '괴불주머니'라 부른다. 양귀비과 산나물로 이용되는 것은 '전호' 뿐이다. 꽃이 아름다워 식용, 관상용으로 가치가 높지만, 전라도에서는 꽃이 피기 전에 잎을 채취하여 끓는 물에 데쳐서 독성을 충분히 제거한 후에 나물로 무쳐 먹기도 하지만 먹지 않는 게 좋다. 한방에서 외상 염증 질환에 다른 약재와 처방한다. 약초를 만들 때는 봄에 전초 또는 뿌리를 채취하여 햇볕에 말려 쓴다.

독이 있는 약용식물

주의

• 치유되는 대로 중단한다.

외상 소독·타박상·진통에 효능이 있는 자주괴불주머니

생약명: 자근초(紫菫草)–뿌리를 말린 것 **약성:** 차고 쓰다 **이용 부위:** 뿌리 **1회 사용량:** 뿌리 15~20g **독성:** 뿌리에 독이 있다 **금기 보완:** 임산부는 금한다

생육 특성

자주괴불주머니는 현호색과의 두해살이풀로 높이는 20~50cm 정도이고, 뿌리잎은 모여 나며 잎자루가 길고 작은 잎이 3장씩 두 번 나오는 3줄 겹입이다. 꽃은 4~5월에 원줄기 끝에서 총상 꽃차례의 홍자색으로 피고, 열매는 6~7월에 긴 타원형의 삭과로 여문다.

| 작용 | 진통 작용·해독 작용 **| 효능 |** 주로 외상 질환에 효험이 있다. 외상 소독·타박상·진통·창동·개창·경련

자주괴불주머니는 꽃이 매우 아름다워 약용·관상용으로 높지만, 뿌리는 긴 타원형이고 잔뿌리가 많고 맹독성이 있다. 식용보다는 약용, 관상용으로 이용된다. 한방에서는 외상 치료에 다른 약재와 처방한다. 약초를 만들 때는 봄에 전초 또는 뿌리를 채취하여 햇볕에 말려 쓴다.

독이 있는 약용식물

주의

• 전초는 항균 작용이 술파제보다 강하기 때문에 1회 기준량을 지킨다.

기관지염·후두염·진통·풍습 관절염에 효능이 있는 때죽나무

생약명: 매마등(買麻藤)—나무껍질을 말린 것 **약성:** 평온하고 쓰다 **이용 부위:** 나무껍질 **1회 사용량:** 나무껍질·열매 2~3g **독성:** 식물 전체에 독이 있다 **금기 보완:** 임산부는 금한다

생육 특성

때죽나무는 때죽나뭇과의 갈잎작은큰키나무로 높이는 6~8m 정도이고, 잎은 어긋나며 길이는 2~8cm의 달걀꼴 또는 긴 타원형이고 가장자리에 이빨 모양의 톱니가 있다. 꽃은 5~6월에 잎 겨드랑이에서 나온 총상 꽃차례로 2~5송이씩 밑을 향해 흰색으로 피고, 열매는 9월에 둥근 핵과로 여문다.

| **작용** | 항염 작용 | **효능** | 주로 염증·소화기 질환에 효험이 있다. 구충·기관지염·담·후두염·진통·사지통·치통·풍습 관절염

　때죽나무는 20여 송이 정도가 종 모양으로 주렁주렁 달리고 꽃과 표주박 같은 열매가 아름다워 관상용, 공업용으로 가치가 높지만, 때죽나무의 잎과 열매를 짓찧거나 갈아서 시냇가에서 고기를 잡을 때 물에 풀어 놓으면 물고기들이 잠시 기절을 할 정도로 식물 전체에 독성이 있어 먹을 수 없다. 한방에서 소화기 질환에 다른 약재와 처방한다. 약초를 만들 때는 5~6월(개화기 이후)에 열매 또는 나무껍질을 채취하여 햇볕에 말려 쓴다.

독이 있는 약용식물

주의

• 독성이 강해 복용할 때 1회 기준량을 지킨다.

고혈압·인후염·부인병·월경 불순에 효능이 있는 매발톱나무

생약명: 누두채(漏斗菜) · 소벽(小蘗)—전초를 말린 것 **약성:** 차고 쓰다 **이용 부위:** 전초 **1회 사용량:** 뿌리껍질 6~8g **독성:** 식물 전체에 독이 있다 **금기 보완:** 임산부는 금한다

생육 특성

매발톱나무는 매자나뭇과의 갈잎떨기나무로 높이는 약 50~100cm 정도이고, 잎이 새 가지에서는 어긋나고 짧은 가지에서는 뭉쳐 난 것처럼 보인다. 달걀꼴을 닮은 타원형이고 가죽질이며 가장자리에 바늘 모양의 불규칙한 톱니가 있다. 꽃은 5월에 가지 끝에서 긴 꽃대가 나와 자갈색으로 밑을 향해 피고, 열매는 9~10월에 타원형의 장과로 여문다.

| **작용** | 혈압 강하 작용 · 항염증 작용 · 향균 작용 · 자궁 수축 작용 · 혈관 확장 작용 · 담즙 분비 촉진 작용 | **효능** | 주로 호흡기계 질환에 효험이 있다, 고혈압 · 마비 · 신경발작 · 황달 · 폐렴 · 위장병 · 해열 · 소염제 · 인후염 · 결막염 · 부인병 · 월경 불순 · 이질 · 장염

매발톱나무의 꽃받침 생김새가 마치 매의 발톱처럼 날카롭게 생겼다 하여 '매발톱꽃'이라 부른다. 꽃이 아름다워 화단용, 분화용, 절화용으로 가치가 높지만, 잎에 강한 독성이 있어 바로 먹으면 안 된다. 지역에 따라서 어린싹을 하룻밤 물에 담근 후 충분히 우려낸 후 끓는 물에 살짝 데쳐서 돼지고기와 함께 먹기도 한다. 한방에서 전초를 말린 '누두채(漏斗菜)'를 호흡기계 질환에 다른 약재와 쓴다. 약초를 만들 때는 이른봄 또는 가을에 가지나 뿌리를 채취하여 햇볕에 말려 쓴다.

주의

• 독성아 강해 1회 기준량을 지킨다.

독이 있는 약용식물

이질·살충·염증에 효능이 있는 칠엽수

생약명: 사라자(娑羅子)—종자를 말린 것 약성: 서늘하고 달고 떫다 이용 부위: 종자 1회 사용량: 종자 4~6g
독성: 종자에 독이 있다 금기 보완: 임산부는 금한다

생육 특성

칠엽수는 칠엽수과의 낙엽활엽교목으로 높이는 20~30m 정도이고, 잎은 마주 나며 5~7개의 작은 잎으로 구성된 손꼴겹잎이다. 밑부분의 작은 잎은 작으나 중간 부분의 잎은 길이가 20~30cm, 너비는 12cm 정도로 크고 가장자리에 겹톱니가 있다. 꽃은 5~6월에 가지 끝에 원추 꽃차례를 이루며 빽빽이 달려 잡성으로 피고, 열매는 10월에 지름 5cm 정도의 원추형의 둥근 삭과로 여문다. 열매가 다 익으면 3개로 갈라져 갈색의 씨가 1~2개가 나온다.

| 작용 | 살충 작용 · 소염 작용 | 효능 | 주로 염증 질환에 효험이 있다. 암(위암) · 류머티즘 · 이질 · 살충 · 염증

칠엽수는 식용, 약용, 공업용, 관상용으로 가치가 크다. 작은 가지 끝의 겨울눈은 수지(樹脂)로 덮여 있어 끈끈하다. 밤을 닮은 종자에는 다량의 녹말, 사포닌, 타닌을 함유하고 있으나 독성이 있어 먹을 수 없다. 현재 소염제로 환제나 캡슐제로 만들어 시판되고 있다. 한방에서 염증 질환에 다른 약재와 처방한다. 약초를 만들 때는 가을(열매 성숙기)에 열매를 따서 단단한 겉껍질을 벗겨내고 햇볕에 말려 쓴다.

주의

• 밤을 닮은 종자의 타닌을 제거한 다음에 식용이 가능하지만 먹지 않는 게 좋다.

독이 있는 약용식물

제5장

부록

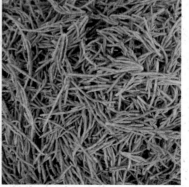

🌿 식물 용어

- **가시** : 식물의 줄기나 잎, 열매를 싼 겉면에 비늘처럼 뾰쪽하게 돋아난 것.
- **감과**(柑果) : 내과피에 의하여 과육이 여러 개의 방으로 분리되어 있는 열매.
- **개과**(蓋果) : 과피가 가로로 벌어져 위쪽이 뚜껑같이 되는 열매.
- **견과**(堅果) : 흔히 딱딱한 껍질에 싸인 보통 1개의 씨가 들어 있는 열매.
- **고산식물**(高山植物) : 고산 지대에서 자생하는 식물.
- **골돌**(蓇葖) : 단자예(單子蕊)로 구성되어 있고, 1개의 봉선을 따라 벌어지고, 1개의 심피 안에 여러 개의 종자가 들어 있는 열매.
- **관경식물** : 아름다운 열매를 관상하는 식물.
- **관목**(灌木) : 수간(樹幹)이 여러 개인 목본 식물로, 키가 보통 4∼5m 이하인 것.
- **괴경**(塊莖) : 줄기가 비대하여 육질의 덩어리로 된 뿌리.
- **교목**(喬木) : 줄기가 곧고 굵으며 높이 자라고 위쪽에서 가지가 퍼지는 나무로 키는 4∼5m 이상.
- **광타원형**(廣楕圓形 : 넓은 타원형) : 너비의 길이가 1/2 이상 되는 잎의 모양.
- **교호대생**(交互對生) : 잎이 교대로 마주 달림.
- **구과**(毬果) : 솔방울처럼 모인 포린 위에 2개 이상의 소견과가 달려 있는 열매.
- **구근류**(球根類) : 식물체의 잎·줄기·뿌리 등이 비대하여 알뿌리가 된 것.
- **근생엽**(根生葉) : 뿌리나 땅속줄기에서 직접 땅 위에 나오는 잎
- **급첨두**(急尖頭) : 잎맥만이 자라서 잎끝이 가시와 같이 뾰쪽한 것
- **기생식물**(寄生植物) : 딴 생물에 기생하여 그로부터 양분을 흡수하여 사는 식물
- **기수우상복엽**(奇數羽狀複葉) : 소엽의 수가 홀수인 복엽

ㄴ

- **난과 식물** : 난초과의 식물.
- **난형**(卵形) : 달걀 모양으로 아랫부분이 가장 넓은 잎의 모양.
- **낭과**(囊果) : 고추나무 및 새우나무의 열매처럼 베개 모양으로 생긴 열매.

- **능형**(菱形:마름모형) : 변의 길이는 같지만 내각이 다르고, 다이아몬드형인 잎의 모양.
- **노지 관상 화목류** : 노지의 정원에서 자라며, 꽃이 피는 목본 식물.

ㄷ

- **다년초**(多年草) : 3년 이상 땅속줄기가 생존하는 표본으로 겨울에는 지상부만 죽음.
- **단맥**(單脈) : 잎의 주맥 1개만이 발달한 것.
- **단성화**(單性花) : 암술과 수술과 하나가 없는 것.
- **단엽**(單葉:홀잎) : 1개의 엽신으로 되어 있는 잎.
- **단지**(短枝) : 소나무와 은행나무같이 마디 사이가 극히 짧은 가지로 5∼6년간 자라며, 작은 돌기처럼 보이고 매년 잎이나 열매가 달림.
- **단정화서**(單頂花序) : 꽃자루 끝에 꽃이 1개씩 달리는 화서.
- **단체웅예**(單體雄蕊) : 무궁화같이 화사가 전부 한 몸으로 뭉친 것.
- **덩굴손**(券鬚:권수) : 가지나 잎이 변하여 다른 물건에 감기는 것.
- **대생**(對生:마주나기) : 한 마디에 잎이 2개씩 마주 달리는 것.
- **도란형**(倒卵形) : 거꾸로 선 달걀 모양.
- **도심장형**(倒心臟形) : 거꾸로 선 심장 모양.
- **도피침형**(倒披針形) : 피침형이 거꾸로 선 모양.
- **두상화서**(頭狀花序) : 두상으로 된 화서로서 꽃자루가 없는 꽃이 줄기 끝에 모여서 들러붙어 있으며 꽃은 가장자리부터 피어 안쪽으로 향함.
- **둔거치**(鈍鋸齒) : 둔한 톱니 갖은 잎 가장자리.
- **둔두**(鈍頭) : 둔한 잎의 끝.
- **둔저**(鈍底) : 양쪽 가장자리가 90° 이상의 각으로 합쳐져 둔한 엽저.

ㅁ

- **막질**(膜質) : 얇은 종잇장 같은 잎의 재질.
- **망상맥**(網狀脈:그물맥) : 주맥으로부터 연속해서 가지를 쳐서 세분되고, 서로 얽혀 그물 모양으로 된 열매.
- **미상**(尾狀) : 잎 끝이 갑자기 좁아져서 꼬리처럼 길게 자란 모양.
- **미상화서**(尾狀花序) : 화축이 연하여 밑으로 처지는 화서로서, 꽃잎이 없고 포로 싸인 단성화로 된 것.
- **밀추화서**(密錐花序) : 취산화서가 구형으로 되어 총상 또는 원추상으로 화축에 달린 것.

- **방향식물**(芳香植物) : 식물체의 잎이나 꽃에서 향기가 나는 식물.
- **반곡**(反曲) : 뒤로 젖혀진 것.
- **배상화서**(杯狀花序) : 암술과 수술이 각각 1개씩으로 된 암꽃과 수꽃이 잔 모양의 화탁 안에 들어 있는 화서.
- **복과**(複果) : 둘 이상의 암술이 성숙해서 된 열매.
- **복엽**(複葉:겹잎) : 2개 이상의 엽신으로 되어 있는 잎.
- **부생식물**(腐生植物) : 생물의 사체나 배설물을 양분으로 섭취하여 생활하는 식물.
- **분리과**(分離果) : 콩 꼬투리와 비슷하고, 종자가 들어 있는 사이가 잘록하고 익으면 잘록한 중앙에서 갈라진 열매.
- **분열과**(分裂果) : 종축 좌우가 2개로 갈라지는 열매.

ㅅ

- **사강웅예**(四强雄蕊) : 6개의 수술 중 2개가 다른 것보다 짧고 4개가 긴 것.
- **삭과**(蒴果) : 다심피로 구성되어 있으며 2개 이상의 봉선을 따라 터지는 열매.
- **산방화서**(繖房花序) : 꽃이 수평으로 한 평면을 이루는 것으로써, 화서 주축에 붙은 꽃자루는 밑의 것이 길고 위로 갈수록 짧아짐. 꽃은 평면 가장자리의 것이 먼저 피고 안의 것이 나중에 핀다.
- **산형화서**(繖形花序) : 줄기 끝에서 나온 길이가 거의 같은 꽃자루들이 우산 모양으로 늘어선 화서.
- **삼각형**(三角形) : 세모꼴 비슷한 잎의 모양.
- **삼출맥**(三出脈) : 주맥이 3개로 발달한 것.
- **상과**(桑果) : 육질 또는 목질로 된 화피가 붙어 있고, 자방이 수과 또는 핵과상으로 되어 있는 열매.
- **석류과**(石榴果) : 상하로 된 여러 개의 방으로 되어 있고, 종피도 육질인 열매.
- **선린**(腺鱗) : 진달래 등의 잎에서 향기를 내는 비늘 조각.
- **선모**(腺毛) : 끝이 원형의 선으로 된 털.
- **설상화**(舌狀花) : 국화과 식물의 두상화에서 가장자리의 혀 모양의 꽃을 말함.
- **설저**(楔底) : 쐐기 모양으로 점점 좁아져 뾰쪽하게 된 엽저.
- **소수화서**(小穗花序) : 대나무의 꽃과 같이 소수(小穗)로 구성되어 있는 화서.
- **수과**(瘦果) : 한 열매에 한 개의 씨가 들어 있고 얇은 과피에 싸이며 씨는 과피로부터 떨어져 있음.
- **수상화서**(穗狀花序) : 작은 꽃자루가 없는 꽃이 화축에 달려 있는 화서.
- **순저**(楯底) : 방패처럼 생긴 엽저.
- **수지도**(樹脂道) : 송진이 나오는 구멍.
- **수초**(水草) : 물 속이나 물가에서 자라는 식물.
- **시과**(翅果) : 지방 벽이 늘어나 날개 모양으로 달려 있는 열매.
- **순형화관**(唇形花冠) : 위아래 두 개의 꽃잎이 마치 입술처럼 생긴 것.

- **아대생**(亞對生) : 한 마디에 한 개씩 달려 있고, 2개씩 서로 가깝게 달려 있는 것.
- **엽서**(葉序) : 잎이 줄기와 가지에 달리는 모양.
- **영과**(穎果) : 포영으로 싸여 있고, 과피는 육질이며 종피에 붙어 있는 열매.
- **예거치**(銳鋸齒) : 뾰쪽한 톱니 같은 가장자리.
- **예두**(銳頭) : 끝이 짧게 뾰쪽한 잎.
- **오출맥**(五出脈) : 주맥이 5개로 발달한 잎맥.
- **왜저**(歪底) : 양쪽이 대칭이 되지 않고 일그러진 엽저.
- **요두**(凹頭) : 끝이 원형이고, 잎맥 끝이 오목하게 팬 잎 끝.
- **우상맥**(羽狀脈) : 깃 모양으로 갈라진 열매.
- **우상복엽**(羽狀複葉) : 소엽이 총엽병 좌우로 달려 있는 복엽
- **우수우상복엽**(偶數羽狀複葉) : 소엽의 수가 짝수인 우상복엽.
- **양성화**(兩性花) : 암술과 수술이 다 있는 것.
- **완전화**(完全花) : 꽃받침 · 꽃잎 · 수술 · 암술의 네 가지 기관을 모두 갖춘 꽃.
- **원추화서**(圓錐花序) : 중심의 화관축이 발달되고, 여기에서 가지가 나와 꽃을 다는 것으로, 전체가 원추형인 화서. 꽃은 밑에서 피어 위로 향함.
- **원형**(圓形) : 잎의 윤곽이 원형이거나 거의 원형인 것.
- **윤생**(輪生:돌려나기) : 한 마디에 잎이 3장 이상 달려 있는 것.
- **은두화서**(隱頭花序) : 두상화서의 변형으로서 화축 끝이 내부로 오므라져 들어간 화서.
- **은화과**(隱花果) : 주머니처럼 생긴 육질의 화탁 안에 많은 수과가 들어 있는 열매.
- **이과**(梨果) : 꽃받침이 발달하여 육질로 되고, 심피는 연골질 또는 지질로 되며, 씨가 다수인 열매.
- **이강웅예**(二强雄蕊) : 한 꽃에 있어서 4개의 수술 중 2개는 길고 2개는 짧은 것.
- **이저**(耳底) : 귀 밑처럼 생긴 엽저.
- **일년초**(一年草) : 봄에 싹이 터서 열매를 맺고 말라 죽는 풀.

- **장과**(漿果) : 육질로 되어 있는 내 외벽 안에 많은 종자가 들어 있는 열매.
- **장미과**(薔薇果) : 꽃받침이 발달하여 육질통으로 되고, 그 안에 많은 소견자가 들어 있는 열매.
- **장상맥**(掌狀脈) : 손바닥을 편 모양으로 발달한 잎맥.
- **장상복엽**(掌狀複葉) : 소엽이 총엽병 끝에서 방사상으로 퍼져 있는 복엽.
- **전연**(全緣) : 톱니가 없이 밋밋한 잎의 가장자리.
- **전열**(全裂) : 주맥까지 또는 완전히 갈라진 잎 가장자리.
- **중둔거치**(中鈍鋸齒) : 겹으로 둔한 톱니가 있는 잎 가장자리.
- **중예거치**(中銳鋸齒) : 겹으로 뾰쪽한 톱니가 있는 잎 가장자리.

- **정제화관**(整齊花冠) : 꽃잎의 모양과 크기가 모두 같은 것.
- **종피**(種皮) : 종자의 껍질.
- **중성화**(中性花) : 암술과 수술이 모두 없는 것.
- **집과**(集果) : 목련의 열매처럼 여러 열매가 모여서 된 것.

- **초본**(草本) : 가을철 지상부가 완전히 말라 버리는 것.
- **총상화서**(總狀花序) : 긴 화축에 꽃자루의 길이가 같은 꽃들이 들러붙고 밑에서부터 피어 올라감.
- **추피**(皺皮:주름살) : 잎맥이 튀어나와 주름이 진 것.
- **취과**(聚果) : 심피 또는 꽃받침이 육질로 되어 있고, 많은 소액과로 구성되어 있는 모양.
- **취산화서**(聚散花序) : 화축 끝에 달린 꽃 밑에서 1쌍의 꽃자루가 나와 각각 그 끝에 꽃이 1송이씩 달리고, 그 꽃밑에서 각각 1쌍의 작은 꽃자루가 나와 그 끝에 꽃이 1송이씩 달리는 화서로, 중앙에 있는 꽃이 먼저 핀 다음 주위의 꽃들이 핀다.
- **취합과**(聚合果) : 열매가 밀접하게 모여 붙는 것.

- **파상**(波狀) : 잎 가장자리가 물결 모양인 것.
- **평두**(平頭) : 자른 것처럼 밋밋한 것.

- **핵과**(核果) : 다육으로 된 과피를 지닌 열매로서 속에 단단한 내과피가 씨를 둘러싸고 있음.
- **현수과** : 열매가 증축에서 갈라지며 거꾸로 달리는, 산형과 식물에서 볼 수 있는 열매.
- **협과**(莢果) : 콩과 식물에서와 같이 2개의 봉선을 따라서 터지는 열매.
- **호생**(互生:어긋나기) : 한 마디에 잎이 1개씩 달려 있는 것.
- **화관**(花冠) : 꽃받침의 안쪽에 있고 꽃잎으로 구성되어 있음.
- **화서**(花序) : 화축에 달린 꽃의 배열 상태.

한방 용어

성미(性味)

- **발열**(發熱) : 신체에 열감이 생기는 것.
- **약미**(藥味) : 약물이 가지는 고유한 맛.
- **약성**(藥性) : 약이 가지는 한, 열, 온, 량 또는 승, 강, 부, 침 등 고유한 성질.
- **한열온양**(寒熱溫凉) : 차갑고 뜨겁고 따뜻하고 서늘한 성질.
- **인체반응**(人體反應) : 약물을 복용하였을 때 인체에 나타나는 현상.
- **오한**(惡寒) : 차거나 추운 것.
- **조화제약**(調和諸藥) : 각각 다른 성질을 가진 약물들이 서로 작용하여 부작용이 발생하는 것을 막아 주고 약물이 가진 약효를 도와 주는 것.

약물기본응용(藥物基本應用)

- **배합**(配合) : 약물을 처방하여 섞는 것.
- **단미약**(單味藥) : 한 가지 약초로 치료하는 것.
- **상승작용**(相乘作用) : 서로 다른 두 가지 이상의 약물이 서로 작용하여 목적하는 약리 효과를 더욱 뛰어나게 하는 만드는 작용.
- **상호억제**(相互抑制) : 약물 상호간에 약효나 독성을 억제하여 감소시키는 것.
- **상반**(相半) : 두 가지 이상의 약물을 배합할 때 심한 독성이나 강한 부작용이 발생하는 것.
- **처방**(處方) : 질환에 상응하는 약물들의 조류와 용량을 나열한 것.
- **탕제**(湯劑) : 물로 달여서 먹는 약물.
- **산제**(散劑) : 가루 상태의 복용 약물.
- **환제**(丸劑) : 둥근 환상태의 약물.
- **고제**(膏劑) : 고약 상태의 약물.
- **밀봉**(密封) : 공기가 통하지 않게 잘 막음.

ㄱ

- **감**(甘) : 단맛.
- **강장**(强壯) : 몸이 건강하고 정기가 충만한 상태.
- **개창**(疥瘡) : 옴.
- **객혈**(喀血) : 폐와 기관지로부터 피를 토하는 것.
- **거담**(去痰) : 가래를 없어지게 함.
- **경간**(驚癇) : 놀랐을 때 발작하는 간질.
- **곽란**(癨亂) : 음식이 체하여 토하고 설사하는 급성 위장병
- **근경련**(筋痙攣) : 근육이 혈액순환 부전인자 외부의 자극 등으로 수축과 이완을 반복하는 증상.
- **고**(苦) : 쓴맛.
- **고제**(膏劑) : 고약 상태의 복용약.
- **골절**(骨折) : 뼈가 부러진 상태.
- **교상**(咬傷) : 벌레에 물린 상처.
- **구갈**(嘔渴) : 갈증.
- **구안와사** : 입과 눈이 한 쪽으로 틀어지는 병.
- **구창**(口瘡) : 입 안에 나는 부스럼.
- **기체**(氣滯) : 기가 여러 가지 원인으로 울체된 것.

ㄴ

- **뇌경색** : 뇌에 혈액을 공급하는 동맥이 좁아지거나 막혀서 뇌의 조직이 괴사하는 증상.
- **뇌전색**(腦栓塞) : 뇌 이외의 부위에서 생긴 혈전이나 지방·세균·종양 등이 뇌의 혈관으로 흘러들어서 혈관을 막아 버리는 질환.

ㄷ

- **두통**(頭痛) : 머리의 통증.
- **담**(淡) : 담담한 맛.
- **담음**(痰飮) : 수독(水毒)으로 체액이 쌓여 있는 상태.
- **대하**(帶下) : 여성의 질에서 나오는 점액성 물질.
- **도한**(盜汗) : 심신이 쇠약하여 수면 중에 몸에서 땀이 나는 증상.
- **동계**(動悸) : 두근거림.
- **동통**(疼痛) : 통증.
- **두통**(頭痛) : 머리의 통증.

ㅁ

- **몽정**(夢精) : 꿈에서 유정하는 것.

ㅂ

- **번갈**(煩渴) : 목이 마르는 증상.
- **번열**(煩熱) : 가슴이 뜨겁고 열감이 있는 것.
- **변비**(便秘) : 변이 단단하여 잘 배출되지 못하는 것.
- **별돈**(別炖) : 별도로 찌는 것.
- **병인**(病因) : 병을 일으키는 원인이 되는 요소.
- **발열**(發熱) : 신체에 열감이 생기는 것.
- **발적**(發赤) : 붉은 반점이 나타는 것.
- **백대**(白帶) : 흰대하.
- **복창**(腹脹) : 소화 불량으로 배가 팽창한 것.
- **부종**(浮腫) : 몸이 붓는 병.
- **보양**(補陽) : 인체의 양기를 보양함.
- **보혈**(補血) : 혈액을 보충함.
- **분변**(糞便) : 대변.
- **비출혈**(鼻出血) : 코피.
- **비뉵**(鼻衄) : 코피.
- **빈뇨**(頻尿) : 소변을 자주 봄.

ㅅ

- **소갈**(消渴) : 오줌의 양이 많아지는 병.
- **소갈증**(消渴症) : 당뇨병.
- **소종**(消腫) : 부은 몸이나 상처를 치료함.
- **소염** : 염증을 가라앉히고 부종(浮腫)을 빼 주는 것.
- **소양**(瘙痒) : 가려움.
- **수종**(水腫) : 림프액이 많이 괴어 몸이 붓는 병.
- **선전**(先煎) : 약을 달일 때 먼저 넣고 달이는 것.
- **설태**(舌苔) : 혀의 상부에 있는 백색 물질.
- **식적**(食積) : 음식이 소화되지 않고 위장에 머물러 있는 것.
- **식체**(食滯) : 먹는 것이 잘 내리지 아니하는 병.

- **신**(辛) : 매운맛.
- **사지경련**(四肢痙攣) : 팔다리의 경련.
- **사하**(瀉下) : 아래로 빠져 나감.
- **산**(酸) : 신맛.
- **산제**(散劑) : 가루 상태의 복용약.
- **산한**(酸寒) : 차가운 기운을 흩어 버리는 것.
- **삽**(澁) : 떫은맛.

- **악창**(惡瘡) : 고치기 힘든 부스럼.
- **어혈**(瘀血) : 체내의 혈액이 일정한 국소에 굳거나 소통 불량 등으로 정체되어 생기는 증상.
- **여력**(餘瀝) : 오줌을 다 눈 후에 오줌이 방울방울 떨어지는 것.
- **염좌**(捻挫) : 외부의 힘에 의하여 관절 · 힘줄 · 신경 등이 비틀려 생긴 폐쇄성 손상.
- **열독**(熱毒) : 더위 때문에 생기는 발진.
- **오경사**(五更瀉) : 매일 이른 새벽이나 아침에 설사는 하는 것.
- **오한**(惡寒) : 차거나 추운 것을 싫어함.
- **옹**(癰) : 빨갛게 부어오르고 열과 통증을 동반하고 고름이 들어 있는 종기.
- **요배통**(腰背痛) : 허리 통증.
- **옹저**(癰疽) : 큰 종기.
- **옹종**(擁腫) : 작은 종기.
- **울화**(鬱火) : 일반적으로 양기가 뭉치고 적체되어 나타나는 장부 내열의 증상을 말함.
- **울체**(鬱滯) : 소통되지 못하고 막힌 것.
- **유정**(遺精) : 무의식중에 정액이 몸 밖으로 나오는 증상.
- **유즙**(乳汁) : 젖.
- **육부**(六腑) : 담(膽) · 소장(小腸) · 위(胃) · 대장(大腸) · 방광(膀胱) · 삼초(三焦).
- **육장**(六臟) : 간(肝) · 심(心) · 비(脾) · 폐(肺) · 신(腎) · 심포(心包).
- **육음** : 풍(風) · 한(寒) · 서(署) · 습(濕) · 조(燥) · 화(火)로 병사(病邪)를 총칭함
- **음위**(陰痿) : 발기 불능.
- **애기**(噯氣) : 트림
- **이뇨**(利尿) : 소변이 잘 나오게 하고 부종을 제거.
- **이명**(耳鳴) : 귀에서 나는 소리.

- **지역**(止逆) : 구토, 딸국질 등 넘어오는 증상을 멈추게 함.
- **자한**(自汗) : 깨어 있는 상태에서 저절로 땀이 나는 증상.
- **전광**(癲狂) : 정신 착란으로 인한 발작.
- **전간**(癲癎) : 간질증.
- **전약법**(煎藥法) : 약을 달이는 방법.
- **자보**(滋補) : 음핵을 보충하는 것.
- **자양강장**(滋養强壯) : 몸에 영향을 주고 기력을 왕성하게 함.
- **종양**(종양) : 상처가 곪기 전에 부어오른 것.
- **종창**(腫脹) : 종양 증상의 총칭.
- **증상**(症狀) : 질환으로 인하여 외부로 질병고유의 특징.
- **지한지사**(止寒止瀉) : 땀을 멈추고 설사를 멈춤.
- **진경**(鎭痙) : 내장 등의 경련을 진정시킴.
- **진해**(鎭咳) : 기침을 진정시키는 것.
- **정창**(疔瘡) : 상처가 곪아 생긴 것.
- **주독**(酒毒) : 술중독.
- **지사**(止瀉) : 설사를 멈춤.
- **진액**(津液) : 몸 안의 체액.
- **진정**(鎭靜) : 격앙된 감정이나 아픔 따위를 가라앉힘.
- **조루**(早漏) : 성교 시 남성의 사정이 비정상적으로 일찍 일어나는 것.

- **창종**(瘡腫) : 온갖 부스럼.
- **창독**(瘡毒) : 부스럼의 독기
- **청열**(淸熱) : 내열(內熱)의 증상을 완화시킨다는 의미로 해열(解熱)과는 다르다.
- **치매**(癡呆) : 대뇌 신경세포의 손상 등으로 인하여 지능·의지·기억 등이 지속적, 본질적으로 상실된 질환.
- **치유**(治癒) : 병을 치유하여 고침.
- **치창**(痔瘡) : 치질.
- **토혈**(吐血) : 위와 식도에서 피를 토하는 것.
- **토분상**(兎糞狀) : 토끼의 분변 모양으로 나오는 대변.
- **통경**(通經) : 월경이 막혀 나오지 않았는 것이 통(通)하게 되는 것.
- **통변**(通便) : 배변 시킴.
- **통풍**(痛風) : 요산의 배설이 원활치 않아서 체내에 축적되어 통증을 유발하는 것.

- **탈항**(脫肛) : 항문 및 직장 점막 또는 항문 밖으로 빠져 나와 저절로 들어가지 않는 상태.
- **탕제**(湯劑) : 물로 달여서 먹는 방법.

ㅍ

- **포전**(布煎) : 약을 달일 때 특정 약물을 베나 포로 싸서 달이는 것.
- **풍한**(風寒) : 감기.
- **풍열**(風熱) : 감기로 열이 나는 것.
- **풍한**(風寒) : 풍과 한이 결합된 병사를 말함.
- **표리**(表裏) : 겉과 속.

ㅎ

- **하리**(下痢) : 장관의 운동이 촉진되어 설사하는 것.
- **한**(寒) : 혈액 순환과 신진 대사가 좋지 않아 수족(手足)이 냉한 상태.
- **흉통**(胸痛) : 가슴에 통증이 있는 증상.
- **해독**(解毒) : 독으로 인한 증상을 풀어 내는 것.
- **해수**(咳嗽) : 기침 증상.
- **호흡곤란**(呼吸困難) : 숨을 쉬기 어려운 증상.
- **행기**(行氣) : 인체의 기를 소통시킴.
- **허실**(虛實) : 모자란 것과 넘치는 것.
- **현훈**(眩暈) : 어지러운 증상.
- **혈붕**(血崩) : 월경 기간이 아닌데도 대량의 출혈이 있는 증상.
- **한열**(寒熱) : 찬것과 뜨거운 것.
- **함**(鹹) : 짠맛.
- **후하**(後下) : 약을 달일 때 나중에 넣고 달이는 것.
- **화중**(和中) : 비위를 조화롭게 하여 소화를 돕는 것.
- **환제**(丸劑) : 둥근 환 상태의 복용약.
- **활정**(滑精) : 낮에 정액이 저절로 흘러나오는 것.
- **황달**(黃疸) : 온 몸과 눈, 소변이 누렇게 되는 병증.
- **흘역**(吃逆) : 딸꾹질.

참고 문헌

· 동의보감, 허준, 1610
· 본초강목, 이시진(중국), 1596
· 중약대사전, 상해과학기술편찬사, 1984
· 동의학사전, 북한과학백과사전출판사, 1988
· 국립문화연구소, 민간의학, 1997
· 문화방송, 한국민간요법대전, 금박출판사, 1987
· 공무원연금관리공단, 음식과 건강, 2005
· 농촌진흥청, 전통지식 모음집(약용식물 이용편), 푸른숲, 2005
· 식약청, 약용식물도감, 1997
· 건강생약협회, 약이 되는 건강 기능 식품, 건강생활사, 2014
· 약령시보존위원회, 120가지 우리 약초꽃, 2002
· 국립수목원, 나무도감, 지오북, 2016

ㄱ

· 강영권, 지라산 장아찌, 아카데미 서적, 2012
· 김정숙, 산나물 들나물, 아카데미 서적, 2010
· 김정숙 · 한도연, 자연의 깊은 맛 장아찌, 아카데미 서적, 2010
· 김일훈, 신약, 관제원, 1987
· 김태정, 한국의 자원 식물, 서울대출판부, 1996
· 김태정, 우리 꽃 100가지 1~3, 현암사, 1990
· 곽준수 · 김영아, 건강꽃차 한방약차, 푸른 행복, 2015
· 김수경, 생식, 김영사, 2004
· 그린홈, 우리 몸에 좋은 음식궁합 수첩, 그린홈, 2013
· 권혁세, 약초민간요법, 글로북스, 2014
· 김홍대, 한국의 산삼, 김영사, 2005

ㅁ

- 문관심, 약초의 성분과 이용, 과학백과사전출판사, 1984

ㅂ

- 박광수 · 이송미, 보약, 김영사, 2004
- 박종철, 한방 약초, 푸른 행복, 2014
- 배기환, 한국의 약용식물, 교학사, 2000
- 배종진, 약초도감, 더불유출판사, 2009
- 배종진, 토종 약초, H&book, 2007

ㅅ

- 성환길, 약이 되는 나무도감, 푸른 행복, 2015
- 송희자, 우리꽃차, 아카데미북, 2010
- 신재용, 건강약재, 삶과 꿈, 1996

ㅇ

- 이영노, 한국식물도감, 교학사, 1997
- 이창복, 대한식물도감, 향문사, 1980
- 안덕균, 한국의 본초도감, 아카데미 서적, 1996
- 안덕균, 약초, 교학사, 2003
- 안덕균, 민간요법, 대원사, 1991
- 이유미, 한국의 야생화, 다른 세상, 2005
- 이유미, 우리 나무 백 가지, 현암사, 1995
- 임경빈, 나무백과, 일지사, 1977
- 엄용태, 정구영 감수, 약초 약재 300 동의보감, 중앙생활사, 2017

ㅈ

- 정경대, 건강약차 108선, 이너북, 2007

- 정연권, 색향미, 행복에너지, 2016
- 정구영, 산야초도감, 혜성출판사, 2011
- 정구영, 효소동의보감, 글로북스, 2013
- 정구영, 나무동의보감, 글로북스, 2014
- 정구영, 효소수첩, 우듬지, 2013
- 정구영, 약초대사전, 글로북스, 2014
- 정구영, 나물대사전, 글로북스, 2016
- 정구영, 산야초민간요법, 중앙생활사, 2015
- 정구영, 산야초효소민간요법, 중앙생활사, 2017
- 정구영, 꾸지뽕 건강법, 중앙생활사, 2015
- 정구영, 약초에서 건강을 만나다, 중앙생활사, 2018
- 정구영, 산야초 대사전, 2018, 전원문화사
- 정헌관, 우리 생활 속 나무, 어문각, 2008
- 정해성, 산국의 산삼, 백양출판사. 2015
- 장강림, 약초 캐고 산삼도 캐고, 하늘구름, 2016

ㅊ

- 최수찬, 산과 들에 있는 약초, 지식서관, 2014
- 최수찬, 주변에 있는 약초, 지식서관, 2014
- 최진규, 약이 되는 우리 풀 · 꽃 · 나무 1~2, 한문화, 2001
- 최진규, 토종의학 암 다스리기, 태일출판사, 1997
- 최진규, 약초 산행, 김영사, 2002
- 최영전, 산나물 재배와 이용법, 오성출판사, 1991

저자 연재

- 문화일보, 약초 이야기(정구영), 매주 월요일 2015년 5월 4일~2016년 9월 19일 연재물
- 한국일보, 정구영의 식물과 인간, 격주 수요일, 2018년 1월 16일~7월 4일 연재물
- 월간 조선 '나무 이야기', 주간 산행 '정구영의 약용 식물 이야기', 전라매일 '정구영의 식물 이야기', 사람과 산 '정구영의 나무 열전', 산림 '효소 이야기' 외 일간지 신문 참조.

- 현재는 사람과 산 "우리가 몰랐던 약용 식물 이야기", 교육과 사색 〈식물과 인간〉을 연재하고 있다.

280